教育部人文社会科学项目结题成果

浙江省高校人文社会科学重点研究基地资助出版

Contemporary Chinese Aesthetic Culture
and the Construction of National Identity

当代中国审美文化
与民族国家认同建构

程　勇◎著

ZHEJIANG UNIVERSITY PRESS
浙江大学出版社

目　录

前　言

　　作为全球现代性运动的产物，基于特定"疆域""民族共同体"和"主权"的民族国家是现代世界体系的基本构成单位，民族国家认同则是民族国家对自身特征与标志的精神建构与制度建构，体现为所属成员在政治与文化上对民族国家的归属感。越来越多的迹象表明，"在当前全球化的以知识为基础的经济当中，民族国家仍然重要，它不是正在消亡，而是正在被重新想象、重新设计、重新调整以回应挑战"①，而"重构国家"的一个重要任务就是在新的世界秩序与生活基础上重塑民族国家认同。于是，一方面是在全球化浪潮的冲击下，传统意义上的民族国家的边界渐趋模糊；另一方面则是对各民族国家尤其是发展中国家来说，强化国家主导的文化认同建构凸显成为迫切任务。能不能有力地回应这种挑战，考验着一个民族、一个国家的政治智慧，也是显示与检验其整体文化实力（文化的维护与创新、制度保障、核心价值观念的普遍性等等）的重大机遇。

---

① 鲍勃·杰索普：《重构国家、重新引导国家权力》，何子英译，《求是学刊》2007年第4期，第32页。

中国的民族国家认同建构以中华民族多元一体的历史、文化格局为坚实基础，以"醒狮""巨龙腾飞"为核心象征与政治/文化想象，强有力地支撑了现代中国社会、制度、文化诸层面的巨大变革。正如许多学者指出的那样，从梁启超首次提出"中华民族"概念，清王朝作为最后一个"王朝国家"的覆灭，到社会主义中国作为现代主权国家的正式建立，中国作为民族国家的政治认同建构已告完成，但文化认同建构则是始终在进行的宏伟工程。以实现中华民族伟大复兴为目标的当代中国，日益全面深刻地感受着全球化的影响，也以"和平崛起"的姿态积极参与全球多样性图景的构建。在全球化和后殖民状态下，世界政治、经济格局与中国社会关系的重组，在重塑中国的国家形象、重建中国的政治生活与文化生活的同时，也使历史形成的民族国家认同遭遇前所未有的挑战。

事实上，就民族国家认同建构而言，以文学艺术为核心的审美文化既可以发挥巨大的建设性作用，缔造民族共同的历史记忆、精神传统与文化想象，并使其成为国家的资格论证，从而增强民族成员对国家的向心力与忠诚感；也可以被用来瓦解民族国家政治与文化的同一性，通过强化"超国家认同"或"次国家认同"的优先性而导致国家的形式化乃至碎片化。在 20 世纪中国，从"人的文学"的提出，到"人民文学"的转型，再到"有中国特色社会主义的文学艺术"的定位，审美文化以"启蒙""救亡""革命""建设"为不同时期的主题，破除专制主义对中国社会现代化的阻碍，抗诉帝国主义对中国主权的侵略，培育中华民族共同体意识、现代国家公民意识，始终是强有力地建构现代中国认同的文化力量。与社会主义中国身份的确立相同步，"中国特色社会主义文艺"定型为维护民族国家认同的"诗性叙事"，在其中,56个民族拥有多元共生的历史记忆与共同理想。

进入新时期,尤其是1990年代以来,随着改革开放的逐步开展与深化,中国的审美文化领域出现了前所未有的复杂状况。尽管"红色经典"依然是生产民族/国家历史记忆的重要机制,"56族一家"依然是审美文化建设的基本主题之一,古老中国的历史与文化传统的审美发现,也在持续性地维护中华民族的精神家园,但"去国家""去民族""去政治"的声调也潜行于审美文化领域,至于以经济利益为根本导向、以"娱乐至死"为最高追求的文化消费主义,则以貌似充足的理由消解着严肃和神圣的价值。一时间,中国的审美文化领域出现了一些令人不安的症候,既直接体现为国家意识形态的空虚化、国家形象的阴暗化、集体记忆的碎片化、传统权威的恶俗化,当中隐含着"去国家""去民族""去政治"的理念/利益诉求,意图实现某种政治觊觎,或者最大化的商业资本增殖;也间接体现为国家文化境界的低俗化、价值关怀的琐屑化、民族精神生命的孱弱化,而这最终会导致社会精神的整体堕落,以及国家政治、文化生活的颓然失序。

这里存在深刻而复杂的政治、文化、美学问题,而"中国语境""中国问题"的特殊性决定我们必须提出自己的理论与实践的模式。近年来,受西方相关研究的刺激与影响,我国学者也开始关注这一问题,诸如"中国文学与文化的认同研究""文化产业发展与国家文化安全研究""当代中国主流电影与国家认同研究""十七年文学重估与红色经典研究""民歌与当代大众文化研究",就表征着这种兴趣与关注,也从对西方学界的借鉴,逐渐转向自己的问题意识与价值立场。遗憾的是,对于通过审美文化构造中华民族共同的精神文化家园,包括共同的文化基础、民族精神、价值体系和多元一体的共同体意识,以促进当代中国的国家认同与文化认同,学者们似乎还未达成普遍共识,而将个体性学术研究与民族国家命运紧密联系起来也还未形成为研究者的自觉意识。从研究方法说,不少学者还拘囿于现代审美主义视野,不能从当代人类社会政治、经济、文化的一体性结构发展出相应的方法论,对当代中国审美文化的复杂语法与隐微语义进行互文性分析;从价值立场说,由于深受传统国家观以及对政治与审美关系的传统理解的影响,不少研究者对国家的审美建制功能及其理论表现——"国家美学"心存疑虑,而是赋予"文化市场""市民社会"以优先性,寄希望于民族主义话语生产机制与建构力量。而在制度管理方面,尽管我们始终坚持党和国家的文化立法权和监管权,强调国家利益的优先性与至上性,但在审美文化的具体实践层面,"地方本位""经济至上"的观念依然是真正有力地支配文化市场资本运作的潜规则,"制度匮乏"与"制度剩余"的状况同时并存。

那么,如何在实现中华民族伟大复兴的战略框架内,通过对审美文化的理念构想、文化规范和体制引导,使其中富有活力的关系和因素发挥积极作用,构建旨在重塑、加强国家认同的"国家文化长城"和中华民族共同的精神文化家园?

首先,我们应当坚持建构主义的民族国家认同观,以不断变化的世界和时代主题为基点,建构新的中华民族认同与中国国家认同,而非依赖某种凝固不变的"中国性"。必须充分认识到,当代中国如何定位和建构自己的政治、文化身份,就意味着中华民族将以何种性质、何种形式的主体性,参与不同文化与价值体系之间的沟通与竞争、普遍主义话语的生产与分配,由此参与界定世界文化与世界历史,也将决定中华民族的每个成员如何面对自己的传统、构思自己的未来。我们应当将审美文化建设提高到这样的战略高度来认识,为此就不仅需要通过审美话语塑造"和谐中国"的国家形象,建构体现人类文化先进性的国家意识形态,还要据此创造一种将所有民族成员带入其中的历史叙事与文化想象,他们同根共生,携手走向富裕和强大的未来。那些相反的审美文化实践及其支撑理念,包括有意无意地强化在生活方式、文化传统、表意模式等方面的族群差异,沉湎于"国粹""民粹""本土"等幻觉,解构中国现代革命的合法性,以及各族人民共同创造共和国的历史的严肃性,显然都应在摒弃之列。

其次,我国不是单一民族国家,"中华民族"是一个多元一体的政治文化概念。这种特殊性决定了我国的审美文化建设必须将国家利益置于首位,通过提升全体国民的国家认同"进一步强化中华民族共同性的想象,不断积淀13亿人民的中华民族共同体意识",进而"通过构造中华民族文化共同的文化基础和文化象征符号的重建,增加民族认同与国家认同的重叠内容"[1],唯此才能从根本上保证国家的统一和民族的团结。这既应体现为政府正确处理文化产业、创意经济、审美教育等领域各种关系的大政方针,也是具有历史主体意识的文化精英从事审美文化的生产与传播时应持的价值立场。为此我们不仅需要努力创造体现社会主义核心价值的审美文化,培育13亿人民的公民意识,还要"激发全民族文化创造活力",创造融合各民族智慧、经验与认同符号的雄健正大的审美气象、文化境界。唯此我们才能真正做到既尊重差异、包容多样,又能有力地抵制各种错误和腐朽思想的影响,避免危险的种族/地域文化偏执情绪滋生蔓延,危及国

---

① 韩震:《论国家认同、民族认同及文化认同——一种基于历史哲学的分析与思考》,《北京师范大学学报》2010年第1期,第111页。

家文化共同体(共同的历史、情感、语言)的存在。

再次,国家认同建构必须落实在制度层面,得到政策和法规的有力支撑。在国家审美文化机制建设方面,我们应当通过不断深化的文化体制改革,建立一种兼具权威性与包容性的文化生态和意义建构机制,综合运用政治引领、经济调控、法律制裁手段,鼓励和扶植那些有助于维护和加强民族认同、国家认同的审美文化实践,有效应对来自国内外各种利益/理念集团文化的潜在威胁与强力消解。为此必须坚持政府主导,坚持国家利益与民族大义这一文化体制改革与文化立法的生命线,牢牢把握文化发展主动权,通过重构审美文化的意义导向和生成机制,使审美文化实践充分体现"文化的先进性",体现当代中国的核心价值体系、国家意识形态(理想、信念、情感),同时还需尊重全体国民的文化权利,创造一种体现个体自主性的集体认同形式。而在全球化和人类社会政治、经济、文化一体化的背景下,中国的文化体制创新,还应致力于寻求将"世界问题"与"中国问题"合并思考并一起解决的方式,致力于寻求将政治、经济、文化合并思考并一起解决的方式,不能重蹈以"闭关锁国"的文化政策和"本土化"的建构策略拒斥现代性进程的覆辙,避免堕入"绝对的集体主义"和"保守的集权主义"的窠臼。

显然,这将生发出一个巨大的问题网络,必须介入政治学、经济学、社会学、美学的多种阐释视角和分析手段,给出关于"文化秩序""审美制度""民族国家认同"的一体化解释,进行理论和制度上的创新,而这终将改变我们对于"民族""国家""政治""审美"诸概念及其关联的传统理解。

第一章　全球化时代的民族国家认同

第一节　认同与自我认同

"认同"是对英文 identity 的一种译法,此外还有"身份""属性"等译法,分别强调 identity 的动词意义和名词意义。似乎可以这样认为,中文译法的多样化本身就表明了汉语学界对 identity 的复合性内涵的理解,意谓某种"身份""属性"的获得/确立乃是"认同"行为的结果。也可以说,并不存在某种先验的与生俱来的"身份""属性",某人"认同"于某种"身份""属性",或者说在其他人眼中,某人拥有某种"身份""属性",这是一个动态的建构过程。

若追根溯源,可以发现,identity 在西方学术史上最早是个哲学和逻辑学问题,哲学家们用以指称这样一种关系,此即三段论中两个或多个元素之间可以彼此替换而不改变其真值。不过,对于这种关系,哲学的表述是"同一性",逻辑学的表述则是"同一律"。其后,西格蒙德·弗洛伊德将 identity 引入群体心理学领域,把 identity 看作是个人与他人、群体或"被模仿人物"在感情和心理上趋同的过程：

> 第一，认同作用是与对象情感联系的原初形式；第二，认同作用以退行的方式成为对力比多对象联系的一种替代，正像靠对象内向投射到自我那样；第三，认同作用可能随着对与某些个别人（他不是性本能的对象）分享的共同性质产生任何新感觉而出现。这种共同性质愈是重要，这种部分的认同就可能变得愈成功，因而它可能代表新的联系的开端。①

主体的身份认同，乃是通过投向他人的认同过程而创造出来的。例如，婴儿就是从重要的外部他人（主要是父母）那里吸收了他自己的心理态度。

而在埃里克·H.埃里克森的名作《同一性：青少年与危机》（Identity：Youth and Crisis）中，"认同"又创造性地与"自我"的"认同危机"联系在一起。在他看来，认同意味着个人拥有稳固的"自我"，并与其他同类共享一些本质特征。个人认同的形成是个人与他人互动的产物，它不是纯粹的"自我"心理的反映和结果，而是反映/体现着"自我"与他人之间的关系。人的类特性在于，每个人都会有对于特定身份的自觉意识，对人格统一性的追求，但在人格发展的每个阶段，却会遭遇不同类型的认同危机。通过对每个认同危机的处理，个人就会形成稳定的认同。② 这意味着，认同的实质是"自我"的认同，

---

① 西格蒙德·弗洛伊德：《群体心理学与自我的分析》，熊哲宏、匡春英译，见车文博主编《弗洛伊德文集》第6卷，长春出版社2004年版，第79页。
② 埃里克·H.埃里克森：《同一性：青少年与危机》，孙名之译，浙江教育出版社1998年版，第一章、第三章。

亦即"自我"的"自身认同"。

　　如此则"认同"可以理解为人们对"我是谁"这一大问题的反思、建构和表述，因而"是人们意义（meaning）与经验的来源"，"也是自身通过个体化（individuation）过程建构起来的"①。作为具备反思能力的群居性动物，人作为个体只有明确自己的属性、身份，才能确立存在论意义上的"自我"（ego），也才能为"自己"（the self）的行动赋予意义和价值，但这些只有在与他人结成的社会关系中才能实现。这是说，虽然 identity 是对"自我"的属性、身份的发现、认定与坚持，但假如地球上只有一个人生存，这种"发现""认定"与"坚持"却是毫无意义的，因而也没有存在的充足而必要的理由。只有在由两人以上组成的社会里，而且社会成员彼此之间又存在着实质性的交往和对话关系，identity 才会凸显出来，成为任一有自觉意识的个体必须面对的问题。

　　所以查尔斯·泰勒才说："我对自己的认同的发现，并不意味着我是在孤立状态中把它炮制出来的。相反，我的认同是通过与他者半是公开，半是内心的对话协商而形成的。……我的认同本质性地依赖于我和他者的对话关系。"②原因在于，不管是从存在论还是认识论的层面看，"人只有需要区别于他人才有必要给自己定位，而且，自己的定位只有以他人为条件和参照才成为可能"，所以"认同"或"自身认同"可以界定为：

----

　　①　曼纽尔·卡斯特：《认同的力量》，曹荣湘译，中国社会科学文献出版社 2006 年版，第 5 页。
　　②　查尔斯·泰勒：《承认的政治》，董之林、陈燕谷译，见汪晖、陈燕谷主编《文化与公共性》，生活·读书·新知三联书店 1998 年版，第 298 页。

给定他者的存在，自身认同是一种自私认同，它表现为对自身所有利益（物质的和心理的）以及各种权利（即所有方面的产权和观念的推广权）的主观预期，而且这种主观预期总是表达为一个价值优越的文化资格论证……自身认同表面上采取的是"如其所是"（to be as it is）的表达形式，但这其实不是兴趣所在，它实质上是"如其所求"（want to be as it is expected），并且，这个"如其所求"又同时在价值资格上被论证为"所求即应得"（the expected is ought to be the deserved）。满足这样一个结构的自身认同就是一种认真的自身认同，否则是不当真的。①

这也就是说，一个人的"自我认同"亦即对"我是谁"（身份、属性）的认知与定位，其实质是一种价值论的建构，是一种反思性的描述，具有明显的主观性。

如此可说，对"我是谁"所做的判断和表述，从表面上看是一个客观性的事实陈述，但实质内涵却是对"我可能是谁""我能成为什么"的主观性的想象与吁求。即使某种陈述是指向"过去"的存在——"我过去曾经怎样"，但这"过去"的图景本身可能是一种子虚乌有的幻想，典型如阿Q之"我过去阔多了"的自慰。而即便是真实的，也是出自于不满"现在"而构想"将来"的心理。例如，现在有不少人因为不满意当代中国社会的"浮躁"和"平庸"，而怀念1950年代的"单纯"，或者是1980年代的"激情"。至于认同的结果，则是在有"他者"存在的情况下，确立起"自我"与"他者"的边界。因此"认同"不只是"认可"，还是"确认"和"赞同"；不仅包含着对"自我"的认知过程，而且包

---

① 赵汀阳:《没有世界观的世界》,中国人民大学出版社2010年版,第63页。

含着"信任"和"承诺"的态度。

　　为什么人们需要"自我认同"建构？这至少是因为，只有通过"自我认同"建构，人们才能将自己的生活目的以及对待他人的态度清晰化，形成有意义的思想模式、行为模式，进而通过赋予个人行为以意义，而使其转化为社会性的行为，同时防止"自我"被边缘化、虚空化，因而"自我认同"其实是对"自我"的澄明和命名。如果没有这样一个"自我认同"建构的过程，或者曾有的"自我认同"出现危机，发生动摇乃至瓦解，人们就可能会因为"角色"的混乱而导致人生的失败——因为不知道自己做什么才是正当的，也就无法为自己的行为赋予正当性/合法性，从而无法规划生活。不仅如此，因为"没有对我怎样达到或成为什么的某种理解，我就不知道我在何处或我是谁"[①]，人们还可能会因为"自我"与"他者"之边界的消失，而在根本上陷入存在的"混沌"状态。这意味着人们不再秉持对于"自我"存在之惟一性的意识，不再有完整的"自我"，而一个碎片状的"自我"不能产生完整的时空意识，无法生成完整的意义，所以无论如何不能担负起生存的重负。

　　不仅如此，"自我"并非抽象的观念构造物，而总是"身体性"的，"自我意识"的确立乃是基于"身体意识"，则"自我"与"他者"的边界亦是基于"身体性"这一前提。如赵汀阳所说，"个体作为某人时，他的存在论惟一性更多地或更基本地落实在他的身体性存在上"，所以"身体性的惟一性是个体自身认同的真正根据"[②]，如此则"认同什么""怎样认同"，就总是与每个人的根本利益切身相关。因此之故，那些

---

① 查尔斯·泰勒：《自我的根源：现代认同的形成》，韩震等译，译林出版社 2001 年版，第 74 页。
② 赵汀阳：《没有世界观的世界》，中国人民大学出版社 2010 年版，第 60—61 页。

被严肃谨慎地对待的各种身份、属性,本质上都是"身体性"的,因此才决定了认同问题的严肃性和重要性。这也就是说,人们对某些身份、属性的特别坚持,总是与他们的"身体意识"或者说"身体存在感"以及切身利益息息相关。

进一步考虑,由于每个人都需要解决"我是谁"这一终极性问题,都需要通过"自我"的"自身认同"建构,以确证和维持其建基于"身体性的惟一性"的经验和利益,而且都需要在与他人结成的种种关系中进行分界与定位,因此每个人的"自我认同"就既是自己主观心理的态度,同时还必须得到他人的承认:

> 我们的认同部分地是由他人的承认构成的;同样地,如果得不到他人的承认,或者只是得到他人扭曲的承认,也会对我们的认同构成显著的影响。所以,一个人或一个群体会遭受实实在在的伤害和歪曲,如果围绕着他们的人群和社会向他们反射出来的是一幅表现他们自身的狭隘、卑下和令人蔑视的图像。这就是说,得不到他人的承认或只是得到扭曲的承认能够对人造成伤害,成为一种压迫形式,它能够把人囚禁在虚假的,被扭曲和被贬损的存在方式之中。

例如,女人在父权制社会被迫接受自身卑贱低下的身份,黑人在白人社会被迫接受了毁灭性的自我贬低的认同,本土居民和殖民地人民则被迫接受了欧洲的征服者们为他们设计的低劣和不文明的形象①,

---

① 查尔斯·泰勒:《承认的政治》,董之林、陈燕谷译,见汪晖、陈燕谷主编《文化与公共性》,生活·读书·新知三联书店 1998 年版,第 290—291 页。

而这就使得认同建构问题复杂化了："认同什么""怎样认同"，不是个人的一厢情愿，而必须在"自我"与"他者"的博弈关系中建立起来。

"他者"的引入使"自我"的"自身认同"具有了现实性，但要使"自我"的主观认定获得"他者"的承认并非易事。在理想情况下——亦即假定人人都期望如此并且都为之付出努力，将平等的"他者"作为理解与定位"自我"的镜像，并在与"他者"互为镜像的认同建构过程中，每个人的"自我认同"建构有理由实现本真性的认同，意谓同时获得对"自我"与"他者"的恰如其分的理解与定位。但是，假如在人类社会中存在诸如"阶级""性别""种族"等各种形式的事实上的不平等关系——这些不平等关系一定会采取各种伪装的形式，为此人们发明出了各种冠冕堂皇的"宏大叙事"，意在为不平等关系赋予合法性，如此则诸种差异性的身份、属性就不仅是类型学的区分——可以通过客观的描述和归类予以确定，而且必定是与特定人群的特定利益相关的价值论的认定。

而在因人类自身的有限性特别是生存资源的有限性而产生、同时充满利益冲突的社会中，人们一定会主观地、想当然地认定并竭力论证某些身份、属性本质上拥有毋庸置疑的优越性，并以先验主义、本质主义的优越性论证，支撑其在政治、经济、文化诸领域中的利益诉求，亦即为其利益诉求赋予合法性，而这也一定是普遍性的心理，于是"认同什么""怎样认同"都必然会呈现出相当复杂的状况。而既然所有参与其中的个体都要捍卫其生存的根本权利，进而争取享有全部平等而合法的权利，为此必定会诉诸政治手段以及作为政治手段之延续的战争手段，则确立、维护本真性的"自我认同"诉求就一定会具有政治内涵。当此情形，认同与认同建构就不再是一个单纯的个体心理学问题,可由心理学家做出解释,而必然会发展成为一个敏感性的政治学、社会学问题,但又与个体心理纠缠在一起。事实上,当认同问题从个体层面发展到集体层面,其重要性和复杂性就都清晰地凸显出来了。

第二节　从个体认同到集体认同

作为观察和理解人类"自我"的形成机制与社会组织形式的视野与方法,认同理论对于个体与集体都是有效的,这是因为:

第一,如同任一个体都需解决"我是谁"的存在论疑问,任何一种形态的集体也都需要解决"我们是谁"这一带有基础性和终极性的追问。只要人们需要将"集体"作为思想的最小单位,以确立"集体"的存在价值——这又取决于"集体"在时间和空间上的同一性,则"我们是谁"与"我是谁"的追问,就必然具有逻辑上的一致性,因而可以将"我是谁"的"个体认同"问题,合乎逻辑地推论/投射至"我们是谁"的"集体认同"问题,反之亦然。

第二,任何个体都必须在集体中才能获得现实性,但"现实性"并非指个体的生理性存在,而是指个体的价值实现。在西方历史上,至少从古希腊的亚里士多德起,归属于一个"愉快地认同"的群体已经被看作是人类的一种自然的需求:"家庭""氏族""部落""阶级""阶层""宗教组织""政党",最后是"民族"和"国家",所有这些群体形式都是人类这种基本需求实现的历史形态[1],因而"所有关于个体的自

---

[1]　以赛亚·柏林:《论民族主义》,秋风译,《战略与管理》2001 年第 4 期,第 46 页。

我认同命题也都隐喻地实现为关于集体的自身认同命题"①。

但是，集体认同比个体认同的情况要复杂得多。"集体的认同是参与到集体之中的个人来进行身份认同的问题，它不是'理所当然'地存在着的，而是取决于特定的个体在何种程度上承认它。它的强大与否，取决于它在集体成员的意识中的活跃程度以及它如何促成集体成员的思考和行为。"②集体认同并不是个体认同的"量的累积"，可如数学加法运算般了解其状况，而是有新的质性。集体认同也不能代替个体认同，设若如此，就等于剥夺了个体的存在价值，因而势必遭致个体的强力反抗，则集体认同建构也就失去了动力。事实是，不仅集体认同与个体认同常常会发生冲突，而且集体认同建构所遭遇的社会与时代的压力，也远比个体认同更加沉重，面临的阻力也更大。按照艾瑞克·霍布斯鲍姆的分析，集体认同有四个特征：

第一，集体认同是从消极意义上界定的，也就是从与其他人对立的角度来定义的。

第二，没有人会只有一种身份，但在所有身份中，只有一种决定了或者至少主导着我们的政治。

第三，认同或者认同的表达形式不是固定的。

第四，认同取决于可能会发生改变的环境。③

这些决定了集体认同问题的复杂性，首先体现为共时性地存在着的多种身份归属之间的冲突。由于任一个体在事实上可以同时从

① 赵汀阳：《没有世界观的世界》，中国人民大学出版社 2010 年版，第 65 页。
② 扬·阿斯曼：《文化记忆：早期高级文化中的文字、回忆和政治身份》，金寿福、黄晓晨译，北京大学出版社 2015 年版，第 133 页。
③ 艾瑞克·霍布斯鲍姆：《认同政治与左翼》，周红云译，《马克思主义与现实》1999 年第 2 期，第 36—37 页。

属于多种社会群体,亦即同时拥有多种社会身份,因而个体作为"某人",其实是存在着多种集体认同的可能性。人们的"集体认同"因此可分为多个层次,例如,一个人可能同时存在"国家认同""族群认同""宗教认同""阶级认同"等等。在一般情况下,这些认同形式会被安置在不同的意义层次,彼此间相安无事,而且互为支撑并强化,共同维持"某人"的人格平衡及其行为模式的同一性,但在特殊境遇中也可能爆发冲突,亦即必须决定某种身份归属的主导地位,这时人们就会陷入"认同什么"的困惑,面临艰难的抉择。一个典型例子就是,1914年德国工人面对"国际无产阶级认同"与"德意志人认同""德意志帝国认同"的两难选择。

　　为什么人类需要"集体认同"? 这是因为,在将自己归属于某一集体的认同过程中,人们得以建立起一种稳定的集体身份意识,而这也就意味着人们可以进入某种稳定的社会关系和生活形态,亦即使"自我"获得现实性。而某一集体身份意识的建立,不能仅系于"某人"的良好愿望,还需要得到该集体其他成员的承认,可以说"集体认同"其实是集体所有成员彼此承认的结果,而这种"彼此承认"又是一个与其他集体成员自觉区分、划分边界的过程。对"某人"来说,自觉地将自己归属于某一集体,既出于认知"社会"和"自我"的需要,亦即清晰地认识到自己与众多他人中的某些人拥有共同的性质和利益诉求,同时亦借以获得心理满足:"个体认识到他(或她)属于特定的社会团体,同时也认识到作为团体成员带给他(或她)的情感和价值意义。"①因而人们打算将自己归属到哪种类别的集体中,就要看这种集

---

① Henri Tajfel，*Human Groups and Social Categories*，Cambridge University Press，1981，p. 255.

体是不是能满足他们的某种心理需要，而所有的心理需要最终都可以落实为具体的可计算的物质/经济利益与精神/文化利益。

但是，个体的集体认同既不是与生俱来的，也不是固定不变的，而是会随着个体心理需要的变化以及社会状况的变动做出相应的调整。而在共时存在的多种形式、层次的集体认同中，只有那些能确定无疑地、切实地满足个体利益诉求的身份归属，才会被坚持下来，才会被视为非要不可的东西，而刻意加以强调/标榜。于是，当多种集体认同形式发生冲突时，个体就会根据自己的生存状况与根本需要做出选择，而主动放弃某些身份，坚决维护乃至誓死捍卫某些身份。问题在于，人们未必能够做到清晰准确地认知自己的生存状况与根本需要，也有可能出现误判的情况。这种误判有可能是策略性的——"以假乱真"，但也有可能是情绪性的——"以假为真""假作真时真亦假"，当此情形，个体的"集体认同"建构就更多地建基于对"自我"与"他者"的想象。

更重要的是，既然个体的集体认同建构需要得到集体内外的其他个体的承认，需要其他个体将其视为具有共同性质的同一族类/同一种人，则这种彼此间的互为承认，就必然造成了集体认同建构的博弈性。就此而言，集体认同乃是众多个体之间斗争、对话、协商的结果，他们都试图通过归属于集体的努力而获得稳定而清晰的存在感。这也决定了，正像个体认同一样，集体认同只有在共时存在的不同集体相遇的情境中才是有意义的——"任何层面上的认同（个人的、部族的、种族的和文明的）只能在与'其他'——与其他的人、部族、种族或文明——的关系中来界定"①,这种相遇一定是实质性的,亦即与进入这种情境的所有人都存在涉及身体利益的相关性,不然就是无关紧要的。这就是说,通过确定"我们"与"他们"的不同,而将"我们"所归属的集体与"他们"所归属的集体划分出清晰的边界,以确定与生存相关的所有权利,这对任一集体中的个人的生存和发展都具有至关重要的意义。

进一步说,对归属于某一集体的所有成员而言,对于"我们是谁"的定位,建立在对其他集体成员的特性描述之上。由于任何集体都需要为其所属成员提供实现利益最大化的可能空间,而在自然和生活资源有限的情况下,必须对"我们"做出优越性资格的论证,以便在与"他们"的生存竞争中心安理得地占有、享用更多的资源,所以容易形成排他性的集体认同,此即褒扬"我们"在"人种""文明""社会制度""精神信念"诸方面的特性,而有意无意地贬损"他们"在这些方面的特性。因此之故,对于"我们是谁"和"他们是谁"的认定和描述,就都有可能只是偏颇之见、一孔之见。"他们"无疑是"我们"实现自我理解的镜像,但"我们"更愿意按照有利于自己的方式,去想象和推论"他们"的残缺形象,因为这样做有利于实现对"我们"的自身认同的积极建构,亦即衬托出"我们"的价值优越性。这也就是说,在集体认同建构过程中,不论是对"我们"的定位,还是对"他们"的描述,都不纯粹是一个知识论的问题,是对客观事实的描述、分析、判断,而更多地是一个价值论的问题,是对存在意义的设定。

这可以称之为初始状态的集体认同建构。"初始"一词既具有时

----

① 塞缪尔·亨廷顿:《文明的冲突与世界秩序的重建》,周琪等译,新华出版社 2010 年版,第 108—109 页。

间上的意义,也具有逻辑上的意义,表明旨在对"我们"进行优越性资格论证的集体认同建构,具有"原初"和"根本"的性质。不过,随着不同集体之间交流、交往的全面、深入——这自然是不可避免的,一旦发生哪怕是最小层面的集体间的交流、交往,就会逐渐扩大到全部生活领域。当集体合作的意义大于集体竞争,亦即当人们终于意识到,不同集体间的合作其实更有利于双方的共存,就有可能在相对平等与理性的交往语境中发展出相对客观的集体认同建构。这种客观性体现在,"我们"不仅能够如其所是地确认"我们"拥有的优越价值,也能如其所是地发现和正视"我们"的缺陷,而这种态度也同时针对"他们",并且"他们"也会以同样的理性视野看待"我们"和"他们"。不消说,这样一种建基于交往理性的集体认同建构模式,一定是有助于双方合作的集体定位模式。

但是,这种可以实现双方互惠互利的集体认同建构并不容易实现。这是因为,不仅集体认同建构的实质是价值论的——知识论意义上的"真理"未必就是值得坚守的"价值",而且支撑双方合作的平等、公正等原则,都有可能是策略性的、掩盖真实状况的虚假意识形态话语,有可能是某种堂皇叙事。由于人类群体间在事实上并不存在普遍平等、普遍公正,所有平等和公正都只具有相对性,通过彼此合作而获得的利益分配,也不可能是绝对均衡、普遍正义的,因而无论对强势集体还是弱势集体来说,竭力维护、显示自己的优越性资格,倒恰恰是参与合作的必要条件。而对自己的优越性资格的认定,固然可以通过比较"我们"与"他们"的存在事实得出,但更有可能是出自"我们"的文化想象或理论构想,尤其是在假如碰巧没有足以自傲的优越属性的情况下。可以说,集体认同建构本质上是对"我们"

所从属的集体之优越性资格的自我论证,目的是据以确立"我们"的自豪感、自信心,增强"我们"的群体凝聚力,动员"我们"的全部力量,以应对残酷的生存竞争(自然和社会),在对日渐稀缺的自然资源和有限的社会资源的分配中占有一席之地,而如果能够实现垄断当然最好。

但是也存在"自我贬损"的集体认同建构,又可分为被动与主动两种情况:

其一,在竞争中处于弱势地位的集体,由于被强势集体剥夺了政治、经济、文化上的主体性,沦为强势集体的附属物,不再拥有能够独立自主地解释与描述"自我"的话语权力和话语系统,于是只好接受一个由"他者"设定的丑化的身份、形象——"自我"因此成为"他者"确证其优越性资格的镜像,而且也只有如此才能获得存在论的意义定位。这个定位虽然必定是扭曲的,但至少可以为"自我"提供真实的存在感,否则就深陷存在的"混沌状态",而从此"混沌状态"获得解放——表现为思想启蒙与争取独立的社会运动,也就成为该集体的历史使命。

其二,某一集体对"自我"具有主动、自觉的意识,有改变自己屈辱命运的强烈意愿,并相信自己具有这种能力,即以"他者"为榜样完成"自我"的"自身认同"建构,但是"当他者非常强大,而且被解释为理想榜样,那么就非常可能会出现对他者的过分美化,同时也就会自己进行过度反思,从而形成一种爱恨交加的自身认同",希望由此变成"他者",而"既然在实质上是认同他者,那么这种自身认同的成功就反过来依赖着他者的允许和承认,如果得不到作为榜样的他者的承认，就还是失败"①。

　　然而，不论是作为"他者"的附属物，还是试图变成"他者"，前提都是承认甚至歆羡"他者"的优越性资格，但第二种情况不仅隐含的政治策略意味更强，而且由于是自觉、自愿的选择，它给认同建构主体造成的心理痛苦也就更其深重。

第三节　作为集体认同的民族国家认同

　　在所有集体认同形式中，国家认同具有重要的意义。这是因为，自近代以来，国家一直被看作是最大和最重要的人类集合体。

　　国家概念有广义、狭义之分，广义的国家是指一切治权独立的政治共同体，包括希腊的"城邦"、罗马的"帝国"、近代的"民族国家"、东方的"统一王朝"以及非洲的"部落"等。"每一个统治权大致完整，对内足以号令成员、对外足以抵御侵犯的政治实体，即为国家。"狭义的国家则是专门用来指称近代以来才出现的"民族国家"。"当'国家'意指'民族国家'之时，它同时表达了'治权独立'的政治性格以及'民族统一'的族群文化意涵。"②民族国家产生于 16 世纪的欧洲，随后全世界各个民族或者主动或者被动地依据这一模式建立起自己的国家，因而"民族国家的建构，对建立世界体系具有奠基性的世界历史意义。迄今为止的国家关系，都是在民族国家主权概念的基础上发展出来的"③。

---

　　① 赵汀阳:《没有世界观的世界》，中国人民大学出版社 2010 年版，第 71—72 页。
　　② 江宜桦:《自由主义、民族主义与国家认同》，扬智文化事业股份有限公司 1998 年版，第 6 页。
　　③ 徐迅:《民族主义》，中国社会科学出版社 2005 年版，第 60 页。

因此,"民族国家认同"就是有关狭义的"国家"(治权独立、民族统一的政治共同体)的"认同"。江宜桦指出:"国家认同可以有三种不尽相同的意义:(1)政治共同体本身的同一性;(2)一个人认为自己归属于那一个政治共同体的辨识活动;(3)一个人对自己所属的政治共同体的期待,或甚至对所欲归属的政治共同体的选择"。"当我们讲到国家认同一词时,有人联想到的是'流着同样血液'的血缘或宗族族群,有人则着重'亲不亲,故乡人'的乡土历史感情,另有人则强调主权政府之下的公民权利义务关系。国家对不同的国民来讲,可能是'族群国家',也可能是'文化国家'或'政治国家'。这三个层面通常汇合在一起,但可能以某一层面为主要依据,再辅之以其他层面的支持。""因此,国家认同乃可以(在概念上)化约成三个主要层面来讨论——'族群认同'、'文化认同'与'制度认同'","'族群认同'指的是一个人由于客观的血缘连带或主观认定的族裔身份而对特定族群产生的一体感",但是"族群一体感可以被'想象力'创造出来,而这种情形之所以可能,主要还得借助文化认同的力量","'文化认同'指的是一群人由于分享了共同的历史传统、习俗规范以及无数的集体记忆,从而形成对某一共同体的归属感","'制度认同'指的是一个人基于对特定的政治、经济、社会制度有所肯定所产生的政治性认同"。①

按照这一解释,"民族国家认同"可以界定为:构成"民族国家"这一政治共同体的人们在"族群""文化"与"制度"层面的"认同"与"自我认同",是对自身特征与标志的精神建构与制度建构,体现为所属成员在政治和文化上对于民族国家的归属感。而且,准确地说,"族

---

① 江宜桦:《自由主义、民族主义与国家认同》,扬智文化事业股份有限公司1998年版,第12页,第15—16页。

群"并非意指"民族",而是"国族",亦即以"国家"定义的"民族"。

如同其他任何一种认同形式,民族国家认同也只有在同时存在两个以上的国家的语境中才是有意义的。这是因为,只有在与其他国家的比较中,某一民族国家的同一性、它的独特属性才能确定下来,其"可辨识性"才能为民族国家共同体内部的人们所认知,并产生归属感,或者做出归属的选择:

> "我们"之所以认为我们自己是"我们",是因为我们与"他们"不同。如果不存在与我们相区别的"他们",我们就不必称"我们"是我们自己。没有外部人就不存在内部人。①

而"要区分,就必然要比较,看'我们'跟'他们'区别何在。要比较,则会作出评估:'我们'的做法比'他们'的做法是优还是劣。群体的自我中心主义会让人有理由证明自己比别人强,需要证明自己群体的优越性。竞争导致对立,使本来较狭窄的区别感导致较强烈和较根本的同异感。这种认识模式固定下来,就会将对立面妖魔化,使对方变成敌人"②。

通过对"彼"之"异"与"己"之"同"的比较,"我们"形成了何以"他们"会组成"他国""他族"的辨识,同时也就对"我们"为何归属于"我国""我族"获得了确认。"我们"和"他们"隶属于不同的国家,"我国"和"他国"在族群、文化、制度等层面存在不同,由此形成优越化了的

---

① 艾瑞克·霍布斯鲍姆:《认同政治与左翼》,周红云译,《马克思主义与现实》1999 年第 2 期,第 36 页。

② 塞缪尔·亨廷顿:《我们是谁?——美国国家特性面临的挑战》,程克雄译,新华出版社 2005 年版,第 24 页。

民族/国家身份意识。它具体表现为对"我们"在族群、文化、制度等层面上的优越性的肯定和强调,而用各种或隐或显的方式嘲讽、贬低"他们"的族群、文化、制度的特性,由此构建出一个理想化的浪漫主义的"祖国"形象。

这种初始状态的民族国家认同建构,旨在确立本民族/国家的优越性资格,而正是这种优越性资格使所属成员产生强烈的自豪感、稳固的归属感、强大的凝聚力,以及当国家遭遇来自内部和外部的威胁时坚定维护其制度与文化的信念。这种信念又建基于对本民族/国家的忠诚。但是,对于一个民族国家来说,其优越性资格论证与自我形象塑造,不仅需要得到本国国民的倾心认可,还必须获得其他国家/国际社会的承认,承认其独特属性及保持这种独特属性的权利,而"只有同时得到本国国民和国际社会的认同,国家才能得以存续"①。在不同民族国家之间,在政治、经济、文化诸层面,存在竞争、合作、博弈诸种关系,彼此互为实现"自我"的"自身认同"建构的镜像,因而"一个国家的民族认同与文化统一性的发展潜力,是以相互联系的方式,由其所依附的民族国家间变换不定的权力失衡和相互依赖的结构所决定的"②,由此形成三种认同建构方案:

方案Ⅰ:诚如爱德华·W.萨义德所说,对"自我身份的建构……牵涉到与自己相反的'他者'身份的建构,而且总是牵涉到对与'我们'不同的特质的不断阐释和再阐释"③。这种"建构"和"阐释"最理

---

① 郭艳:《全球化时代的后发展国家:国家认同遭遇"去中心化"》,《世界经济与政治》2004年第9期,第39页。

② 迈克·费瑟斯通:《消解文化:全球化、后现代主义与认同》,杨渝东译,北京大学出版社2009年版,第124页。

③ 爱德华·W.萨义德:《东方学》,王宇根译,生活·读书·新知三联书店2007年版,第426页。

想的状况,就是互惠地实现"自我"与"他者"的"形象"与"精神"的丰富饱满,即不仅确认"我国"在族群、文化与制度上的优越性,由此建立起充分的自信,同时也能欣赏"他国"在民族、文化与制度上的优越性,将其理解为人类精神丰富性的展现,因而这种欣赏不但不会造成本民族国家认同的危机,反倒可以促成对"我国"的族群、文化和制度之独特属性的深刻理解。这是为双方共同接受的认同建构方案,其前提是双方在政治、军事上的权力均衡以及经济上的相互依赖结构,特别是对于"和而不同""和平共处"等政治哲学理念和关系准则的共同恪守,以及由此建立起的政治互信。

方案Ⅱ:由于在政治、经济、军事上遭遇巨大失败,濒于"亡国灭种",某一民族国家彻底丧失了对"自我"在族群、文化与制度等层面上的优越性的自信,以一种自惭形秽、自认"技不如人"的文化心理,彻底认同于被过度美化了的"他者"镜像,将强势的"他者"作为模板,来重新定位和建构自己的政治/文化身份,通过自我贬抑以便完成"自我"的"他者化"。这种自我贬抑首先是针对本民族国家的当下生存状况,但必定合乎逻辑地发展到对本民族国家的历史和文化传统的全面批判,最终以断裂的方式、决绝的姿态实现新的政治/文化身份的建构,其前提是相信历史发展的"单线条"性质,相信人类社会存在普遍真理和文明主流,"顺之者昌"而"逆之者亡",而那些强势民族国家恰恰是普遍真理和文明主流的代表,因而要想避免"亡国灭种"的悲剧命运,就只有全面学习乃至全盘接受他们的制度、精神、价值。

方案Ⅲ:虽然同样在与强势民族国家相遇时遭受重创,但由于本民族国家有伟大的精神传统和辉煌的过去,历史上曾经是其他民族/国家效仿的"理想榜样",这一历史记忆深植于民族无意识深层,因而对本民族国家的精神能力深信不疑,而将当下的失败归咎于"物质"上的落后,于是出现了"道"与"器"/"体"与"用"分离的认同建构模式,即在文化精神、价值观层面相信本民族国家的优越性,而在社会运行技术、经济层面认同强势民族国家,希望能在"自我"的"精神"与"他者"的"物质"之间达成某种平衡,由此建立起本民族国家的历史主体性。但问题在于,假如缺少独立自主地进行文化发现、文化更新与文化创造的能力,不能实现精神传统的更新,则对"自我"之"精神"的认同,也就只能停留在遥远的古代,只能是对过去美好景象的缅怀甚或不切实际的臆想,而且对"他者"之"物质"的认同,也不可能与"精神"完全分离开来,于是最终只好认同"自我"与"他者"之"精神"的双重并列权威。

这三个方案程度不同地揭示了民族国家认同建构的实质。归根结底,一个民族国家如何定位和建构自己的政治/文化身份,意味着构成这个国家的民族将以何种性质、何种形式的主体性,面对自己的传统、构思自己的未来,参与不同的文化/价值体系之间的沟通与竞争、普遍主义话语的生产与分配,"这实际上也就是一个争取自主性,并由此参与界定世界文化和世界历史的问题。这反映出一个民族的根本性的抱负和自我期待"①。这样来看,方案Ⅱ和方案Ⅲ其实都存在本质性缺陷,既无助于促进人类精神世界的丰富性,也不可能保持自己的"形象"与"精神"在历史、现在和未来之间的同一性,因而注定只是策略性的,可以视作那些弱势民族国家致力于实现救亡图存乃至民族复兴大业的权宜之计。

---

① 张旭东:《全球化时代的文化认同:西方普遍主义话语的历史批判》,北京大学出版社2006年版,第2页。

　　问题还在于,无论是否主动,因为认同建构的实质是认同于"他者",则方案 Ⅱ 和方案 Ⅲ 就都有赖于作为"理想榜样"的"他者"的承认。而假如这个强势的"他者"并不愿意看到自己的"摹本",不希望那些暂时处在弱势地位的民族国家最终超过自己,危及其对"世界文化"和"世界历史"的界定、对民族国家间政治与经济"游戏规则"的制定,而只想看到一个印证自身强大的镜像——这个镜像可能有迷人但无关紧要的美学景观,则对弱势民族国家来说,这样的认同建构终究会以失败告终。

　　当各民族国家彼此相遇、发生实质性交往并形成一个整体的世界,存在空间与发展资源的有限性,从根本上决定了民族国家竞争的残酷性,进而凸显了民族国家认同建构的重要性。一个民族国家确立怎样的基本价值和文化特性,建构何种民族形象、国家形象与政治/文化境界,不仅取决于作为政治实体的民族国家如何自主处理与其他民族国家的关系,更取决于存在着"地域""种族""性别""亚文化"的认同/分类的全体国民的共同努力。内、外两方面因素的交互作用,决定了民族国家认同建构的复杂性。

　　如果某一民族国家是由单一民族构成的,所属成员拥有相同的血缘和生物性基因,拥有共同的语言、习俗、伦理规范、宗教信仰、文化传统——正是这些在他们之间建立起了共同的生活世界与紧密的情感联系,当他们由基于"血缘"的"族群民族"(Ethno-Nation,种族)发展到基于"公民权利"的"国民民族"(State-Nation,国族),以"国族认同"为基础,建立起作为政治共同体的国家的合法性,则在"族群认同""文化认同""国家认同"三者之间就不会存在隔阂,而是存在推演与映射关系。然而事实是,世界上的大多数民族国家都不是单一民族国家——"地球上存在大量潜在的民族","可能比能够独立生存的国家的数字要大得多"①,于是在"族群认同""文化认同""国家认同"之间就可能出现龃龉乃至严重冲突。例如,人们完全有可能以血源性的"种族认同",消解乃至拒斥政治性的"国家认同""国族认同";也有可能用多元性的"地域文化""亚文化",削弱乃至对抗统一的"国家文化"的权威性。

反过来,如果一个国家的政府只是依靠甜蜜的谎言或严酷的暴力手段维系其统治的合法性,而不能充分尊重国内所有族群的生存权、发展权,及其在日常生活、宗教信仰等领域中的特殊性诉求,不能在维护国家完整性和同一性的基础上协调各类认同的关系,不能在倡导"国家文化"的同时为"地域文化"和"亚文化"提供必要的存在空间,也就是不能保障每一个体的安全、发展和自由,就都必然会导致民族国家认同的危机。当人们不再用同一种国族身份互认互信,并在此基础上建立起牢固而紧密的情感联系,而是强调各自特殊利益诉求的优先性,为此而刻意放大诸如"血缘""地域"和"亚文化"的差异,弱化民族国家的一体性,民族分裂和国家解体的危局就在所难免。

第四节　民族国家认同问题的凸显

全球化(globalization)是人文社会科学用以标识当今人类所处时代的关键词之一。从现象上说,"全球化指人类社会在经济、文化和政治等方面的交往日益频繁,竞争与合作使全世界空前地紧密地联

---

① 厄内斯特·盖尔纳:《民族与民族主义》,韩红译,中央编译出版社2002年版,第3页。

系在一起"①。对全球化的进程,西方学者据其各自学术兴趣,而或者划分为"萌芽、开始、起飞、争霸、不确定"等阶段(罗兰·罗伯森),或者划分为"前现代的全球化、现代早期的全球化、现代的全球化、当代的全球化"(戴维·赫尔德、安东尼·麦克格鲁等)②,但皆意在揭示全球化乃是一个渐进发生的过程,而不只是在当代人类社会才出现的全新现象。

其实,早在19世纪中叶,马克思就已经预见到全球化的远景,并分析了全球化的动力、必然性以及后果。他指出:"不断扩大产品销路的需要,驱使资产阶级奔走于全球各地。它必须到处落户,到处创业,到处建立联系。""资产阶级,由于开拓了世界市场,使一切国家的生产和消费都成为世界性的了。"于是,"古老的民族工业被消灭了","新的工业的建立已经成为一切文明民族的生命攸关的问题;这些工业所加工的,已经不是本地的原料,而是来自极其遥远的地区的原料;它们的产品不仅供本国消费,而且同时供世界各地消费"。从此,"过去那种地方的和民族的自给自足和闭关自守状态,被各民族的各方面的互相往来和各方面的互相依赖所代替了","各民族的精神产品成了公共的财产。民族的片面性和局限性日益成为不可能,于是由许多种民族的和地方的文学形成了一种世界的文学",资产阶级"按照自己的面貌为自己创造出一个世界"③。这一关于全球化的经典分析,简括地说就是:资产阶级的逐利本性推动了资本主义的全球

① 韩震:《全球化时代的文化认同与国家认同》,北京师范大学出版社2013年版,第1页。
② 罗兰·罗伯森:《全球化:社会理论和全球文化》,梁光严译,上海人民出版社2000年版;戴维·赫尔德等:《全球大变革:全球化时代的政治、经济与文化》,杨雪冬等译,社会科学文献出版社2001年版。
③ 马克思、恩格斯:《共产党宣言》,见《马克思恩格斯选集》第一卷,人民出版社1972年版,第254—255页。

扩张,而全球市场的形成,又将原本按照自己的生存逻辑独立发展的文明和民族联系在一起。这种全球一体化的情形不仅存在于经济生活领域,还逐渐扩展到政治生活和文化生活诸领域。

由于现代民族国家首先出现在欧洲,以英、法为代表的欧洲国家率先进入资本主义模式,自然成为全球一体化进程的主导者。欧洲国家用"坚船利炮"为本国的资产阶级开辟海外殖民地、拓展全球商业帝国保驾护航,这动机最初是经济方面的,因为资本主义的全球拓展带来了源源不断的财富,增强了国家实力与民族自信。来自遥远国度的琳琅满目的消费品,满足了日益成型的资本主义社会世俗化生活的需要,而同时传播的异域他乡的文明文化也提供了可堪瞩目和欣赏的美学景观。这一进程并非一帆风顺,不仅所谓欧洲列强之间会因为殖民地的归属权而频发冲突,而且,当它们对殖民地国家的经济命脉、殖民地人民的生存权利造成了严重损伤,特别是激发、唤醒了殖民地人民的民族自觉意识,抵制和抗争就难以避免。一些审时度势的宗主国逐渐意识到,为了实现利益的最大化以及更其有效的统治,通过在附属国培养政治、文化的"代理人"或派驻代表,在殖民地推广资本主义的文化观念、政治制度、经济运行模式,乃是比单纯的军事控制更为有效的手段。

对于殖民地国家/民族来说,要想摆脱受宗主国奴役与剥削的屈辱命运,只有采取"师夷长技以制夷"①的策略,向先行的西方国家学习,而在全面输入"军事""科技"产品之外,尤为必要的是输入西方国家的政治产品。这就是按照西方国家的政治模式建立现代民族国家,包括现代政治制度、经济制度、教育制度等一整套国家体制,以及

① 魏源:《海国图志原叙》,见陈华等点校注释《海国图志》,岳麓书社 1998 年版,第 1 页。

相应的认同建构机制,这几乎是在一个由西方国家主导的全球化的现代世界重建主体性、延续自身历史与文化传统的唯一方案。这个一般被称作"近代化"或"现代化"的过程充满了艰难曲折,不仅是因为满足于看到自身镜像的欧洲列强的阻挠——他们要垄断世界政治、经济、文化的"命名权""分配权",还因为本国内部保守势力的羁绊——他们因为从殖民体系获得政治、经济利益而甘于现状,反对变革/革命;而且,在选择何种方案以建构民族国家认同方面——"认同什么""怎样认同",也要经历艰难的探索过程。尽管如此,从 19 世纪末到 20 世纪中叶,广大的殖民地人民纷纷走上争取民族独立、解放的建国之路,在经历了血与火的洗礼后,涅槃重生,最终摆脱了殖民体系的枷锁,以平等的现代民族国家的身份参与世界新秩序的重建。

似乎可以说,以"地理大发现"为开端的全球化内涵着悖论:它毫无疑问地带有西方国家和资产阶级称霸全球的欲图,亦即按照他们的"面貌""意愿""理想"建造一个新世界,但在打破地理界限之后,又进一步打破政治、经济、文化的壁垒,将原本各自发展、有限交往的国家、地区和民族联系在一起,激发了非西方民族在政治、经济、文化上的自觉意识。此正如厄内斯特·盖尔纳所说:

> 随着现代化的潮流席卷全球,它保证几乎每一个人,在某一时间,都有理由感到受到不公正的对待,受委屈者会觉得虐待他的人属于另一个"民族"。如果他能够确定有足够的受害者和他本人同属于一个"民族"的话,一场民族主义运动便诞生了。如果它能够成功,虽然并不是所有的民族主义运动都能成功,一个

新的民族也就诞生了。①

进而以现代民族国家的全新身份重新进入世界与历史,要求与西方国家一起重建世界秩序。这一过程始于对西方国家的帝国主义霸权的反抗,而这无疑与西方国家在全球输出其政治产品、文化理念的最初构想有很大差距。

总而言之,全球化造就了一个以民族国家为基本单位的现代世界体系,开启了真正意义的"世界历史",这可以视作全球化的重大成果之一。作为现代世界体系的基本单位,基于特定的"疆域""民族共同体"和"主权"的民族国家组成了主导全球交换的国际关系,"我们藉(借)以认识我们自身以及我们厕身的世界",以至于可以说,"一个没有民族国家概念的世界,或者不是以民族国家为区分单位的地球是很难想象的"②。这样的世界格局在可预见的将来不会有太大改变,尽管全球化在催生民族国家的同时也内含着消解的力量与倾向。

对非西方民族/国家而言,由西方国家主导的全球化是一把双刃剑。从积极的一面说,全球化让"地球"真正成为一个无论在地理意义还是人文意义上都具有一体性的"世界"。在与其他地域和民族的人们日益扩大的交往过程中,人们不但对本民族国家的属性、特征有了清晰的自觉意识——与此同时发生的是对"他者"的生存方式和精神特质的认知,而且对"自我"与"他者"共有的类特性、人类的共同利益和社会问题的全球性,也会获得越来越理性的认识。从消极的一

---

① 厄内斯特·盖尔纳:《民族与民族主义》,韩红译,中央编译出版社 2002 年版,第 148 页。
② 卜正民、施恩德:《导论:亚洲的民族和身份认同》,见其主编《民族的构建:亚洲精英及其民族身份认同》,陈城等译,吉林出版集团有限责任公司 2008 年版,第 2 页。

面说,由于迄今为止的全球化的"游戏规则"由西方国家制定,西方国家居于经济、军事实力与现代性支撑的优势地位,是全球化的主导方,而被动进入世界体系的经历,使得弱势的非西方民族国家在确立自己的主体性上举步维艰。"实力"与"话语"的双重匮乏以及实现目标的急迫性,使其很难以平和从容的心态面对本民族国家的历史与传统,很难保持生存方式的同一性、稳定性、持续性,而这很有可能抽空一个民族国家的生存论根基。

这种双刃剑性质也同样体现在文化核心观念以及相应的知识生产方式层面。文化核心观念是对一个民族独特的生存方式、生存经验的凝练,是培育民族心性与民族性格的基壤,也是决定一个文明独有气质的基因。简单地说,文化核心观念是一个民族所属成员共同接受和实现相互认同的符码,这些符码构造了共同的世界图景和生活模式,规范所有成员的行为与想象,并从中产生意义,而这些意义又支撑了一个民族的生活世界,是较诸血缘、生物性基因更其有力地将全体成员凝聚在一起的纽带。各个文明民族也都有其保存文化核心观念的经典,以及对这些观念进行创造性阐释从而使其能够应对不断变动的世界的知识生产方式。不同民族的文化核心观念的的多样性、知识生产方式的多样性,虽然可能会造成民族间文化交流的障碍,但也造成了人类精神世界的丰富多彩,展现了人类精神探索能力的多种可能。当其在一个民族的长历史中展开,就构成了一个民族国家的文化传统。

但在西方国家主导的全球化浪潮的冲击下,非西方民族国家的文化传统也会面临断裂的危险。救亡图存、"保种保国"的巨大压力,迫使非西方民族以"批判"与"检讨"的态度反省自己的文化核心观念,将民族生存困境的形成归咎于传统文化自身的缺陷,并以"师夷长技以制夷"的心态全面接受西方知识体系。大体上说,这个知识体系的核心是以"主体性原则"的确立为标志的"现代性观念",其外在形态是以"理性""客观性"为标准的类型化的学科知识系统,与之相应的就是承担知识传递功能、从学前教育到高等教育的教育体制,以及由置身于高校研究机构的各个学科领域的专家、学者构成的知识生产机制。

继而,非西方民族的知识精英运用西方的话语系统(概念、方法、模型)整理自己的历史与文化,虽然内蕴着通过将"地方传统"改写成"现代知识"而建构"民族文化认同"的深刻用意,但由于已经将西方知识体系作为生产标准,其潜在的思想逻辑是"凡西方的即合理的,凡合理的即普遍的,凡普遍的即善的"[①],这种改写势必造成对本民族的传统文化之特性的遮蔽。这是因为,只有那些符合西方标准的思想材料才能纳入学科知识系统,获得合法性,此正如张岱年所体认:"区别哲学与非哲学,实在是以西洋哲学为表准,在现代知识情形下,这是不得不然的。"[②]一个典型的例子就是"中国哲学"的成立。例如按郑家栋的分析,"由经学模式向哲学模式的转换,构成了中国学术近现代发展的一个重要方面。而此种转化是通过引进西方的'哲学'观念及其所代表的一整套学术范式完成的。在此种转换中,西方的'学术范式'处于主动的、支配的地位,而中国传统思想内容在很大程度上成为了被处理的材料。而沟通二者的桥梁,就是强调'哲学'观念的普遍性",这不仅造成对"心性理论""天人合一"等"中国哲学"中

---

① 余虹:《能否写"中国古代文学理论史"》,《文学评论》1998 年第 3 期,第 5 页。
② 张岱年:《中国哲学大纲·自序》,中国社会科学出版社 1982 年版,第 17—18 页。

特殊性问题的忽略，亦造成"中国哲学"界域的难以确定，"其所涵盖的范围差不多是介于传统经学、子学和西方所谓'哲学'之间"①。

在此过程中，"西方知识"被建构为"普遍性知识"——尽管其最初也是需要西方本土文化内部根据证明的"地方性知识"，进而因其具备知识发生的地方性与知识传播的全球性的统一、知识结构的区域性与知识功能的全球性的统一、知识建构的民族性与知识扩散的全球性的统一，成为"领导性的全球性知识"，亦即在政治、经济实力逻辑的基点上逐渐成为引领全球知识进步的文明、文化体系。而非西方文化却可能成为"同情性的全球性知识"，自身已经没有从"地方性知识"演化为"全球化知识"的可能性，仅仅成为其他文化中人基于"同情"的理由进行描述、研究的对象，满足着研究者对于异质文明/文化关注的兴趣，仅仅具有增进人类学知识储备的研究意义②。当此情形，非西方民族国家的文化传统几乎不可能将其生命力延展于时代境遇，在应对时代困境和危机的路途中彰显自身，也就难以发挥其维系民族成员彼此认同的政治和文化功能。

20世纪中叶特别是80年代以来，全球化又呈现出新的面貌，既是对以往全球化发展态势的延续，又注入新的元素与动力。从经济发展维度说，在经历了由西方发达资本主义国家推动的资本与市场的全球扩张后，世界各国经济日益表现出全球性特征，形成了全球生产体系与世界贸易体系。单一的民族国家几乎不可能再像过去那样完全控制本国的生产和贸易，老子想象的那种"小国寡民""邻国相

①　郑家栋：《"中国哲学"的"合法性"问题》，见赵汀阳主编《论证 3》，广西师范大学出版社 2003 年版，第 283—284 页。

②　任剑涛：《地方性知识及其全球性扩展——文化对话中的强势弱势关系与平等问题》，《厦门大学学报》2003 年第 2 期，第 44—45 页。

望,鸡犬之声相闻,民至老死不相往来"(《道德经·第八十章》)的状况,再无可能出现。不仅商品的生产和消费、资本的投入和流动都呈现出跨国性特征,而且国际货币基金组织(IMF)、世界银行(World Bank)、世界贸易组织(WTO)、跨国公司的影响力也日益加强,而各国在生产、贸易、金融上的相互依赖,又会进一步推动彼此间在政治、军事、文化上的紧密联系。至于在信息、通信、运输等领域发生的科技革命,则是支撑与推动全球化深入发展的强大动力。通信、网络技术的迅猛发展,将地球变成了一个"村落",高速运输工具的普及,压缩了时空距离,不仅极大促进了商品、金融、文化、技术、人员在世界各地的交往与交换,更是在日益深刻地影响着人们的生活方式,以及感受世界、理解自我的认知模式,也催生出新的经济形态、社会组织形式。

更重要的是,这个阶段的全球化虽然仍由西方发达资本主义国家主导,而且还会延续很长一段时间,但在前一阶段涌现的诸多非西方民族国家,已经不再是被裹挟进全球化历史的客体,而是开始寻求以自己的方式主动进入全球化进程,继而要求与西方国家共同参与界定"世界"和"历史"。这也是全球化的必然结果,因为日益紧密的全球政治、经济的一体化,恰恰凸显了各个民族国家不可替代的独特价值。越来越多的发展中国家认识到,西方国家的资本主义模式并非唯一的现代化模式,并不具备普适性,"全球化"不是"西方化",更不是"同质化"。只有将世界历史进程的普遍性要求与本民族国家的社会特性和历史传统相结合,创造出切合国情的社会和经济发展模式,才是保持本民族国家的主体性与存在感的成功之路。这种"自觉"和"自信"建基于发展中国家在政治上的成熟与经济实力的提升,建基于领导人与知识精英对社会发展规律的普遍性与发展形式之特殊性二者辩证关系的深刻理解,而以美国"次贷危机"为代表的资本主义社会矛盾的爆发,以及韩国、新加坡、中国东南沿海现代化模式的成功,则是从正、反两面提供了明证。问题在于,如何在新的世界格局中,针对新的发展目标,重建民族国家的政治/文化认同,为切合国情的现代化道路提供政治和舆论保障。

从哲学层面看,"全球化进程的推进,不同民族人们之间的交流,造就了不同文化和价值观念的冲突的特定场域,从而极易引发国家认同问题。可以说,全球化进程使认同问题成为真正的问题,也使国家认同问题凸现出来,正是因为全球化进程使差异作为差异而出现,从而人们必须思考同一性或认同。"①相较而言,在由西方发达资本主义国家主导的全球化进程中,非西方的发展中国家所感受到的民族国家认同建构的压力更大,但并不意味西方发达资本主义国家就不存在民族国家认同问题,因为全球化造成的差异在其国内同样存在,因而同样有民族国家认同建构的压力。

第五节　全球化、现代性与民族国家认同建构

全球化给几乎所有民族国家都带来了程度不同的认同危机,无论是发达资本主义国家,还是发展中国家,都需要在不可逆转的全球化进程中重建民族国家认同,严肃思考、谨慎对待国家转型的问题,以应对全球化的挑战。由于全球化将所有民族国家都卷入同一"竞争游戏"当中,不仅导致民族国家认同问题的性质和形式具有相似

---

① 韩震:《全球化时代的文化认同与国家认同》,北京师范大学出版社2013年版,第9页。

性,还强化了民族国家认同建构之于所有民族国家的紧迫性。

全球化导致的民族国家认同危机,首先表现为国家权力的削弱、"国家意识"的衰微。经济独立是主权国家的立国之本。"历史上,经济场是在民族国家框架内形成的,与民族国家本体相连。事实是,国家以多种方式促成了经济空间的统合(这种统合也反过来促成了国家的出现)。"①但在全球化的世界格局中,与其在不同的发展阶段和起点上面对全球化并拥有不同的政治制度和文化传统相应,诸民族国家会在不同程度上感觉到国家经济控制力的日渐衰弱。对于那些后发展的民族国家而言,尽管它们已经告别了殖民统治时代,却还要为殖民体系的后遗症付出代价,这就是"必须接受最初形成于发达工业国家的市场普遍规则和结构,而且事实上,如果它们拒绝这些规则和结构的话,就将被抛出全球化过程之外,而且依然落后"②。

至于跨国公司与国际非政府组织,则似乎拥有凌驾于所有国家政府之上的特殊权力:

> 那些跨国大公司及其国际管理委员会,那些国际大组织——世贸组织、国际货币基金组织和世界银行,及其众多的分支机构(都是用一些复杂的、常常不能读念的首字母缩写和缩拼来代替),还有各种与此相关、不是选举出来、公众很少知晓的技术官僚委员会,构成了一个真正的世界政府。最大多数公众在任何情况下都看不见、不知觉、不知晓这个对各国政府行使权力

---

① 布迪厄:《遏止野火》,河清译,见其《全球化与国家意识的衰微》,中国人民大学出版社 2010 年版,第 160 页。

② 郑永年:《全球化与中国国家转型》,郁建兴、何子英译,浙江人民出版社 2009 年版,第 32 页。

的世界政府。

这些世界的新主人，通过对各大通讯集团（即对整个文化产品生产和发行的工具）拥有几乎绝对的权力，日益集中了所有经济、文化和象征的权力。①

毫无疑问，这会对民族国家的政府在其疆域内管理各项公共事务的权力、权限构成严重威胁，进而影响其对全体国民的凝聚力。在一个政治共同体内，当多数国民不再倾心认同、自觉服从国家在公共领域的权威性，不再心悦诚服地接受并维护国家对其制度优越性的自我论证与民族/国家形象的自我塑造，也就难以由衷产生作为国家公民的归属感和自豪感，而经由长期历史积淀形成的忠诚于国家的国民意识也会消解于无形。

与此密切联系的是国族身份归属的焦虑、国族认同优先性的丧失。虽然对大多数人来说，依然可以通过客观的"血缘连带"，在彼此间建立起归属指向某一国家的族群一体感，但全球化的日益深入，却又在不断削弱"血缘连带"在支撑民族身份上的重要性。这一方面是指日益增多的不同国家间的人口流动、日趋常态化的不同族裔间的通婚，正逐渐使基于血缘纽带、生物性基因的民族身份特征难以辨识；另一方面则是指跨国公司、"超国家共同体"（如欧盟、东南亚联盟等）要求建立一种超越"血缘连带"的跨国认同、"超国家认同"，而都可能造成某些特别人群在国族身份选择上的困惑、焦虑。不仅如此，与全球化对国家权威的消解有关，"一些国家的部分成员因全球化的

---

① 布迪厄：《遏止野火》，河清译，见其《全球化与国家意识的衰微》，中国人民大学出版社 2010 年版，第 158—159 页。

冲击而成为弱势或边缘群体,他们开始对国家政府失去信心,不再依靠'空洞'的公民权来获得应有的权利,而把希望寄托在可能提供更多安全和保障的小单位,国家自身的保护性和代表性角色逐渐丧失了合法性"①,于是转而投向诸如"宗教认同""种族认同""区域认同"等"次国家认同",以获取存在感和生存信念,避免"自我"的虚空化和边缘化。由于这些认同建构都诉诸主观认定与想象,而且这些"认定""想象"与个体的"身体性存在"直接相关,往往具有强大的心理能量,足以导致国族认同优先性的丧失。

事实上,由于每个人都处在错综复杂的社会关系之网的纽结点上,人的身份本来就是多样化的,不同身份间还会存在重叠的情形,而且也会随环境的变化而适时调整其身份认同,但只有那些与其有切实利害关系因而有真实价值的身份才会进入认同建构视域,才会值得认真、严肃地对待。这意思是说,某种身份之所以会被置于其他身份之上,被赋予价值优越性与选择优先性,是因其被认定为在保障人们基于"身体性的惟一性"的经验和利益方面具有基础性地位。就此而言,某些人群之所以悬置甚至黜落国族认同的优先性,是因为对他们来说,国族身份已经不再具有政治、经济、文化诸层面的基础性地位。在此方面,那些应对全球化挑战乏力的发展中国家无疑感受最深,但即使是在发达资本主义国家,这种压力也同样存在。

再就是对民族国家的传统文化的冲击,由此而造成民族文化认同的危机。任何文明民族都拥有独具特色的历史和文化传统,这是该民族的精神属性,而共同的历史传统、习俗规范以及无数的集体记忆,则造就了民族共同体的时空同一性,是共同体成员实现彼此认

---

① 郭艳:《全球化语境下的国家认同》,中共中央党校 2005 年博士学位论文,第62页。

同、建构共同的国族身份的基础。一个国家的疆域、人口、制度,可能会因为来自内部、外部的各种因素而时有变动,但那些决定民族共同体成员共同气质的文化核心观念却一脉相承,沉积于"文明的河床",成为一个民族根深蒂固的集体无意识,是意义之源。因此之故,"传统文化资源是一个国家和民族的文化基因库和精神家园,是一个民族进步与发展的物质根据地和创新动力源","传统文化不仅是一个国家和民族的物质和非物质文化成果的总和,也总是承载着一个国家和民族的文化身份,承载着国民对国家文化的普遍认同"①,一旦受到损伤,失去活力,不能参与国民心性的塑造,不仅难以形成国民精神生命的同一性,更切断了历史脉络,而历史感和精神生命的虚无化,无异于抽空了一个国家和民族的生存论根基。

　　然而,全球化改变了各个民族国家按照自身逻辑独立发展的历史,日益频繁而紧密的信息、商品、金融、技术和人员的交往与交换,为实现不同民族文化的相互理解提供了前所未有的便利条件和多样化途径。人们有理由期望这些异质性的文化能相互欣赏,互惠地实现各自"精神"和"形象"的丰满,但是因为进入全球化的方式和阶段不尽相同,尤其是政治、经济、军事实力上的严重不对等,使得不同国家对全球化进程施加的影响力相去甚远。并不是任何民族国家都能如其所愿地将"民族理想"与"国家意志"体现于全球化的"游戏规则"中,全球化带来的利益分配也并不像在生日晚会上切蛋糕那样容易。那些率先进入全球化因而得利并享有特权的强势民族国家,为了实现利益的最大化,维持其在全球政治、经济、文化各个领域的主导地位,会动用各种手段控制全球化的进程,使其朝有利于自己的方向发

---

① 潘一禾:《文化安全》,浙江大学出版社 2007 年版,第 85 页。

展,甚至不惜发动战争,插手其他主权国家的内部事务,但这些往往被冠以"维护全人类利益"之类动听的名义。

然而,"如果把不相容的价值体系或者不适合的制度力量强加到发展中国家的经济上,这会对民族国家发展规划的精心策划与实施造成不利影响。新兴国家的文化意识形态结构同样受到发达国家的熠熠生辉的社会文化产品的影响"①。以不同面貌出现、以不同形式存在的文化帝国主义,使弱势民族国家在文化领域并不享有平等、公正的权利,不能以自己的方式去发现、解释、展示本民族国家的文化传统,而只能运用强势民族国家文化的语法、符号、修辞。然而正如胡惠林所说:

> 一个只会运用别人构造的话语系统来进行思维,而不能创造自己独立的概念系统和艺术感觉系统去进行对文化的发现和创造的民族,是永远不可能实现对他者文化的创造性超越的。②

这困难不仅来自于强势民族国家基于经济、技术、资本等优势,特别是对全球文明/文化对话规则与对话机制的实际控制,而对弱势民族国家的话语权力的削弱乃至剥夺,还因为弱势民族国家出于救亡图存的压力而对本民族传统文化的"自轻",从而使本民族文化经典的传承机制、知识生产与传递系统不同程度地发生了断裂,而这不能不造成年轻世代与传统文化的隔膜、疏离。

强势民族国家之所以要在全世界推广其文化,为此还发明诸如

---

① 赫伯特·席勒:《大众传播与美帝国》,刘晓红译,上海译文出版社 2013 年版,第 115 页。
② 胡惠林:《文化产业发展与国家文化安全》,《上海社会科学院学术季刊》2000 年第 2 期,第 122 页。

"现代化"等社会理论,将自己的文化宣布为标准化、普世性的"世界文化",并据以主导制定全球文化交换的规则,大概有三方面的考虑:

第一,在文化政治学视域中,文化乃是国家"软实力"的重要组成,通过文化扩张进行文化控制以达到"不战而胜",乃是维护、强化全球霸权的有效手段①,这不仅因为"文化是价值观,是精神,它比利益和物质要深刻得多,文化上被征服等于心灵被征服,也就等于彻底被征服"②,也因为在全球文化工业兴起的时代,"文化无处不在,它仿佛从上层建筑中渗透出来,又渗入并掌控了经济基础,开始对经济和日常生活体验两者进行统治"③。

第二,在国家安全学视域中,一个国家和民族的文化越是具有可分享性,越能对其他民族、其他国家产生吸引力并激发模仿的冲动,也就越会被赋予普遍性品质,越少遭遇抵抗,因而也就越安全,如此则在全球推广自己的文化,就是维护本民族/国家文化安全的根本策略。

第三,在文化经济学视域中,对外文化输出可获取巨大的经济利益,因为文化资源本身就是一种"稀缺资本",而文化产业是更能提升GDP的产业形态,例如在美国,文化娱乐的视听产品已经成为仅次于航空航天业的换汇产品。

政治、文化、经济三位一体,相互借力,使得弱势民族国家的应对变得十分艰难。一个颇具典型性的例子就是 George Ritzer 提出的

① 约瑟夫·奈:《软力量:世界政坛成功之道》,吴晓辉、钱程译,东方出版社 2005 年版;理查德·尼克松:《1999 年:不战而胜》,王观生等译,世界知识出版社 1989 年版。
② 赵汀阳:《天下体系:世界制度哲学导论》,江苏教育出版社 2005 年版,第 149 页。
③ 斯科特·拉什、西莉亚·卢瑞:《全球文化工业:物的媒介化》,要新乐译,社会科学文献出版社 2010 年版,第 7 页。

"麦当劳化",意谓"快餐店的原则正在控制美国社会越来越多的街区以及世界上其他地方的过程"。按费瑟斯通的分析,"麦当劳化""不仅通过生产和运输的标准化赢得了经济(以时间/金钱的形式)'效益',同时还代表了一种文化的信息。汉堡包不仅以其物质形式而被物理地消费,同时它又作为一种特殊生活方式的符号和指称而被文化地消费。尽管麦当劳并不赞成使用精致的意象主义广告,但汉堡包显然是美国人的,它代表的是美国生活方式","对于处于边缘的人来说,麦当劳使他们得以产生一种同于强者的心理舒适感。跟万宝路牛仔、可口可乐、好莱坞、芝麻街、摇滚乐和橄榄球等符号一样,麦当劳是一长串美国生活方式的象征中的一个。它们与已居于消费文化的中心、不分孰轻孰重的一些话题联系在一起,比如年轻、健康、漂亮、奢侈、浪漫、自由等。美国梦已经与对优裕生活的梦想相互纠缠。在有些人看来,这些符号和物品向全世界的输出,已经达到全球文化被同质化,传统文化因此被美国大众消费文化所取代的地步"[①]。

更隐蔽的威胁是——这种隐蔽性来自于"发展主义"的"现代性叙事",像"美国大众消费文化"这样似乎具有全球性品质的文化模式,会因其巨大成功而被赋予普遍性品质,成为将"发展"作为头等战略目标的其他民族国家效仿的榜样,成为这些民族国家展示自身文化的模板。而这并不能仅仅理解为一个"旧瓶新酒"的形式问题,或者是一个"借鸡生蛋"的策略问题。实际上,由于"文化"并不能被二元论地划分为"形式"与"内容",因而这种对异质性文化模式的移植、挪用、复制,虽然可能取得短暂的成功——这尤其体现在国家经济维

---

① 迈克·费瑟斯通:《消解文化:全球化、后现代主义与认同》,杨渝东译,北京大学出版社2009年版,第10—11页。

度,但最终受损的还是本土文化的精神特质。例如,对具有"随机性"
"艺术性"的中医文化来说,"标准化"模式就并非灵丹妙药,反倒极有
可能破坏中医文化的传承机制,抽离中医诊疗的精髓神韵。

　　全球化还意味着现代性的全球开展。"与特定的历史相对应,
'现代性'通常是指以启蒙运动为思想标志,以法国大革命为政治标
志,以工业化及自由市场为经济标志的社会生存品质和样式。"①两者
的关系是,"现代性"为"全球化"注入实质内涵,"全球化"又将"现代
性"确立为人类社会各个领域和层面的普遍原则。安东尼·吉登斯
说:"现代性产生明显不同的社会形式,其中最为显著的就是民族—
国家"②,因而可以说,以民族国家为基本单位构成的现代世界体系,
本身就是现代性在全球扩展的结果。另一方面,正是现代性如同纽
带一般,将"族群""制度""文化"各有不同的民族国家联系在一起,同
时在从个体到民族、国家的各个层面都提出了认同建构的紧迫问题。
这意味着,全球化时代民族国家认同的建构,不仅要应对民族国家间
的政治、经济、文化竞争带来的挑战,还需应对现代性开展给民族国
家内部社会、文化带来的挑战。

　　"一般地说,现代性首先是人自身内在力量的发现,是人的自我
意识的觉醒,是对人个体特殊性的确认或对人的个性的肯定。一句
话,按照哲学的术语说,现代性的后果就是主体性原则的确立","现
代性和认同问题本质上是相互关联的。由于发现了人的力量,人作
为自觉的意识才在精神上获得了独立于自然母体的感觉;由于发现

---

①　徐迅:《民族主义》,中国社会科学出版社 2005 年版,第 14 页。
②　安东尼·吉登斯:《现代性与自我认同:现代晚期的自我与社会》,赵旭东、方文译,生活·读书·
新知三联书店 1998 年版,第 16 页。

了个人,自我才从仅仅是社会的要素成为具有个性追求的存在;由于自我意识与个性的发现,人对自己生存的连续性和完整性(即认同)的焦虑才成为可能"①。认同问题并非为现代社会所独有,但现代性的普遍开展突出了认同问题的普遍性:作为"个人",人们发现了"自我意识"与"个性",每个人都需要从事"自我认同"建构,以解决"我是谁"的困惑、焦虑,而意识到自己与他人的差异,又促使每个人反思自己的特性是什么以及如何表现"自我"。不仅如此,现代性还强化了"自我认同"建构之于个体生存实践的基础性,强化了对于"自我"之不可替代性的坚定信念,而这就可能会造成个体间的冲突——假如每个人都坚持其不可让渡的特性表现,哪怕只是一些奇怪的癖好。

哈贝马斯也认为,"现代的首要特征在于主体自由,主体自由在社会里表现为主体受私法保护,合理追逐自己的利益游刃有余;在国家范围内表现为原则上(每个人)都有平等参与建构政治意志的权利;在个人身上表现为道德自主和自我实现;最终在与私人领域密切相关的公共领域里表现为围绕着习得反思文化所展开的教化过程"②,这也就是理性化过程。在某种意义上,主体性原则也就是理性原则,因为正是理性将"人"从"自然""神""上帝"或"家族"等链条的束缚中解放出来,是理性使人们发现了"自我",并承诺将人类社会带入一个美好的时代。然而,理性的普遍性要求不仅导致人们将其原本特殊性的存在和观念视为唯一的普遍性,由此引发不同个体、不同族群以及不同类型的认同之间的冲突,而且理性在人类社会各个领域里的扩展与膨胀,又可能会形成一种新的权力中心,以"普遍性"

---

① 韩震:《全球化时代的文化认同与国家认同》,北京师范大学出版社 2013 年版,第 12 页,第 16 页。
② 于尔根·哈贝马斯:《现代性的哲学话语》,曹卫东等译,译林出版社 2004 年版,第 96 页。

"同一性"压制"个体性""差异性",从而加重"自我认同"的困惑与焦虑。这既有可能发展出朝向"社会""国家"的认同建构——前提是社会与国家能提供满足个体利益实现的空间、保障个体参与公共生活的平等权利,也有可能发展出对"社会""国家"的离心化趋势。不仅如此,在协调、平衡所有成员的利益诉求、权利主张方面,那些欠缺政治治理能力、社会管控能力的民族国家也很有可能束手无策,从而失去对于国内族群的感召力与向心力。

"现代性概念产生于欧洲,它首先是指一种时间观念,一种直线向前、不可重复的历史时间意识","这种进化的、进步的、不可逆转的时间观不仅为我们提供了一个看待历史与现实的方式,而且也把我们自己的生存与奋斗的意义统统纳入这个时间的轨道、时代的位置和未来的目标之中"。① 由此发展出"现代"与"古代""进步"与"落后""文明"与"愚昧"等种种彼此勾连的对立关系,也将分布于不同时空的民族/国家的文明/文化都纳入由这些对立关系构成的坐标系中。世界就此成为一个有机的整体,而人类历史则被叙述成为一个不断由"愚昧""落后"走向"文明""进步"的现代化过程,至于不同的民族/国家则被安置于这一过程的不同阶段,"顺之者昌,逆之者亡"。

进一步,西方发达资本主义国家不仅凭借强大的经济和军事实力主导了现代性进程,也在更深层次控制了现代性话语实践。在有关现代性的"宏大叙事"中,西方民族国家的社会组织形式与文化价值代表了"现代""进步""文明",而非西方民族/国家的历史与文化传统,则与"古代""落后""愚昧"联系在一起。要顺应现代性的世界潮

---

① 汪晖:《现代性问题答问》,见其《去政治化的政治:短 20 世纪的终结与 90 年代》,生活·读书·新知三联书店 2008 年版,第 482—483 页。

流,这些民族国家就必须针对自己的传统进行变革/革命,虽然直接的取法对象是先行进入现代性进程的西方民族国家——这些国家不仅具有示范性,更对非西方民族/国家的存在带来威胁,但对此变革/革命之合法性的论证却是诉诸时代和未来的感召。

现代性的时间观念为人们衡定、评估"自我"提供了一种思维框架:个体存在的价值不再依据"过去"曾取得的某些成就,或者从"过去"继承而来的某种品质,而是取决于"现在"的表现或努力能否将其带往光明的、美好的"将来"。这无疑有助于主体性的建立,因为它将人们从种种自然的(如血统、种族)、社会的(如阶级、阶层)束缚中解放出来,但不断奔涌向前、永远在前方的"将来",也将人们置于前所未有的认同困境。这是因为,在现代性的时间观中,没有什么身份/属性是固定不变的,似乎一切都漂浮于永动不息的"时间之流"。"自我"的"自身认同"建构因此成为严肃的生存问题,而既然"将来"总是延宕,而"过去"又不具备论证资格,则牢牢把握"现在"的日常生活,似乎就是唯一可行的认同建构方案:

> 传统的控制愈丧失,依据于地方性与全球性的交互辩证影响的日常生活愈被重构,个体也就愈会被迫在多样性的选择中对生活方式的选择进行讨价还价……由于今天社会生活的"开放性",由于行动场景的多元化和"权威"的多样性,在建构自我认同和日常活动时,生活方式的选择就愈加显得重要。①

---

① 安东尼·吉登斯:《现代性与自我认同:现代晚期的自我与社会》,赵旭东、方文译,生活·读书·新知三联书店 1998 年版,第 5 页,第 6 页。

标新立异地追逐时尚，无疑是一种显示自己掌握"现在"、通向"将来"的生活方式，但沉湎于对历史、传统的怀旧，也不一定就是源于对"历史""传统"的热情与尊重，而很有可能只是为了显示自己与众不同的特性而已。

人们深信，日常生活方式具有基于"身体存在感"的独特性与隐私性——至少从表面看确实如此，因而是在遵循"目的—合理化原则"建构起来的现代社会保持独特个性的途径，而且还是人们唯一有能力自主掌控的——因为它看上去完全是个人自主性选择的结果，因此通过选择某种日常生活方式，以确立某种差异性身份，就不失为一种有效对抗现代性之理性压制的认同建构方案。不管人们是不是清楚，所谓的自主性选择其实深受商品意识形态、大众传媒机器的控制，甚至当中隐藏着文化帝国主义的文化政治语法——例如某些好莱坞电影对美国生活方式、"美国价值"的宣扬。问题的关键在于，如果一个国家的所有公民只关注"鸡毛蒜皮"的生活细节，只关心个人利益和私人感受，而漠视国家利益、民族命运这样的大问题，无视公共事务、公众权益，彼此不再相互认同为一个同休戚、共命运的利益共同体，国家也就名存实亡。退一步说，如果人们刻意强调其日常生活方式的不可侵犯性，甚至强调其个人利益的至上性，认为唯此才能确立"自我"的存在感，当其与国家利益、民族大义发生冲突的时候，也就很难给予后者以选择的优先性。

结伴而行的全球化和现代性，凸显了民族国家认同建构问题的重要性，而恐怖主义的泛滥、地缘政治的紧张，又强化了民族国家之于普通公民的重要意义，他们需要国家提供基本的安全保障，因而

"即使在急剧的全球化进程中,国家也不可能消失"①。这是因为,"当代世界日益全球化的经济和文化关系没有发展出与之相应的新的政治形式,因而全球化的经济过程仍然是以民族国家体系作为其政治保障的。我们甚至可以进一步地说,民族国家正以前所未有的姿态积极地干预当代的经济过程,并把自己看作是全球经济活动的最大的代理人。在这个意义上,与其说民族国家衰落了,不如说民族国家正在改变其传统功能,全面地介入当代世界的社会关系"②,因此重要的是根据不断变动的全球化和现代性的"时—势"(时间与空间的情境与趋势),重建民族国家认同。毫无疑问,基于不同的民族集团、历史遗产与文化传统的民族国家,会设计与其现代性规划相匹配的多元化的认同建构方案,但境遇和问题的相似性,决定下述原则将是成功的认同建构方案必须遵循的:

第一,全球化的事实使人们越来越清晰地认识到,"民族""国家"及其相应的身份认同是历史地被创造的,而不是先天设定的隶属关系,因此民族国家认同的重建必须摒弃那种本质主义的认同建构策略——假定存在并依赖某种凝固不变、与生俱来的纯粹的"民族性""国家性",可以通过它一劳永逸地维系人们对"我族""我国"的忠诚,而是需要采取建构主义的视角,以不断变化的世界和时代的主题为基点积极进行政治/文化认同建构。本质主义的认同建构策略之所以不可取,至少有两方面的原因:

1. 设定某种亘古不变的"民族性""国家性",虽然可能会激发强

---

① 郑永年:《全球化与中国国家转型》,郁建兴、何子英译,浙江人民出版社 2009 年版,第 26 页。
② 汪晖:《文化与公共性·导论》,见汪晖、陈燕谷主编《文化与公共性》,生活·读书·新知三联书店 1998 年版,第 5 页。

烈的民族主义情绪与认同建构实践,因而作为某种权宜性的政治策略有其存在价值,但本身是一种"非历史"/"超历史"的形而上学话语,经不起事实与逻辑的双重验证,其内在缺陷使其不可能有效维持民族国家认同的恒定性;

2.持续深入的全球化进程,虽然难以避免地造成经济运动、文化运动与政治理念、价值观的失调,但也使得不同族群与文化间的交往、对话与融合日益频繁而紧密,在此情形下,宣称存在某种自然的、社会的、文化的"纯粹性"并试图维持其存在的努力,不仅徒劳无益,反倒有可能引发大规模的抵制与反抗。

第二,全球化和现代性凸显了多种认同的共时性存在,并使这种共时性存在具有合法性,因而民族国家认同建构不应是对国民身份的绝对同一性要求,而是对多种身份归属的整合。这意味着任何国家不可能再像历史上曾经成功过的那样,动用军队、监狱等国家机器,强迫国家公民放弃除国族身份之外的其他身份归属,而是要在保证"民族国家认同"统领与框架的前提下,使"地域认同""族裔认同""职业认同"等认同形式共同参与国民人格的塑造,形成一种多重认同互为支撑的认同建构机制。可以说,能否合理有效地实现多重认同之间的平衡,是民族国家认同建构能否成功的关键所在。

相关的问题是,在民族与国家的边界似乎日趋模糊的全球化时代,国家无疑是要重建其在政治、经济、文化诸领域中的权威性(对内)和自主性(对外),以应对挑战与机遇并存的全球化浪潮的冲击。但国家的权威性不应理解为"极权""专制"——尽管"当代世界没有哪一类民族—国家能与潜在的极权统治完全绝缘",而"用来鼓动极权统治的目标会与民族主义强烈地搅合在一起"①,而应体现在国家(政府)有能力让每个公民感受到平等而充分的尊重,有能力保障其各项基本权利的实现,有能力平衡不同利益群体的诉求,在形成共同利益的基础上形成共同理想,从而心悦诚服地认同于国族身份、国家权威,自觉地将民族大义、国家利益置于首位,并甘愿为之放弃一己之私乃至付出生命。

第三,"在全球化的时代,国家认同已经不再是臣民的服从或蒙昧的集体无意识,而应该是公民自主选择的立场,换言之,在过去国家认同更多是一种历史现实,而现在却在历史现实之上增加了某种竞争性和选择性"②,持续深入和广泛开展的全球化,使得哪怕在空间上相隔再遥远的异质性的文明/文化也不再陌生,更从理论上使任何个人都有自由选择其国族身份归属的可能性——至少可以是精神上的归属。因此之故,民族国家认同建构不能对内采取控制人民思想("洗脑")乃至于限制人民身体自由的方式,对外采取"闭关锁国"的方式,但也不能想当然地认为可由"血缘""户籍""成长环境"等自然而然地形成,并据以要求公民绝对效忠于国家。

对于任何一个国家的政府来说,只有通过为全体国民创造幸福生活,建设民主、公正、和谐的社会,使公民在众多民族国家竞争、合作的全球化时代真正感受到自己国家的强大,切身体会到个人命运与国家命运紧密联系在一起,才能建立起对"祖国"的真正认同。不过,要实现这一目标并不容易,不仅要处理好与历史、传统的关系,有

---

① 安东尼·吉登斯:《民族—国家与暴力》,胡宗泽、赵力涛译,生活·读书·新知三联书店1998年版,第353页,第354页。

② 韩震:《全球化时代的文化认同与国家认同》,北京师范大学出版社2013年版,第10页。

勇气在制度、文化、观念诸层面做出改变，还需要以高明的政治智慧处理好与其他国家的关系，使国际环境有利于自己发展，但绝不能以损害民族、国家的根本利益为代价。归根结蒂，"国家生存下来的关键在于它有能力创制一种角色，这种角色既要适应全球经济一体化的力量，又要适应由认同政治所造成的内在张力"①。

---

① 郑永年:《全球化与中国国家转型》，郁建兴、何子英译，浙江人民出版社 2009 年版，第 26 页。

第二章　作为民族国家的中国认同建构

第一节　天下思想中的中国

中国文明历史悠久,一般认为,最晚在公元前 21 世纪,夏朝的建立表明中国已开启国家史,国家的观念也相应产生。经过商和西周的发展,到春秋时期,国家的观念已经相当具体,而在秦汉以后,中国更是成为一个幅员广大、人口众多、国力强盛的中央集权国家。吊诡的是,尽管中国是世所公认的文明古国,"中国人很早便知以一民族而创建一国家的道理"[①],但在中国的思想土壤中并未生长出"民族国家"的观念,中国人也几乎没有兴趣和动力以"民族国家"的身份看待"中国",以之与其他的民族/国家共同体相区分并产生认同感。

原因在于,中国正统的国家思想是"天下思想"。在中国人眼中,有"家"有"国"有"天下",虽然三者是类似同心圆的同构关系,但"天下"不仅比"家""国"的外延要大得多,更具有逻辑而非事实上的优先

---

① 钱穆:《中国文化史导论》,商务印书馆 1994 年版,第 23 页。

性,意谓"家""国"都以"天下"为存在论前提。在经历明清易代的巨变之后,顾炎武提出:

> 有亡国,有亡天下。亡国与亡天下奚辨?曰:易姓改号,谓之亡国;仁义充塞,而至于率兽食人,人将相食,谓之亡天下。……是故知保天下,然后知保其国。保国者,其君其臣肉食者谋之;保天下者,匹夫之贱与有责焉耳矣。①

这著名的"亡国与亡天下之辨",清楚地表明了中国人的"国家观",此即"常把民族观念消融在人类观念里,也常把国家观念消融在天下或世界的观念里。他们只把民族和国家当作一个文化机体,并不存有狭义的民族观与狭义的国家观,'民族'与'国家'都只为文化而存在"②。

从观念发生的初始条件看,"天下思想"的形成,与农耕民族因其生存需要而在农业生产实践中发展出来的对于"天"的敬畏之情,以及直观体认的认知模式,存在密切关系。中国文明发生之初的生存经验,决定了早期中国人的世界观:"天"与"地"无穷延伸,兼容万物,有且只有一个"天下","天"之"下"的万物,其发生发展的究竟依据都是"天",所有的"族群""家""国"构成并分享了"天下",彼此相连而互相塑造,是一种"共在关系",因而"天下"也就是一个"共在格局"。当人们遵循经验展开的自然主义理路,由近及远地展开对于世界图景

---

① 顾炎武:《日知录》卷十三"正始"条,见黄汝成《日知录集释》,上海古籍出版社 2006 年版,第756—757 页。

② 钱穆:《中国文化史导论》,商务印书馆 1994 年版,第 23 页。

的想象,遂有"天下"概念的两个外延:

第一,被理想化、理论化出来的"天下",即"四海之内"。

第二,现实的"天下",即"九州"。不过,"九州"也是难以确指的地理学概念,因为其指称的地域、范围甚至名称是不断变化的。

人们还以血缘的亲疏/远近为区分依据——这也是一个遵循经验展开的自然主义理路,推己及人,用"甸服""侯服""宾服""要服""荒服"来说明"天下"概念的内涵。不过,这种形式齐整的"五服制"从来没有被实践过。事实是,被王朝政权清楚地意识到并制度化了的,只是"内服"(王朝直辖领域)与"外服"(诸侯国地域)的区分。如此则"天下"从地理上可以分为"九州"与"九州之外、四海之内",从方位上可以分为"中国"与"四夷",而在民族集团的层次上又可分为"华夏"与"蛮""夷""戎""狄"。因而"天下"是一个"三重的天下",包括中央的天子、身边的诸侯(公、侯、伯、子、男)、周边的"四夷"三个部分,即使原来属于"蛮""夷""戎""狄"的人或集团,随着政治上和文化上的统一,也有变成"华夏"的可能。[1]

进一步理解,将"中国"视为居于"天下之中"的"国"——"天处乎上,地处于下,居天地之中者曰中国,居天地之偏者曰四夷"[2],似乎是以自我为中心的看待视野,但既然承认"四夷"同样是"天下"的有机构成,则此看待视野并不必然导向华夏中心主义。关键在于,区分"华夏"和"四夷"的标准,并非先天性的血缘、种族,而是"以政治文化所达到的境界论,因此夷夏之间可以互相转化,夷可以进为夏,夏可

① 参见王柯:《中国,从天下到民族国家》第一章,政大出版社 2014 年版。
② 石介:《中国论》,见陈植锷点校《徂徕石先生文集》,中华书局 1984 年版,第 112 页。

以退为夷"①,以及作为终极根据的"天命"。"王者必受命而后王。王者必改正朔,易服色,制礼乐,一统于天下"②,为"天命"所眷顾的"天子"必以治理"天下"为己任,以"一统天下""协和万邦"为最高理想,所谓"以天下为一家,以中国为一人"(《礼记·礼运》)。这决定了中国的疆域和族群构成并非固定不变。"在天下观念下,'中国'指王朝(国家)或文化(天下),而不是民族国家或政治共同体,王朝的合法性在于代表文化的正朔"③,所谓"'夷狄而中国,则中国之;中国而夷狄,则夷狄之。'——这是中国思想正宗……它不是国家至上,不是种族至上,而是文化至上。于国家种族,仿佛皆不存彼我之见;而独于文化定其取舍",因而"中国非一般国家类型中之一国家,而是超国家类型的"。④

作为一种政治文化基因,"天下思想"极其深刻地影响了中国人对"民族""国家"和"世界"的基本理解,持续性地影响了古代中国的国家史、政治史的开展。"虽然秦制度终结了天下体系,但天下概念仍作为政治基因存在于中国实体里,使中国成为一个内含天下性之国家。尽管秦汉以来的中国不再经营世界,却试图把中国经营为一个天下的缩版","中国的双重性质注定了古代中国始终是一个未完成状态的概念,也是一个始终具有开放性的实体存在","时为秦之中土,时为唐元清之广域,或为十六国、南北朝、五代十国或宋辽金西夏之裂土"⑤。

---

① 杨向奎:《大一统与儒家思想》,北京出版社 2011 年版,第 134 页。
② 董仲舒:《春秋繁露·三代改制质文》,见苏舆《春秋繁露义证》,中华书局 1992 年版,第 184—185 页。
③ 徐迅:《民族主义》,中国社会科学出版社 2005 年版,第 230 页。
④ 梁漱溟:《中国文化要义》,上海人民出版社 2005 年版,第 144 页,第 21 页。
⑤ 赵汀阳:《中国作为一个政治神学概念》,《江海学刊》2015 年第 5 期,第 12—13 页。

尽管如此,古代中国的政治文化始终是"王朝政治"与"文化政治"的合体,王朝易代只是改换了国家政权的归属,却没有更改文化系统这一政治运作的根本支柱,而"天下"则是一个决定性的政治文化概念:

> 天下概念的"无外"原则意味着最大限度的兼容性,不拒绝任何人的参与,也就预先承诺了一个任何人都可参加的博弈模式,也因此成为对所有人具有同等吸引力并且可加以利用的政治资源。①

这一原则支配了中国的"历史叙事",而通过将不同族群的"故事"纳入同一个历史谱系,创造中国民族的族群一体感,又引领了多个"族群民族"(Ethno-Nation)多元共生格局的形成。正因如此,当新王朝崛起,无论哪一个"族群民族"掌握政权,都会运用"天下思想"论证自己的统治合法性,坚信自己才是"天命所归",代表"中国"的正统。

与"天下"概念匹配的是"大一统"概念,至少有两种可共存的理解:第一,如果"大"作动词讲,意为张大、尊崇,则"大一统"就是建构"天下体系""天下秩序"的手段,是以"一统"为"大"为"重";第二,如果"大"作形容词讲,意为至大、宏大,则"大一统"就是"一统"事业的理想目标。刘家和正确地指出:

> "一统"不是化多(多不复存在)为一,而是合多(多仍旧存在)为一;它可作为动词(相当于英文之 to unite),也可作为名词

---

① 赵汀阳:《中国作为一个政治神学概念》,《江海学刊》2015年第5期,第16页。

（相当于英文之 unity），就此而言，词义的重心在"一"。但此"一"又非简单地合多为一，而是要从"头"、始或从根就合多为一。①

所以"一统"的本意并非要将"天下"的所有存在同质化，而是要在保有各自品质、维持"共在格局"的基础上建立秩序，这个秩序必然是多样性和谐。"天下"至大无外，如欲使其从"混乱状态"（chaos）成为"有序社会"（kosmos），就需要"合多为一"，如此则"一统"（使"统"一）就是建立多样性和谐秩序的必然选择。

因此之故，"天下思想"内在地要求"大一统"的政治理念与制度设计。它最初是处理同属"天下"的诸族群和国家之间关系的方式，目标是"以天下为一家"，而既然"中国"被理解为"天下"的"缩版"，则"大一统"也是处理"中国"内部诸族群和方国之间关系的方式，目标是"以中国为一人"。当秦王朝最终确立了行政一统的郡县制，"大一统"就不再指向"协和万邦"的"世界秩序"，而是旨在建构多元兼容、长治久安的"内部秩序"。

"大一统"的概念既有形上根据，也有现实基础。在道家，按《老子·二十五章》："人法地，地法天，天法道，道法自然。"意谓"人""地""天"皆以"自然之道"为准，而"自然"以自身为准，这可以作为要求"从'头'、始或从根就合多为一"的"大一统"的形上根据。在儒家，按《易·乾·象》："大哉乾元，万物资始，乃统天。云行雨施，品物流形。"意谓"天地""万物""人"固有分殊别异，但就其"本""原""始基"而言则为一"元"，可作为要求"从'头'、始或从根就合多为一"的"大一统"的形上根据。事实是，充分阐释"大一统"观念的《春秋》公羊学

---

① 刘家和:《论汉代春秋公羊学的大一统思想》,《史学理论研究》1985 年第 2 期,第 58—59 页。

派,就是按此思路展开其政治哲学构想的。

至于现实基础,至少可从如下两方面理解:

第一,在中国文明发生之初,中国的广大地域上生活着众多族群,即使是位于中原地带的"'华夏'本身也不是单一的民族集团,而是多民族的复合体","虞、夏、商、周四代构成了华夏族,孕育着灿烂的华夏文明"①,中国民族、中国文明的形成本就是持续性的族群融合的结果。

第二,从国家治理的角度看,至少从"以小邦而克大国"的周王朝开始,如何以一族的有限力量管理广袤国土、"亿兆臣民",就是一个必须解决但又相当棘手的难题。这一存在于中国文明轴心期的特定事实,使"从'头'、始或从根就合多为一"的"一统"方案几乎成为古代中国"王朝政治"的必然选择。

此外还必须提及以周公为首的周初政治集团的智慧,正是他们最终确立了"天下体系"的政治构想、"一统天下"的政治制度。《诗经·小雅·北山》之"溥天之下,莫非王土;率土之滨,莫非王臣",或许并非事实描述,但至少表明"大一统"的思想已初步形成。

可以说,"大一统"是中国历史的必然选择,是从中国的"世界图式"中生长出来的政治智慧。而"大一统"思想一旦形成,就不但形塑了多族群民族共存的中国国家的骨架,更成为历代王朝一脉相传的政治基因、中国人根深蒂固的政治信念。即使"秦汉以来的中国作为裂土的时间甚至长过一统的时间,但大一统却始终是个政治神学信念",原因在于"大一统不仅是权力追求,也是和平生息的需要"②,因

---

① 杨向奎:《大一统与儒家思想》,北京出版社 2011 年版,第 2—3 页。
② 赵汀阳:《中国作为一个政治神学概念》,《江海学刊》2015 年第 5 期,第 13 页。

此是合理的政治状态。历代王朝都将实现"一统"作为治国理想——"因为能承担一统之责的不必是某国、某王,所以在统一发展的过程中可以有中心的转移,也可以有王朝的更替;中心变而一统之趋势不变"①,尽管"政治"可能被简单化地理解为"统治",而"一统"则有可能被抽离实质而徒具"统一"的外观,但作为"政治神学信念",还是持续性地塑造了中国的"制度认同"。

"一统"就是要使"天下"从根源、始基上统一于"中国"与"华夏"。如果说"'统'一"于"中国"意谓"政治一统",则"'统'一"于"华夏"就意味着"文化一统"。在西周,"中国即王都与诸夏国",而"'华夏'与'中国'不能理解为大民族主义或者是一种强大的征服力量,它是一种理想,一种自民族、国家实体升华了的境界。这种境界有发达的经济、理想的政治、崇高的文化水平而没有种族歧视及阶级差别"②。"中国"与"华夏"概念最初是重叠的,在"中国"的生长(疆域的变动、族群的融合、政权的更替)过程中——由此造成"中国"的历史性,政治中心不一定是今天洛阳一带之中原,而掌握政权的也不一定是华夏族,但在中原地区发展成熟的华夏文明始终熠熠生辉,是中国内部各族群"'统'一"之所在,造就了中国民族的文化认同。正如杨向奎所说:

> 华夏文明,在当时世界上是一种伟大的文化体系,对于中国人民,它是一种向心力,回归的力量⋯⋯它是一种标准,一种水

---

① 刘家和:《论汉代春秋公羊学的大一统思想》,《史学理论研究》1985 年第 2 期,第 66 页。
② 杨向奎:《大一统与儒家思想》,北京出版社 2011 年版,第 2 页,第 1 页。

平,这标准、水平用以衡量一统中国的各族。①

而华夏文明之所以为"中国的各族"倾心认同,具有巨大的吸引力,至少是因为其具有如下三方面相互关联的特质:

第一,虽然在北自内蒙古和辽宁、南至长江流域的早期中国,共存着众多自成一体的文明形态,但基于中原之自然条件优势的华夏文明,因其明显的早熟性以及与农耕文明的高度契合性,而具有典范性或"理想榜样"的性质。

第二,华夏文明最早发明了成熟的书写文字系统——汉字,使大规模地储存信息、承载思想并大范围地传播成为可能,亦因此使华夏文明的典范性可以普遍化。

第三,华夏文明创造了拥有最大容量的解释能力和自我反思能力的思想系统,可以就天地万物、人类社会的时空存在给出合理解释,并能实现自我论证和自我更新,进而实现最大程度的共享。

当华夏文明为孔子创立的儒家学派继承、发扬,并在西汉中后叶获得尊崇地位,逐步地形成了中国文化的骨干,儒家文化、儒家的纲常伦理及其教化,也就逐步地成为建构中国民族的"文化认同"的核心,这也就是顾炎武所说之"天下"。

第二节 从天下到民族国家

从西周的"天下体系",到秦汉以来"内含天下性之国家",古代中国虽然奠定了"民族""制度""文化"诸层面认同的基础,并以儒家文

---

① 杨向奎:《大一统与儒家思想》,北京出版社 2011 年版,第 6 页。

化为认同建构的核心，建立起一个多民族统一且地域广大的国家，但还不是现代意义上的民族国家——典型表现就是古代中国有"政权"而无"主权"概念，而国家的疆域亦随王朝鼎革而时有变动。不惟如此，由于深受"天下思想"的影响，中国文化内部也没有发展出民族主义诉求，而民族主义乃是推动民族国家建构的精神力量。民族主义诉求的出现，进而民族国家建构进程的开启，这是在19世纪中叶发生的大事件，所谓"三千年未有之大变局"（李鸿章语），其结果是改变了中国的国家身份，并以民族国家的身份重新获得历史主体性。

必须指出，中国从"天下"到"民族国家"的转变，并非按自身生存逻辑自然而然地实现。事实是，尽管中国并不缺乏创造"统一民族"概念及其身份的历史、思想资源，但社会结构的"超稳定性"使得"统一民族"的身份建构并非中国历史之所需，中国也从不将"国家"视为有固定疆域、特定族群的"实体"。在古代的中国人眼中，"国家兴亡"不过是异姓王朝的"治乱""更替"，而以儒家为核心的中国文化才具有超越地域和族群之上的永恒性，是"中国"之为"中国"的命脉所在，因而真正危险的是儒家文化之核心地位的丧失，它必然导致中国之历史主体性的终结。秦汉以来，儒家也曾遭遇来自本土的道、法诸家与外来佛学的挑战，但每一次都成功回应了挑战，完成了自我修复、完善与更新，这不但形成了中国文化"善化"的品格，而且更强化了文化自信。不仅如此，作为"王朝国家"的中国也有与其他国家/族群交往的悠久历史，"他者"的"在场"成为中国自我认同建构的镜像，而政治、经济、军事上的巨大优势，足以确认中国在制度与文化上的优越性。

似乎可以说，由于中国始终没有遭遇真正危及其存在感的内外威胁，也就不需要做出根本性改变，而只需略加调整便足以确保自身的历史主体性,确保历史按自身的想象与规划展开,这也意味着中国拥有足够强大的解释和掌控"自我"与"历史"的能力。但这些都在 19 世纪中叶戛然而止,因为推动历史发展的根本动力已然改变,新的世界格局正在形成,而对于这些巨变,中国已失去了从容应对的自信和能力。

这个根本动力产生自遥远的欧洲大陆。在英、法等绝对君主国内部,资产阶级、资本主义从市民等级和工厂手工业中脱胎而出,而 18 世纪 60 年代在英国率先发生的工业革命,更是创造出了巨大的生产力,深刻地改变了社会关系,建立起与自由竞争相适应的社会制度和政治制度,实现了从农业社会形态向工业社会形态的转变。资本主义的发展需要"摆脱前工业社会种种限制劳动力、资本、信息流动的等级界限和地区间的相互隔绝状态,拓展和保护统一的国内市场,培育适应新的社会生产方式和交流方式的标准化的'国民'大众"①,于是在绝对君主国已经奠定的"民族"基础上发展出"民族主义"的诉求,其目标则是将"绝对君主国"转变为"民族国家"。

这一历史运动的结果,就是马克思、恩格斯在《共产党宣言》中所说的:

> 各自独立的、几乎只有同盟关系的、各有不同利益、不同法律、不同政府、不同关税的各个地区,现在已经结合为一个拥有统一的政府、统一的法律、统一的民族阶级利益和统一的关税的国家了。②

---

① 张旭东:《民族主义与当代中国》,《读书》1997 年第 6 期,第 23 页。

② 马克思、恩格斯:《共产党宣言》,见《马克思恩格斯选集》第一卷,人民出版社 1972 年版,第 255—256 页。黑体字为原文所有。

此"统一"不是"合多为一"的"一统",而是"化多为一",是要将曾经并存的多种族群身份整合为一个新的民族身份,也就是由"种族"发展到"国族"。由于这种"统一"极大推进了资本主义的发展,其带来的巨大利益,不仅使国民充分体认到新型的民族国家的优越性,由此建构起新的国家认同,而且"滚雪球效应"也使建构民族国家成为欧洲后起国家竞相效仿的目标。与之相应,作为民族国家建构的精神力量,民族主义也迅速成为跨文化、跨地域的历史潮流。可以说,在18—19世纪的欧洲,民族主义已经是一种普遍主义话语。

事实是,民族主义的兴起、民族国家的出现,与资产阶级、资本主义的产生和发展,是一种结构性"共生关系"。如果说其初始状态还只限止于特定地域,与某些偶然性因素(例如君主品质、国民心性)结成必然性关联,这种"共生结构"的普遍化以及由此造成的世界秩序,则是资本主义发展逻辑之使然:

> 资产阶级,由于一切生产工具的迅速改进,由于交通的极其便利,把一切民族甚至最野蛮的民族都卷到文明中来了。它的商品的低廉价格,是它用来摧毁一切万里长城,征服野蛮人最顽强的仇外心理的重炮。它迫使一切民族——如果它们不想灭亡的话——采用资产阶级的生产方式;它迫使它们在自己那里推行所谓文明制度,即变成资产者。一句话,它按照自己的面貌为自己创造出一个世界。

资产阶级的逐利本性需要广阔的市场,以释放其巨大的生产力,当国内市场趋于饱和,就需要向外开拓新的市场:"不断扩大产品销路的需要,驱使资产阶级奔走于世界各地。它必须到处落户,到处创业,到处建立联系",于是"古老的民族工业被消灭了……它们被新的工业排挤掉了,新的工业的建立已经成为一切文明民族的生命攸关的问题"①。

资本主义创造了新的社会结构与世界秩序,与传统社会相比,资本主义在政治、经济、文化各领域表现出来的巨大优势,则使其成为人类历史发展的新动力。它不仅开启了真正意义的"世界历史"——世界市场的形成使"过去那种地方的民族的自给自足和闭关自守状态,被各民族的各方面的互相往来和各方面的互相依赖所代替了"②,而且将构成这个"世界"的各个"地方"和"民族"都卷入民族国家相互竞争的漩涡中,建立起以民族国家为基本单位的世界体系。资本主义与民族国家的结构性共生关系,使资产阶级的海外拓展、资本主义的全球开展,同时也是欧洲诸民族国家建立海外殖民地的过程,意在动用民族国家的统一资源建立稳定的原料产地和商品销售市场,转移国内过剩的生产力,乃至于转嫁经济危机,这势必会对殖民地国家的经济命脉、殖民地人民的生存权利造成前所未有的严重损伤。对于殖民地国家和人民来说,如欲摆脱宗主国的奴役与剥削,保持或重建自身的历史主体性,可行的方案之一就是向先行的欧洲国家学习,也采用资产阶级的生产方式,而资本主义与民族国家的结构性共生关系又必然要求实现国家转型,最终是要以平等的民族国家的身份参与世界秩序的建构。

---

① 马克思、恩格斯:《共产党宣言》,见《马克思恩格斯选集》第一卷,人民出版社1972年版,第255页,第254页。
② 马克思、恩格斯:《共产党宣言》,见《马克思恩格斯选集》第一卷,人民出版社1972年版,第255页。

志在"按照自己的面貌为自己创造出一个世界"的资产阶级,携民族国家的"制度"与"实力"优势,不断扩展其势力范围,在全球各个地方留下其印记。终于,地域广大、人口众多的中国进入其视野,成了资本主义建构的现代世界的最后一块重要拼图之一。不过,当欧洲诸民族国家与被其理想化了的"文明中国"最初相遇时,并没有想到它已经病入膏肓,如此不堪一击。"泱泱中华"居然被数千"洋枪洋炮"打败,签下若干割地、赔款的不平等条约,征服中国的顺利程度连他们自己也始料不及。这几乎毫不费力得来的胜利,使其更加确认自身的优越性资格,最终在这种自信的基础上发展出"现代性""现代化"的普遍主义话语。在此理论视野中,中国代表的是"落后"的"东方古代文明",欧洲的民族国家代表的是"先进"的"西方现代文明",因而征服中国的象征意义就是"现代文明"对"古代文明""西方文明"对"东方文明"的全面胜利,代表了历史进步的方向,就像在西方历史上资本主义最终战胜了封建主义一样不可阻挡。这是非常典型的将"地方性"成功转化为"普遍性"的做法,而成功的根本秘密在于,中国跟西方两大文明的实力对比发生了变化,在政治、经济、军事上全面处于弱势的中国被剥夺了解释"世界""历史"的话语权。

中国之所以陷入前所未有的严重危机,表面上是因为欧洲列强意在使中国臣服、进而殖民地化中国的侵略战争,实质则是民族国家和资本主义的优越性,改变了双方在政治、经济、军事诸方面的实力对比。中国人最终意识到,这些来自西方的"洋人"再不是历史上出现过的各种"蛮夷",他们不但像"蛮夷"那样拥有强大的军事力量,还拥有"蛮夷"所不具备的文明,不仅在"器物""工艺"方面远超中国,而且在解释"世界""历史"进而建立世界秩序、历史秩序的文化核心观念层面,也能与中国文化分庭抗礼。因此之故,他们绝不会像历史上的那些"蛮夷",虽然用武力征服了中国,建立了政权,但最终被中国文化融化,进而成为中国的组成部分。这个过程是渐次展开的,从"器物"到"制度"再到"观念",中国节节败退,最终抽丝剥茧到中国认同建构的核心,而一旦这个核心不再存在,延续数千年的中国的生存逻辑就此终结。

事实是,中国基于文化政治理念构想的"天下体系",已经被西方国家凭借现代性支撑与实力支持而建构起的"世界体系"替代。在这个体系里,中国非但不是中心,甚至没有自己的位置,除非它浴火重生,转型为民族国家,才能重新获得主体性与存在感,以新的身份进入历史。强势崛起的欧洲势力是中国不能按照自身生存逻辑予以转化/内化的外部因素,而在中国内部,此前被"治乱循环"的解释模式、"王朝兴亡"的历史叙事掩盖了的社会和文化的结构性困境——所谓"结构性"意谓中国不可能从内部解决这些困境,困境的解决意味着"中国"的终结,也因欧洲列强全面入侵的刺激而显露无遗。

举其荦荦大者,大致有如下几项:

第一,作为中国的"世界图式","'天下观念'也包含着'世界体系',但这一'世界体系'不同于主权国家中心的'世界体系',它不以经济关系的维系和'种族—族群'及民族国家的区分和疆域化为基础,而是以'有教无类'的观念形态为中心来呈现人们对世界的认识"[①]。当其成为中国政治文化基因,遂在其历史性展开过程中造就了中国文化兼收并蓄的品格,奠定了多族群民族统一的国家基础,可

---

① 王铭铭:《作为世界图式的"天下"》,见赵汀阳主编《年度学术 2004:社会格式》,中国人民大学出版社 2004 年版,第 59 页。

以说是"中国"之为"中国"的精神根基。问题在于,从"天下观念"只能发展出"教化"关系,而非主权国家间的"外交"关系,而 19 世纪的中国(清王朝)遭遇的欧洲列强恰恰正是主权国家,这势必会造成中国对所处形势的误判、对外策略的错位。

与之相应,以中国为中心的"天下观念"、对中国文化的高度自信,使习惯了"天下叙事"的中国自居为"天朝上国",而将欧洲列强视作"蛮夷小邦"。既没有向外探索的兴趣与热情,也无法如其所是地理解西方文明,而是试图将所见所闻纳入固有的知识思想系统。然而,清王朝在欧洲列强面前的节节败退,最终彻底击碎了中国民族的幻觉。在一个以主权国家为基本单位建构起来的新的世界面前,"天下观念"更像是一个浪漫迷人的美学构造。它虽可以延续其维系中国自我认同建构的文化功能,但已难以解释变动的外部世界,无能回应时代提出的问题,因而不再是一个普遍主义话语。

第二,"天下"的核心是儒家的纲常伦理及其教化,而承担者是儒家士大夫这一社会阶层。"他们由于科举制度形成了统一利益、统一思想意识的集团,他们不体现整个社会的利益,却可以代表整个社会实际上也就是他们的思想。"①作为"儒家",他们要"保存并传下古代传统;在变动不定的世界秩序中检讨这些传统的意义"②,保持儒家思想的历史连贯性,并在回应时代挑战的过程中反思与更新儒家思想,以便持续发挥其文化功能;作为"士大夫",他们要"以天下为己任",致力于"以夏变夷"的教化事业,也就是用儒家思想教化人心,进而实现国家政治整合与社会秩序建构,亦即通过"文化一统"达成"政治一

---

① 徐迅:《民族主义》,中国社会科学出版社 2005 年版,第 236 页。
② 崔瑞德、鲁惟一编:《剑桥中国秦汉史》,杨品泉等译,中国社会科学出版社 1992 年版,第 802 页。

统"。在汉代以来的中国历史上,"心怀天下"、以"道统"传人自居的儒家士大夫,是"中国"之为"中国"的社会基础,因为他们进可成为官僚,退可成为乡绅,是促进中国社会结构稳定、实现阶层间沟通与流动的重要力量。

问题在于,儒家基本上是一种伦理中心的人文主义传统,推崇"君子不器"(《论语·为政》)的教育,以及"君子谋道不谋食"(《论语·卫灵公》)的人生态度,从中不可能发展出对科学技术、工商业、社会管理等专门领域的兴趣以及知识专家。这使其在直面西方工业文明的冲击时束手无策,而"八股取士"制度更使儒家士大夫埋首故纸,远离时代问题与"士大夫精神"。结果就是儒家思想日趋形式化和僵化,不再是一种"普遍性知识",不能再有效地解释世界、组织社会,遂失去其凝聚人心、建构文化认同的政治功能。

第三,"中国王朝政治的特点是文官政治,亦即士大夫政治","它对于大一统王朝政治的运行、制度的完善、政治的进步都起到了重要作用……是中国历代王朝兴盛与发展的重要保障"[①]。中国的"文官政治"曾使启蒙时期的欧洲思想家深受启发,进而建立了现代文官制度,但有其制度性缺陷。症结在于,从"文人士子"向"士大夫官僚"的角色转换未必都是成功的,或许他们有"兼济天下"(《孟子·尽心上》)之志,但未必具备吏治才干,亦难以保证入仕之后都能始终如一地坚守"道统"与"斯文",而或者高谈政治理想却难有实际作为,或者混同于贪渎之辈而误国蠹民。对士大夫官僚体系的监督制约,除系于"士大夫精神",亦即士大夫官僚对"道统"的自觉担当,更主要的则是皇权与中央集权,此外再无有效的制约力量。这意味着,"士大夫

---

① 齐涛:《中国传统政治检讨》,南海出版公司 2012 年版,第 184—185 页。

政治"的良性开展,是以"明君贤臣"的风云际会为前提条件。但这种风云际会不仅系属偶然,而且皇权与中央集权的监督制约效果也十分有限。

从逻辑上说,皇权专断与中央集权必然会导致士大夫官僚阶层责任意识与主体意识的缺失——表现为唯上是从、敷衍塞责,当其再与"士大夫精神"的失落相合——表现为"以官为业"、汲汲利禄,就必然造成行政效率的每况愈下和"政以贿成"的吏治恶俗。而在事实上,清王朝即使在所谓"康乾盛世","士大夫政治"的弊病也始终存在,只是被海晏河清、"万邦来朝"的盛世光环所掩,而一旦光环褪去,便逐渐深入至中国的各处肌肉骨骼,既没有整合政治、经济、军事、技术等要素的能力,也没有从国家角度进行社会动员的能力,因而难以应对在 19 世纪中叶集中爆发的内忧外患。面对西方民族国家官僚体制显现出的巨大的政治治理优势,中国的"文官政治"已是昨日黄花。

携现代性支撑与政治、经济、军事实力优势的西方民族国家,不再是中国熟悉的"天下",而是中国不能再将其内在化的"世界",而这个强大存在的入侵,激化了中国从文化核心观念到制度设计、社会治理各层面存在的积弊。中国曾多次面对并成功应对了"天下"崩塌的格局,但这一次中国失去了掌控历史命运的能力。在谙熟了三千年的"天下"崩塌之后,中国必须重新看待与设定"自我",重新理解"自我"与"世界"的关系,并在这个陌生的"世界"中安置"自我"。这并不是说中国的"天下观念"再无生命力,而是意谓中国的第一要务是要以民族国家的身份进入"世界",先解决生存和发展问题,其后才谈得上实现"中国理想",即引领"天下体系"重塑的问题。

第三节　作为民族国家的中国认同建构

从"王朝国家"到"民族国家",中国的身份转型并非一蹴而就。这不仅有赖于中国自我认同建构的努力,即将"自我"理解/论证为具备何种性质与组织架构的国家,进而实现国家的重建,还需要得到其他国家/国际社会的承认。在这两个方面,中国的民族国家认同建构均遭遇程度不同的阻力:在内部,那些试图长久垄断既得利益的特权阶层,以及冥顽不化乃至于夜郎自大似地坚持中国文化优越性的知识阶层,会本能地抗拒中国的根本性变革;在外部,那些只想将中国这个"老大帝国"永久殖民地化的欧洲强国,也不愿意看到中国转型为一个拥有独立的主权与治权的民族国家。他们想要的只是一个稳定的原料产地和商品销售市场,最多也只是一个政治和军事上的附庸国,一个地广人多可实际是散沙一盘的中国无疑更容易控制。

因而,无论从事实还是逻辑上讲,要想抵御外侮入侵,摆脱被殖民、被欺凌的屈辱命运,中国先须完成国家转型,即从"王朝国家"变身为拥有独立主权和强大的社会动员能力的"民族国家"。这只能从内部着手,而首当其冲的则是"民族认同"建构,亦即将各个分散的族群整合为一个有统一利益、统一目标、统一行动的民族共同体,而国家就建立在这样一个共同体的基础之上。原因主要有两点:

第一,在中国历史上,以儒家的纲常伦理为支柱、以"天下思想"为信念的国家/王朝意识形态,几乎没有内在的驱动力讨论"民族"与"国家"概念,甚至对构成中国的各个族群的异质性也有意识地忽略,因为区分的标准只有一个,那就是儒家文化。

第二，即使在欧洲列强逼迫满清王朝签订若干不平等条约、严重损害中国利益的 19 世纪中后叶，中国的底层民众也并未自觉意识到这些外来威胁与其切身存在利益有关，而是将其视为"朝廷"与"肉食者"要面对的事情。有"家""国""天下"的一体互动意识的只是儒家士大夫阶层，但他们要么已经是拥有垄断利益、反对变革的特权阶层，要么就还是死读经书、一心觊觎特权的"腐儒"，因而不仅不是整个中国社会的代表，反倒是最易成为保守势力的阶层。

但要实现这一目标谈何容易？虽然"内含天下性"的古代中国，因其文化观念的优势，历史性地造成了多族群民族统一的格局，但隶属不同族群的人们既没有彼此互认为一个荣辱与共的利益共同体，也并不将个体命运与国家命运结为一体，他们缺少一种统一的国族身份意识。这意味着，"一个现代的中华民族不能再指望它仅仅建立在本地形式之上，它必须依据现存的其他地方的模式或者通过对本土和外国因素的综合来构建"①。

事实是，当从英国回来的严复于 1895 年敲响"亡国灭种"的警钟，当康有为等维新派人士于 1898 年在东京成立保国会，提出"保国、保种、保教"的口号，表明他们对中国面对的严重威胁已经洞若观火，已经意识到中国陷入的是从"文化"到"制度"的全面危机。然而，"困扰儒家士大夫、维新派和主张革命的反清人士的难题是共同的，即他们都不理解'种'和'民族'的关系，更不理解'民族'和'国家'的关系"②。他们或者将"种"理解为"儒教"，或者理解为"满汉之别"，至于"保教"

① 李小平：《民族建设的不连贯性：中国"后民族主义"探究》，见卜正民、施恩德主编《民族的构建：亚洲精英及其民族身份认同》，陈城等译，吉林出版集团有限责任公司 2008 年版，第 236 页。
② 徐迅：《民族主义》，中国社会科学出版社 2005 年版，第 242 页。

的实质则是要维护儒教"大一统"的纲常伦理制度与专制皇权,而所谓"保国",则又因"保皇"和"反清"的不同政治立场,或者指向维护满族政权,或者指向建立汉族政权。这些思想纷乱说明,试图从本土历史和文化传统中寻求对抗西方威胁的资源,乃是注定失败的方案,不可能锻造出一个能够整合中国各个种族、社会阶层和社会集团的民族共同体。

因此之故,"保国、保种、保教"的大声疾呼虽然令人警醒,却并不能成为一个足以广泛动员中国全社会(各阶层、族群)的政治运动,而只是少数开明的儒家士大夫的声音。从国家认同建构类型上说,他们对自己所代表的中国文化精神和价值观的优越性深信不疑,认定其为重建中国民族/国家认同的根基,所以才把中国(清王朝)的失败,或者归诸西方国家在技术、经济上的优势(如张之洞之"中学为体,西学为用"),或者归诸清朝皇帝个人的施政不力。这当然也不失为一种重建中国的民族/国家认同的方案,但事实证明,只有当他们真正认识了西方国家的文化、社会、制度并承认其优越性,进而以之为模板来重新定位和建构中国的政治/文化身份,才能突破"保种""保教"内涵的狭隘性,从"国家"而不是"王朝"来定位,也才能超越儒家士大夫的狭隘性,成为代表中国所有民族、阶层、集团之共同利益的"发言人"。

要做到这些,需要新型的知识分子,需要大规模地输入西方文化观念,也就是说,无论是维系中国之存在的思想者、"设计师",还是支撑中国文化与制度的核心理念,都需要做出根本性/革命性的转变。只有以这些转变为基础,中国的身份转型才可能实质性地发生。这势必会引发前所未有的社会动荡,而恰恰是以这种动荡为前提,中国从"王朝国家"向"民族国家"的转型，才最终从一种构想变为现实。

对中国来说，虽曾拥有灿烂的文明和悠久的历史，但在政治、经济、军事上已全面处于弱势，在一个"用实力说话"的新世界，"向西方学习"成为必然的选择。这不能仅归结为如社会达尔文主义者所说，中国的文明类型已然是"过去式"——所谓"优胜劣汰"，至关重要的是如果中国不能主动去适应由被西方强权主义国家主导的"时—势"（时间与空间的情境与趋势），就会取消其历史主体性。"国亡"就意味着"文化亡"，反之亦然，因而要证明中国文化的优越性，恰恰需要将其置身于一个由西方国家主导的世界秩序，进而寻求自我更新的可能，所以必须要获得一个为新的世界秩序所承认的身份。当此逻辑逐渐被那些有识之士所觉察，观察"自我"与"他者"的视野，也就从"道"与"器"/"体"与"用"之争辨/坚执发生转移，而"种"的概念也从"满汉之别"或者人口数量多少的"种族"之差异，转向一个拥有共同历史记忆和文化遗产、共同面对外来威胁因而荣辱与共的"民族"。也就是说，"种"并非基于血缘和生物基因，也不是"君君臣臣""仁义孝悌"的儒家伦理，而是面对同样的外来威胁需要凝聚在一起、有着共同命运和目标的生活在中国疆域内的人群。

所以，从逻辑上说，如果要建构一个崭新的作为民族国家的中国，无论从思想建基还是社会动员而言，都需要缔造一个统一的"国民民族"身份，这就是"中华民族"。但中华民族的内涵是什么？包括哪些族群？又如何创造出民族一体感？这些都既非单纯的语义学论证问题，也不只是通过"文化认同"之想象创造就能实现的问题，"中华民族认同"建构的实质是社会政治运动，是与作为民族国家的"中国认同"建构一体化展开的，是中国民族主义运动的直接成果。因此之故,当"革命意识形态"引领的中国民族主义真正成为席卷中国社会的政治运动,而不只是知识阶层的思想实验、文化构想,进而在辛亥革命后建立了中华民国——出自中国同盟会的誓词"恢复中华,建立民国",才真正成为现实。

"革命意识形态"的主要理念是"自由""平等""解放"等观念,意谓新型的中国知识分子与政治精英要用革命的方式与儒教传统、"王朝政治"彻底告别,他们批判君主专制制度,宣扬民主共和思想,主张全面输入西方国家的政治理念和运行模式。而中华民国的建立,表明在西方国家的众多政治产品中,中国民族主义最终选择了共和国的民族国家形式。1912 年 1 月 1 日,孙中山就任中华民国临时大总统,他在就职宣言书中宣布:

> 国家之本,在于人民。合汉、满、蒙、回、藏诸地为一国,即合汉、满、蒙、回、藏诸族为一人。是曰民族之统一。①

这不仅明示中华民国是生活在中国大地上的各个族群共有的统一国家,而且也意味着"民族"概念与"国家"概念的实质性统一。"汉、满、蒙、回、藏诸族"拥有了共同的、以"国家"定义的"民族"身份,他们的命运从此与作为"政治共同体"而非"文化"的中国紧密连在一起。

中华民国的成立,是中国正式成为一个民族国家的标志,"它同时表达了'治权独立'的政治性格以及'民族统一'的族群文化意涵"②,亦即拥有不容侵犯的主权和自治权。而之所以各个族群、集

---

① 孙文:《中华民国临时大总统宣言书》,见《孙中山文集》第二卷,中华书局 1982 年版,第 2 页。
② 江宜桦:《自由主义、民族主义与国家认同》,扬智文化事业股份有限公司 1998 年版,第 6 页。

团、阶层的中国人能接受、认同这一意义上的中国,则是因为中华民族的政治性规定可以整合各种疏离性的社会身份。从此,中国开始以民族国家的身份与其他国家建立起崭新的关系,而逐步从英、法、美、日等帝国主义列强手中收回租界和各种自主权、废除各种不平等条约和特权,与苏联等国家签订平等条约,表明其他国家也开始承认中国的民族国家身份,将其视作独立的主权国家进行平等对话和交往。

但是,"中华民族认同"建构并未就此完成,表现为"国家""社会""个人"还未整合为一体,中国人也还没有形成普遍而自觉的"中华民族意识"。这既是因为国内不同利益集团间的冲突较量使得政局动荡不安,中国社会四分五裂的状态难以促成中华民族的整体认同建构,还因为普通中国人还没有将个人利益与国家利益、民族利益视作唇亡齿寒的关系。"中华民族认同"建构的最终完成,"中华民族意识"锻铸的最终实现,要到抗日战争爆发之时。原因在于,日本帝国主义的侵华战争是中国近代以来最为惨重的灾难,将所有中国人都卷入其中,前所未有地凝聚为一个与国家命运密切联系的利益共同体,所以抗日战争的实质既是"中华民族"与"大和民族"的"民族对抗",也是"中国"和"日本"的"国家对抗"。对中国而言,"抗日战争是全民总动员的焦土抗战,这一历史事件以'中华民族'为号召,融进了每个人、每个家庭、每个阶级的思想和命运,不分政治立场、价值取向、社会地位、物质利益","抗日战争第一次从社会整体上唤醒了中国人民的民族意识,锻造了'中华民族'的整体感情……超越了民族主义意识形态,超越了政党政治,成为一个民族独立、尊严和光荣的不可亵渎的神圣符号"①。

抗日战争的胜利,完成了作为民族国家的中国的"族群认同"建构,而中国的"制度认同"建构和"文化认同"建构,则是要到1949年中华人民共和国成立后才逐步完成。"制度"和"文化"两个层面的国家认同建构既互为关联,也共同支撑族群一体感的创造,特别是"文化认同"建构更可以创造出"想象的共同体"。不过与"族群认同"建构是在抗御外侮的应激性情境中发生不同,认同于何种政治、经济、社会制度和价值观、文化精神,更多地是中国历史和中国人民的主动选择。这就是说,只有适合中国国情和中国历史发展的必然要求、能为中国人民创造普遍共享的福祉与最大利益的制度和文化,才是具备价值优越性而能使中国人民产生归属感、忠诚感的制度和文化,也才能获得倾心认同。

抗日战争胜利后,中国共产党和中国国民党的"第三次国内革命战争",既是两大政党围绕国家统治权而展开的军事斗争,更是关乎中国要确立怎样的制度和文化的政治决战。中国国民党主张"资产阶级宪政民主制"与"三民主义",中国共产党主张"社会主义的无产阶级专政"与"马克思主义"。最终,中国共产党结束了国民党在中国大陆的统治,而"人民解放战争"的胜利、战争中的人心向背则说明,共产党有关中国的制度、文化建构的方案更能为中国人民认同。尽管必须指出,中国共产党有效地实现了用马克思主义思想进行社会动员的目标,因而得到各界各阶层的支持,这是无产阶级革命、"人民解放战争"胜利的重要因素,但从根本上说,"社会主义""马克思主义"不仅与中国传统的"天下大同"思想有精神上的相通,也更适应农

---

① 徐迅:《民族主义》,中国社会科学出版社2005年版,第265—266页。

民占人口绝大多数的中国国情,因此是中国历史和中国人民选择了社会主义制度和马克思主义思想。

不唯如此,马克思主义用"殖民主义""帝国主义"解释现代国家/民族之间的关系,用"封建主义"解释中国"王朝政治"的本质及其历史开展,用"反帝""反封建""反殖民"定义中华民族的历史任务,并用"世界革命"定位中国所处形势以及"中国革命"的性质,无疑是更系统和更有效地解释中国与中华民族的身份及其认同建构的理论。这也就是说,马克思主义与中国历史、中国国情的适应性,及其所拥有的文化观念上的优势,才使其产生强大的凝聚力,因而虽然是从西方传统中发展出来的思想,却在中国的历史与文化土壤中生根发芽,进而实现了中国化。

中华人民共和国的成立,标志着作为民族国家的中国终于确立了与现代世界和自身国情相适应的制度与文化。新中国的历史也就是中国逐渐完成"社会主义制度认同""共产主义文化认同"建构的历史,同时也是"中华民族认同"建构的历史。正如徐迅所说:"中华人民共和国完成了民族国家的一系列历史任务,即科层制国家组织,从优选拔的意识形态,文化的一致性,以及政治统一。国家的政治统一使马克思主义意识形态发挥文化整合的作用。马克思主义深入每一个社会角落,深入深层的文化结构,'共产主义'转而成为全民族所认同的文化和价值。'共产主义'代表了统一的文化价值观,进而成为超越性的千年盛世信仰。统一的政治体系、统一的文化体系、以国家为统治的统一的集体行为,构成了统一的集体身份,这就是'中华民族'的整体概念。"[①]

---

① 徐迅:《民族主义》,中国社会科学出版社 2005 年版,第 268—269 页。

从 1950 年代开始,全方位的社会主义建设在中国如火如荼地展开,而社会主义建设事业取得的巨大成就,不仅充分显示了社会主义制度的优越性,巩固和强化了中国各族人民对共产主义文化的认同,而且也强有力支持了社会主义中国在世界舞台上对其优越性资格的论证与自我形象的塑造。1971 年 10 月 25 日,第 26 届联合国大会通过决议,恢复中华人民共和国政府在联合国的一切合法权利。1978 年 12 月 16 日,《中美建交公报》发表,美国承认中华人民共和国中央人民政府是中国唯一合法政府,并在 1979 年 1 月 1 日正式生效,宣告中美正式建交。如果考虑到"联合国"是"二战"以后最重要的"国际组织",而美国是"冷战时期"资本主义阵营的"超级大国",这两个意义重大的事件表明中国的自我认同建构得到了其他国家/国际社会的承认,承认其作为民族国家的独特属性及保持这种独特属性的权利。继而,中华人民共和国政府在 1997 年 7 月 1 日对香港恢复行使主权,在 1999 年 12 月 20 日对澳门恢复行使主权,彻底消除了帝国主义殖民体系侵害中国主权的印记。

这可以看作是在空间上展开的中国国家认同建构,即在空间范围内对作为政治共同体的中国之同一性的建构,而在时间上展开的中国国家认同建构,表现为对中华民族之历史同一性的建构。中华人民共和国成立后,一方面进行大规模的全国人口普查,最终确立了56 个民族,以之构成中华民族的整体;另一方面则是开展以马克思主义为指导思想的人文社会科学研究,诸如文学、考古学、人类学、民俗学、历史学、社会学、政治学等,多层次、多视角、多领域地论证中华民族作为民族所必需的历史文化起源。历史文献的溯源研究与不断发现的文明遗址考古相互印证,充分说明中华民族是世界上最古老、文明程度最高、历史最悠久的民族,而其本身则是多民族在血缘和文化上持续大融合的结晶,是一个多元一体的概念,任何一个民族都不能代表整个中华民族。构成中华民族的各个民族无论人数多寡,抑或地处中心还是边缘,都为中华民族的历史与文化做出了贡献。然而,中华民族自 1840 年以来备受帝国主义列强的欺凌和封建主义、官僚资本主义的压迫,直到马克思主义传入中国,才真正唤醒了民族意识。在中国共产党的领导下,各族人民以"革命"的手段争取中华民族独立,建立了社会主义国家,实现了民族平等和民族团结,各族人民重新凝结为一个命运共同体,他们的共同目标是通过现代化建设实现中华民族的复兴。

对于中华民族之历史文化起源的论证,是在中华民族的"政治认同"维度之外确立了"文化认同"维度,意谓中华民族不仅是中华人民共和国基于政治动员需要而进行族群整合的结果,本身还内在地具备历史与文化的同一性。中华民族的一体性,不仅指所有成员面对近代以来遭受帝国主义列强欺凌而深陷危难的共同命运,还意味着所有成员拥有共同的历史传统、道德规范与集体记忆,足以建立起强大的民族自豪感和凝聚力,以及在面对内外威胁时维护全民族共同利益的坚定信念。而这种以"国族"界定的"族群认同"建构,又为社会主义中国的"制度认同""文化认同"建构提供了有力支撑,因为"它给出了现代民族身份的根据和起源,为中华人民共和国在政治上整合各个种族,在文化上统一于马克思主义意识形态,为民族意识和民族情感的寄托,提供了合法性依据"[①]。

---

① 徐迅:《民族主义》,中国社会科学出版社 2005 年版,第 272—273 页。

第四节　中国认同的挑战与重建

从"辛亥革命"到"社会主义革命",从"抗日战争"到"人民解放战争",从"中华民国"到"中华人民共和国",中华民族逐步完成了作为民族国家的中国的国家认同建构,以中国化的马克思主义为指导,中国最终实现了"族群认同""制度认同""文化认同"的一体化建构。1976 年 10 月"文化大革命"的结束,标志中国的社会主义建设开始进入了新的历史时期。"改革开放"成为中国的基本国策,"建设中国特色社会主义"成为国家建设的指导纲领。随着改革开放进程的逐步深入,中国在塑造新的国家形象并以之参与世界秩序重建的过程中,中国的"族群认同""制度认同""文化认同"也面临前所未遇的挑战。因此之故,在新的世界秩序中、在新的生活基础上重塑、加强中国的民族国家认同成为历史之必然要求。不同的是,当代中国民族国家认同建构的实质是中国的主动选择,是针对新的国际、国内形势而做出的主动建构。

看待和思考当代中国的民族国家认同建构问题,有两个基本维度,首先是全球化和现代性。这既是世界发展的基本态势,是当代中国的处身环境,更是中国国家转型的主动追求。当"对内改革、对外开放"的中国结束了长期的自我封闭状态,开始融入一个全球化的世界,也就重启了曾被"十年内乱"阻断的中国的现代化进程。需要指出的是,当代中国的民族国家认同所面临的挑战与应战,既具有与其他民族国家相同的普遍性,也有其特殊性。所谓"普遍性"有两个含义:

其一,不可逆转的全球化和现代性进程,给所有民族国家都带来了"国家认同""民族认同"的危机,认同问题的"性质"与"形式"也具有某种相似性,而"经济全球化带来了文化全球化,它使得西方的(主要是美国的)文化和价值观念渗透到其他国家,在文化上出现趋同现象,它模糊了原有的民族文化身份和特征"①。

其二,"全球化意味着所有国家在所有方面都更深地卷入同一个游戏中去,不仅政治和经济需要斗争,文化和精神也需要斗争,不再有藏身之地就意味着死无葬身之地,所有冲突和竞争都变成了背水一战,胜者通吃的规律比任何时候都更显眼"②,所有民族国家都必须考虑如何通过国家转型而成功应对全球化的挑战,对此中国也不能置身事外。

所谓"特殊性"则是指,由于中国在国家性质与发展程度上的特殊性,中国感受到的全球化和现代性的压力,以及应对这些压力的方案,既不同于西方发达资本主义国家,与其他社会主义国家、发展中国家也不能完全等同,这也涉及中国的民族国家身份建构问题。

由此还可合乎逻辑地推演出如下可能性:当中国基于其特定国情的应对方案成为一种具有可分享性的方案,那么,中国就不仅会成为某些发展中国家重构其民族国家认同的"理想榜样",同时也意味着对于"中国问题"的"特殊性"解决已经具有"普遍性"意义。这决定于如下逻辑,亦即如果承认全球化是客观事实而非理论构想,则既然中国已经全面融入全球化的"时—势"(时间与空间的情境与趋势),中国已然是世界的有机构成部分,那么中国所要解决的就问题就具

---

① 王宁:《全球化理论与中国当代文化批评》,《文艺研究》1999 年第 10 期,第 29 页。
② 赵汀阳:《天下体系:世界制度哲学导论》,江苏教育出版社 2005 年版,第 116—117 页。

有双重性质,既是其自身问题,同时也是世界性问题。这既是"中国"看待"世界"的眼光,也将是"世界"看待"中国"的眼光。就此而言,对中国来说,全球化和现代性既是前所未有的挑战,也是难得的机遇。

看待和思考当代中国民族/国家认同建构问题的另一基本维度,是政治分裂势力与理念/利益集团,这是试图挑战国家权威甚至妄图颠覆国家政权的因素。从外部环境看,尽管"和平"与"发展"是当今世界的两大主题,但"天下"并不太平,那些希望长久维护殖民体系带来的垄断利益的霸权主义国家,将中国的"和平崛起"视作威胁。他们不但直接动用政治、经济、军事等各种手段,从外部遏制和打压中国,而且费尽心机地在中国国内寻找"代言人",输入西方国家的文化产品,宣扬西方国家制度、文化、生活方式的优越性,寄希望于中国年轻世代的"和平演变"。从国内环境看,一方面是"疆独""藏独"等政治分裂势力或者挑动政治风波,或者制造舆论风潮,直接危及"中华民族认同"和"社会主义制度认同";另一方面,某些社会阶层为了最大程度地获得乃至垄断政治、经济利益,而结成各种理念/利益集团,他们用所谓"意见领袖"的身份制造"社会话题",宣传有利于其集团最大化获取利益的思想观念,意图引领制度建构与文化建构,从而以一种隐蔽的方式削弱乃至危及中国的民族国家认同。

当然,存在于这一维度上的民族国家认同挑战,也并非为中国所独有。例如,其他发展中国家的国家安全也可能会遭遇来自霸权主义国家的外部威胁,其在政治、经济、军事等领域中的主权,同样会因为霸权主义的存在而陷入危机。至于由政治分裂势力和理念/利益集团挑起的民族/国家认同危机,则即使在西方发达资本主义国家中也难以避免。例如,美国无疑是当今世界经济、科技、军事等综合实力最强大的国家,是不少发展中国家人民心目中的"理想国度",但在塞缪尔·亨廷顿看来,"美国面临着一个较为直接和危险的挑战":在20世纪末,"美国认同"的文化和政治规定"受到了为数不多但极有影响的知识分子和国际法专家集中而持久的攻击,他们以多元文化主义的名义攻击美国对西方文明的认同,否认存在着一个共同的美国文化,提倡种族的、民族的和亚民族的文化认同和分类"①。

　　还需指出,这两个维度的民族国家认同挑战并非单独存在,而是存在着内在的关联性。大致说来,持续深入的全球化进程打破了国家间曾经存在的封闭隔绝状态,凸显了不同国家在"制度"和"文化"上的差异,使得不同"民族"与"文化"间的交往、对话与融合日益成为常态,在缔造共同利益的同时,也为人们的认同建构提供了多元化的视角与方案。至于现代性确立的主体性原则、理性原则,则使人们发现了自我认同建构之于生存实践的基础性,明确了个人利益和日常生活方式的不可侵犯性,将其视为不可让渡的权利,而这就有可能发展出多样化的政治和文化诉求。这些都有可能成为"去国家化""去民族化"的社会运动的导火索。

　　具体到中国的民族国家认同问题,在"族群认同"方面,中国面对的挑战是对中华民族一体性的削弱、瓦解乃至颠覆,意味着构成中华民族整体的各个族群对此共有身份的荣耀感和忠诚度产生了质疑甚至拒斥。如前所述,尽管中国五千年的历史和文化传统蕴含着极其丰厚的支撑中华民族多元一体性质的因素,但中华民族首先是一个政治概念,是一个与作为民族国家的中国一体化的国族身份,是一个

---

　　① 塞缪尔·亨廷顿:《文明的冲突与世界秩序的重建》,周琪等译,新华出版社2010年版,第281页。

"政治共同体",因而"中华民族认同"的内涵首先是"政治认同",将其单纯理解为"血缘共同体"或"文化共同体",都有可能导致认同建构目标与路径的偏失。而在这方面,"新时期"以来的中国思想界恰恰存在某种认识上的误区乃至混乱,表现为有意无意地强调或放大"中华民族"概念的文化意义,而在某种程度上忽略、弱化其政治意义。

应当承认,中华民族的文化认同建构无疑有助于创造出对于民族共同体的归属感,而且也与"新时期"以来中国"以经济建设为中心"的总体思路相适应,但凸显"文化"、弱化"政治"的思路却隐含着"话语陷阱",可能导致两种情形:

其一,以"文化认同"为借口弱化作为政治共同体的中华民族的共同利益,以文化符号象征的虚拟满足动摇维护中华民族共同的现实政治利益的信念,人们会沉浸于文化想象的美学景观,将"想象"认作"真实",而对现实变动却置若罔闻。

其二,以"种族文化认同"取替"中华民族共同文化认同"。这个"共同文化"不能是"汉族文化",也不应是任何一个"少数民族文化",而必须是对多样化的民族文化传统的整合,是对多样化的文化符号象征的重铸,它必须能容纳所有中华民族成员的"历史""命运""情感""愿望",唯此才能产生强大的凝聚力,成为各族人民共同的精神家园。

与此认识上的偏失同时存在的,是全球化和现代性造成的民族/国家认同建构的现实困惑。中国是以"改革开放"的国策主动加入全球化进程的,特别是以2001年12月11日加入世界贸易组织(WTO)为标志,意在借助经济全球化的动力和空间实现国家经济结构的转型,提升国家的经济实力和人民的生活水平。这既是对中国国家身份的自我定位与认同,也是在参与经济全球化的过程中使新的国家身份获得国际社会的承认。"经济全球化涉及三种要素的跨国界的流动:产品和服务、资本以及人员。其中资本的流动可能影响民族国家的税源,产品与服务的流动可能引起倾销,而人员的流动则对民族国家内的社会再分配计划和国家的福利社会保障职能产生直接的影响。"①这些也会对中国的国家主权提出挑战,进而导致"国族认同"建构的现实困惑,意味着人们虽有应当归属于"中华民族"的认知,但在真正面临选择时却陷入两难困境,削弱"中华民族认同"的优先性,大致包括两类情况:

第一,为适应经济全球化的要求,中国必须进行经济结构调整和政策调整,而这势必会对某些行业和职业形成冲击,最终影响到某些人群的切身生存利益,甚至陷入生存的困境,当他们感到不再可能得到国家体制力量的保护,就难免会对与其一体化的中华民族的"政治认同"产生疏离感,转而寻求能给予其保护的"宗教认同""家族认同""行业认同""地域认同"等"次国家认同",并赋予其以选择的优先性。

第二,相反的情况是,某些任职于跨国公司的人们,因其是经济全球化的既得利益者,而势必会感受如下压力,即国家为维持其正常运转而在资本、人员等领域采取管控措施,从而影响其利益获取,当此情形,他们可能会基于切身利益而主张各种形式的"超国家认同",有意识地淡化、疏离中华民族的"政治认同",为维护跨国公司的利益而与国家周旋。

现代性本身存在着种种悖论,也体现在认同问题上。例如,现代

① 徐晓明:《全球化压力下的国家主权——时间与空间向度的考察》,华东师范大学出版社 2007 年版,第 104 页。

性确立的主体性原则凸显了"自我认同"的意义,但也同时加重了"自我认同"的焦虑、惶惑;与之相关的理性原则要求人们理性地看待和接受认同建构的多样性,肯定其合理性,却也因其"普遍性"要求而发展出多种认同间的冲突。1980 年代以来的中国致力于实现"工业现代化""农业现代化""国防现代化""科学技术现代化""国家治理体系和治理能力的现代化",现代性精神随而深深植入中国社会肌体与人们的观念深层。中国的特殊性在于,由于深受儒家伦理教化的影响,中国人形成了极强的集体依赖的文化心理,意谓尽管中国人虽不缺乏个体意识,但强调个体价值的实现只有在"家""国""天下"的集体中才具有现实性。这一文化心理又在 1949 年以来的社会主义实践中得以强化,人们的生老病死、衣食住行、婚丧嫁娶等生命形式,都制度化地依托于层级、大小不同的"单位",个体的"存在感"几乎全部决定于"单位感"。因此之故,对于中国人来说,现代性引发的"自我认同"的困惑与焦虑似乎分外强烈,因为从"单位"中剥离出"自我"并不轻松,对多数人而言不啻于痛苦的脱胎换骨,而一旦实现了"自我认同",对于"集体认同"的冲击也就格外明显。

在普遍性与实质性层面,似乎可以说,只有在 20 世纪的最后二十年,中国人才真正完成了"自我"的解放。人们发现了自我存在的价值、自由意志的意义,认定个人利益不可侵犯,主体自由受"私法"保护,享有参与公共生活的合法权利,这是中国现代性的成果,又反过来推进了中国的政治、经济体制改革以及社会生活的全面转型。实际上,政治民主化、经济市场化,以及日常生活领域的凸显,都建立在"自我"的发现和主体意识确立的基础上。但从另一方面看,中国的特殊性决定了中国人的自我认同建构是以消解集体权威为前提的,如果没有建立起或发展出基于"身体存在感"的个体与集体之关系的理性认识,人们就会将价值的天平倾斜在个体一侧,优先考虑个人的利益得失和日常生活感受,对公共事务、公众权益视若无睹,从而造成作为"集体认同"的"中华民族认同"的困惑。被一些批评家称作"道德滑坡""道德沦丧"的种种社会现象,动因之一就是人们刻意强调个体利益的至上性乃至唯一性,为此不惜损害国家利益、侵害他人权益,而那些并非罕见的中国人欺蒙、祸害中国人的事实,至少表明他们并不将"同胞之谊"置于首位,而只关心一己之私利。这里还有一种情况,就是如果人们都坚持其不可让渡的特性表现,也会造成基于利益的认同冲突,同样可能造成共有身份归属感的弱化。

在"制度认同"方面,中国所面对的挑战是针对中国特色社会主义制度的削弱、瓦解乃至颠覆。这是一个在经济、政治、文化、社会等各个领域相互衔接、相互联系的制度体系,包括"人民代表大会制度"这一根本政治制度,中国共产党领导的"多党合作和政治协商制度""民族区域自治制度"以及"基层群众自治制度"等构成的基本政治制度,"中国特色社会主义法律体系","公有制为主体、多种所有制经济共同发展"的基本经济制度,"按劳分配为主体、多种分配方式并存的分配制度",以及建立在根本政治制度、基本政治制度、基本经济制度基础上的经济体制、政治体制、文化体制、社会体制等各项具体制度。所谓"制度认同"的挑战,就是指这一制度体系的合法性与权威性遭到来自政治分裂势力和理念/利益集团的解构与冲击。

相较而言,政治分裂势力的表现直接而容易辨识,其实现途径是赋予"种族认同""宗教认同"以超越"国家认同"的优先性,将特定族群生活的区域从国家疆域中独立出来,因而是民族分离主义,其基本政治利益诉求就是坚持"一族一国论",强调"民族自决权至上论"。在中国,"疆独"和"藏独"是两支主要的政治分裂势力。"疆独"的主要表现形态是"东突"民族分离主义,其思想根源是"泛伊斯兰主义""泛突厥主义"和"伊斯兰极端主义"的复合体,宣扬"突厥民族优越论",用暴力手段完成"东突厥斯坦独立",以"奉行民族自决,争取民族解放"为旗号,试图从思想与疆域上与中华人民共和国的母体相分离。而"藏独"民族分离主义则打着"人权""民主""宗教自由"旗号,在国内进行政治和宗教极端主义渗透,又加速推动"西藏问题"的国际化,提出"中间道路""大藏区""高度自治"等所谓解决方案,还利用年轻的"藏独"分子阴谋制造暴力恐怖事件,最终目的还是要将西藏从中国分离出去。[①] 而如李俊清所说,"达赖集团所鼓吹的'藏独'、'大藏区自治'的实质恰恰就是恢复 1959 年前西藏的政教合一体制,重新剥夺已获得解放的西藏农奴和奴隶的政治权利和个人自由,否定 1959 年达赖出逃后西藏进行了政教分离的民主改革成果"[②],因而实质上是对中国特色社会主义制度的颠覆。至于"疆独"和"藏独"都秉持的"一个民族,一个国家"的分裂思想,则是意在以"单一民族国家"颠覆中国的"多民族统一国家"性质,颠覆 1949 年以来确立起的在国家统一领导下"民族区域自治"的基本政治制度。

与此不同,理念/利益集团对于中国"制度认同"的冲击,表现为用似是而非的论证和内涵含混的概念制造"制度认同"上的混淆。较为突出的表现有二:

其一,推崇"市场逻辑"。在经济自由主义者看来,"市场逻辑,就

---

① 夏光辉:《当代中国民族主义研究》,中共中央党校 2010 年博士学位论文,第 83—93 页。

② 李俊清:《"藏独"的本质是复辟政教合一政体》,《国际问题研究》2008 年第 4 期,第 7 页。

是个人权利的自由交易",而"国家观念,就是公共权力的强制实施",因而市场及其活动作为一种自然过程可以自发地导向民主的实现,市场本身的发展将保证个人充分的自由权利。① 这种"理想主义叙述"针对的是国家对市场经济的过多干预,希望通过市场调节实现资源的重新配置,肯定以理性行为模式追求个人利益的最大化,以此激发经济活力,似乎与中国体制改革的基本方向并无二致,但它不仅掩盖了市场关系内部存在的支配与被支配的权力关系,还有可能削弱国家的宏观调控作用,让国家服从于"经济主宰者"对所谓"经济自由"的要求,而这无疑会背离中国市场经济的社会主义性质,也与中国国情不符。例如,一个基本的事实是,中国市场上的"经济人"的身份并不是平等的,在由计划经济向市场经济转型的尝试中,少数特权阶层通过国有资产的私有化进入市场,成为市场经济的"主宰者",因此是在源头处就剥夺了其他人的应有权利,使竞争从一开始就不平等,因而在中国通过制度创新完全消化此蛊乱因素之前,恰恰需要国家以适当的介入方式,在深化市场经济改革的同时保障基本的社会公平与制度正义。

其二,主张建构"市民社会"。"在哈贝马斯等人的影响下,许多人将注意力转向了市民社会和公共领域的范畴。他们认为中国社会正在出现一个市民社会,或者说,他们吁求在中国形成一种西方式的市民社会,其功能是保障个人权利的自由和抵制国家力量的过度干预。如果把这一讨论看作是用规范式的方式吁求政治民主的话,那么,我们能够理解、同情并在一定程度上支持这一讨论。但是,如果

---

① 张曙光:《个人权利和国家权力》,见刘军宁编《市场社会与公共秩序》,生活·读书·新知三联书店1996年版,第1—6页。

把这种规范式研究看作是一种具体的、现实的途径或经验,则这一理论势必陷入自我矛盾的困境。"①这种吁求看似与中国政治民主化的改革目标相吻合,但显然没有充分意识到中国的各项改革始终与国家的强大存在有关,因而其试图建构一个中立的"市民社会"颇为可疑,而极有可能成为一个特殊的话语空间,意在维护某些集团的政治、经济利益。他们的"代言人"既可以用"市民社会"的名义解构国家权威,抵制国家的规范要求,也可能用"市民社会"的名义鼓动不明就里的人们,将其"特殊利益"误认为"普遍利益",因而是一个左右逢源的"话语陷阱"。

至于普通公民的"制度认同"困惑,则是源自中国国家转型难以避免的偏失。中国的改革开放释放出巨大的社会活力,在政治、经济、文化诸领域都出现了前所未遇的情况,考验着国家的政策应对能力和治理能力,"摸着石头过河"的实践必然要付出代价。受冲击最为严重的当属从国有企业下岗的所谓"4050人员",如果这些曾经为社会主义建设做出过贡献、而今却坠入社会底层的人们生存艰难,又感受不到国家体制对其基本权益的保障,就可能对现行制度产生疏离感甚至绝望感。而对多数人来说,对国家制度优越性的怀疑,还源于日益严峻的社会不良现象,例如少数特权阶层对国家资源的垄断,教育、医疗、养老等公共服务产品分配不均,不断拉大的贫富差距、区域发展差距,层出不穷的"政治腐败""经济腐败""知识腐败",屡禁不绝的"假冒伪劣""坑蒙拐骗"行径,这些现象造成了严重的社会不公,如果人们感到国家/政府应对乏力,就会将这些国家转型期的特殊现

---

① 汪晖:《当代中国的思想状况与现代性问题》,见其《去政治化的政治:短20世纪的终结与90年代》,生活·读书·新知三联书店2008年版,第89页。

象,归结为因国家制度缺陷而产生的必然结果,从而削弱自觉维护中国特色社会主义制度的信念。他们虽不掌握观念领域的话语权,可以说是"沉默的大多数",却是构成中国社会的基础,因而对中国"制度认同"的影响也具有基础性。

在"文化认同"方面,中国所面对的挑战是对"中华民族共同文化"的消解、置换,严重后果就是"文化认同"的危机。"所谓文化认同危机也就是由于不再了解自己的传统,不再真正为自己的民族性感到自豪,不再真正信仰自己的国家意识形态和基本价值观,而导致不知道/不清楚'我是谁';或者由于见惯了境内的各种跨国公司和用熟了各种进口产品,公民觉得自己有了多种身份或跨国意识,于是原来以为清楚的现在变得模糊了,原来自信的现在惶惑了,原来相信的现在怀疑了,只觉得老幼之间、新旧之间、你我之间、地域的与族群的、国家的与跨国的,都变得变幻不定,不必太有所谓。"① 中国的特殊性在于,由于中国是一个多民族国家,多数民族都拥有自己的文化传统,但作为民族国家的中国,其主体乃是由 56 个民族构成的中华民族,这就决定了中国的"文化认同"不能认同于任何一个民族的文化,而必须是对多民族文化符号象征的整合。不仅如此,由于中华民族首先是一个政治性概念,是中国现代历史的构造,因而中国的"文化认同"指向首先不是古代中国的文化传统,而是与作为民族国家的中国的现代建构伴生的现代中国文化,尽管这个意义上的中国文化建构还未最终完成。

在此方面,中国的思想文化界颇存误识,表现有三:

其一,以"文化全球化"为核心概念,审视当代中国文化状况,并

---

① 潘一禾:《文化安全》,浙江大学出版社 2007 年版,第 72 页。

以之引领中国文化建构。而在界定"文化全球化"时,又不是将其正确理解为全球各个地域、民族的文化之间的交流互动,而是抽象出"全球文明""世界文化"概念,将其作为现代国家均应采纳的普遍性的文化模式。这个意义上的"世界文化",亦即一个统一的世界性的意义生产机制、生活模式、意义景观,只可能是由抽象的"自由""民主""人性""现代性"等观念支撑,而由欧美等强势国家代表的所谓"现代文明""现代文化",因而所谓"文化全球化",也就是要在全球各地推广此种意义上的"世界文化"。

问题在于,这种符合现代性理论、看似历史主义的叙述,既未充分指出这种"世界文化"所隐含的欧美强势国家的文化霸权、文化殖民主义意味,也刻意隐去了如下事实,此即"全球化"乃是与"地方化"结伴而行的,与政治和经济治理模式的趋同并存的是文化异质化趋势的加强,因而恰恰是一种形而上学话语。对于中国的"文化认同"建构而言,这种论调会导致中国文化之特殊性的遮蔽,因其既没有充分注意中国"文化认同"建构的历史性,亦未充分尊重中国文化的民族性,而这只能导致中国文化的主体性的丧失。

其二,肯定、强调中国文化的特殊性,主张"中国本位"的"文化认同"建构方案,并且将"中国本位"具体化为"儒家文化本位"。"学术界高倡振兴国学,突出中国传统,弥漫一派尊孔读经的气氛。回归传统,整理文化,成为一时潮流……中华民族符号也有了一系列演化,'马克思主义'、'共产主义'、'无产阶级专政'、'毛泽东'等政治性符号逐渐淡化,取而代之的是'黄帝'、'炎黄'、'黄河'、'长江'、'长城'、'龙'等文化符号。儒家文化和传统再次被认同,奉为代表中华民族的符号,以象征民族的政治团结和文化统一。"①学者们相信,"在当前西方社会物欲横流、人文精神受到挑战进而发生危机的时刻,呼唤(重新阐释和建构了的)儒学的复兴并以此将中国文明和文化的精神在全世界加以弘扬,应该是我们难得的契机……中国不仅应当对全球经济作出自己的贡献,同时也应该为多元的全球文化格局的形成作出自己的理论贡献。"②

这是一种以儒学为中心的文化民族主义,是一系列政治结构和社会结构转型的结果,因而也在一定程度上适应了1990年代以来中国的政治、文化现实,在社会动员方面发挥了应有作用。问题在于,这种主张不仅掩盖了某些理念/利益集团争夺文化权力与政治权力的真实意图,而且抹杀了中国"文化认同"的实质内涵是现代中国文化,这是在中国的现代性进程中——作为民族国家的中国是中国现代性开展的结果——逐步确立起来的,其精神核心是中国化的马克思主义,其整合中华民族所有族群成员的文化功能是作为"高文化"的儒家文化所不能替代的。不仅如此,这种主张还有可能对内造成对"中原地区"与"汉族"以外的文化系统的忽略甚至抑制,对外则可能"强调本民族文化的优越而忽略本民族文化可能存在的缺失,从而演变为危险的'文化孤立主义'"③。

其三,与以儒学为中心的文化民族主义不同,还有一种同样视野狭隘的文化多元主义。这就是倡导和渲染"中华民族""中国文化"的多元性,而弱化或掩盖其一体性,以主张不同民族文化的平等地位为

---

① 徐迅:《民族主义》,中国社会科学出版社2005年版,第276页。
② 王宁:《"全球本土化"语境下的后现代、后殖民与新儒学重建》,《南京大学学报》2008年第1期,第77页。
③ 汤万文:《多元文化格局中的中国文化安全》,《理论与现代化》2007年第2期,第119页。

舆论基础,实质则是将本族文化作为民族成员身份归属的依据。如果将其作为某一族群增强内部凝聚力的方略,并以正确理解"种族文化认同"与"国族文化认同"的关系为前提,这一主张无疑是富有建设性的,而且也与中国在国家转型过程中的政策和社会结构调整相适应——对少数民族地区的经济和文化发展给予前所未有的重视,在某种意义上也是保护少数民族的文化遗产、激发少数民族文化之生命力的方式。

问题在于,这种主张有意无意地虚化了"中华民族共同文化"的背景,而这背景恰正是少数民族文化之差异性存在(价值和意义)的前提和条件,于是不仅可能损害国家文化共同体(共同的历史记忆、政治经历、情感、语言)的存在,还有可能导致各个民族因彼此文化差异而出现的裂隙,甚至会因民族文化优越性之争而产生冲突——因为"文化资源"可以换算为"政治利益"和"经济利益"。不仅如此,这种主张很可能背离自己的初衷,这就是因为过分强调"种族文化"的纯洁性,而引向对于本族文化的偏执性认同,甚至哪怕是本族文化的严重缺陷,也会作为异质性因素而接受下来,而在事实上导致认同建构的无力,反倒可能在"他族"的"奇观化"视野中造成本族文化的"木乃伊化",而这也会在根本上损害中国文化的多元性。

这些误识既存在于理论层面,亦存在于实践层面,而"文化认同"建构又与"族群认同""制度认同"建构勾连一体,这是由作为民族国家的中国建构的原初性质所决定的,并且其间又存在着互动与互为创造的关系。例如,"文化认同"建构可以通过塑造"想象的共同体"①,创造出"中华民族一体感",从而加强"族群认同",而"制度认同"建构又可以通过诉诸全体国民的共同政治、经济利益,同样可以加强中华民族的"族群认同"。因此之故,在任一认同建构层面上所感受的来自国内和国际的反制压力,都会在其他两个认同建构层面体现出来。例如,意在颠覆中国"制度认同"的势力,会诉诸"文化认同""种族认同"的解构,亦即用狭隘民族主义引领的特定的"种族文化认同"拒斥"中华民族共同文化认同",这也就是赋予"种族认同"以优先性,以之削弱乃至割裂中华民族一体感。

如何维护、重建中国的"国家认同"? 这既是严肃的理论问题,更是迫切的实践问题,是与中国的国家转型一体化的"族群""制度""文化"建构问题,而确立怎样的民族/国家认同,也就意味着中国将以何种性质与形式的主体性,参与界定"世界历史"和"世界文化",从根本上反映着中华民族的抱负和自我期待。中国的特殊性决定必须一体化解决"族群认同"建构、"制度认同"建构、"文化认同"建构,任何从单一视野出发的认同建构方案都会危及整体的民族/国家认同建构,这就需要至少解决如前所述的各种问题,并随时根据国际、国内的"形—势"(空间和时间的情境)做出调整。这也几乎是构成当代世界体系的各个民族国家都不得不面对并必须予以解决的问题,这不仅因为当今多数民族国家都是多民族国家,而且同样感受着全球化与现代性的压力,感受着因信息技术革命造成的"时空压缩"带来的身份归属的困惑。在此方面,中国提出的解决方案是,将"中国特色社会主义"作为中国的"制度认同"建构指向,将"实现中华民族伟大复

---

① 本尼迪克特·安德森:《想象的共同体:民族主义的起源与散布》,吴叡人译,上海人民出版社2011年版,第6页。

兴"作为中国的"族群认同"建构指向,将"社会主义核心价值观"作为中国的"文化认同"建构指向,为此必须加强中国的"道路自信""制度自信""理论自信",而这也就奠定了我们思考当代中国的审美文化与民族国家认同建构之关联的基础。

第三章　民族国家认同视域中的审美文化

第一节　审美文化的概念

据滕守尧考察，"在西方，'审美文化'早已不是一个新概念，它在工业革命时代的 19 世纪就已经出现了……这一时期人们关于'审美文化'的观点有三种，即英国学者提出的'审美文化即把艺术作为文化的核子的文化'，美国学者提出的'审美文化即生活与艺术融为一体的文化'，欧洲大陆学者提出的'审美文化即文化的各个领域（道德、认识、艺术）在审美原则下融合的文化'"①。不过，在中国学界，作为一个具有确定内涵的学术概念——意味着特定的研究对象与研究方法，"审美文化"首见于 1988 年出版的《现代美学体系》，意谓"人类审美活动的物化产品、观念体系和行为方式的总和"②。至于为审美

---

① 聂振斌、滕守尧、章建刚：《艺术化生存——中西审美文化比较》，四川人民出版社 1997 年版，第297 页。

② 叶朗主编：《现代美学体系》，北京大学出版社 1988 年版，第 259 页。

文化概念赋予多重维度的意义指向,据以观察当代中国文化状况,或回溯式地描述古代中国以艺术文化为核心的文化形态的历史,建构"中国审美文化史""中华审美文化史",进而从事中外审美文化的比较研究,这却是1990年代以来中国美学研究的新变,审美文化研究亦成为当代中国美学研究的热潮。在一些推崇"文化研究"范式的学者眼中,审美文化概念的提出意味着中国美学研究范式的转换。在此意义上,一些学者将审美文化视作中国学者提出的美学范畴,认为它与苏联、欧陆和英伦学者赋予审美文化的内涵并无必然关联①,也确有道理。

不过,作为人文社会科学的基础概念,对"审美文化"的理解与界定,也必定镌刻着概念使用者的价值论设定,体现着特定的知识论维度——当人们提出某种概念,亦即提出了某种认识假设,确立了某种认识角度,而这也就同时确定了研究对象,原因在于:人文社会科学不是实证科学,其研究对象并不是客观存在、预先给定的,而是由先行设定的"观点"创造出来的②。又由于"审美文化"是由"审美"和"文化"组成的复合性概念,而审美、文化的概念本身就不乏歧义——这既取决于文化开展的历史事实,也决定于诸如"民族""地域""阶级""阶层"等特定的社会文化语境,因此之故,对审美文化概念的内涵和外延的界说,也就自然会出现分歧,大致包括如下四种:

第一,认为"审美文化"是人类文化的审美层面,是指人以审美的态度来对待各种文化产品时出现的精神现象。

---

① 姚文放:《"审美文化"概念的分析》,《中国文化研究》2009年春之卷,第120—123页。
② 盛宁:《人文困惑与反思:西方后现代主义思潮批判》,生活·读书·新知三联书店1997年版,第14页。

第二，认为"审美文化"主要是指当代人的生活和文化的审美化，是对当代文化的规定性表述。它包含或整合了传统对立的"严肃文化"与"俗文化"，但展现为流行性的"大众文化"形态。不是在价值判断的意义上，而是在文化形态的意义上，可以把"审美文化"指称为"大众文化"。

第三，认为"审美文化"是人类文化发展的高级阶段。在这一阶段，随着整个文化领域中的艺术和审美部分的自治程度和完美程度的增加，其内在原则就开始越出其自治区，向文化的认识领域和道德领域渗透，对人们的政治意识、社会生活、教育模式、生产与消费方式、装饰服装、工作与职业等领域施予同化和改造。

第四，认为"审美文化"是以文学、艺术为核心的具有一定审美特性和价值的文化形态或文化产品，它不仅包括当代文化/大众文化中的审美部分，也可涵盖中西乃至全世界文化中有审美价值的部分。[①]

这些理解也有语义重叠勾连之处，因而可以互为支撑。例如，如果我们将"文化"理解为人类的"生活模式""文本实践""意义景观"，则用"审美"的态度对待"文化"，一旦将其推衍至各个文化领域，也就会出现普遍的"生活"和"文化"的审美化，而这就是审美化的当代文化。而按照姚文放的分析，尽管存在上述理解歧异，但在基本问题上，学者们还是形成了一些共识，这就是承认当今的审美文化是"审美"向"文化"扩张的结果，只是在理解这一过程上存在着两种理解角度和阐释方法。第一种是"保持传统的、经典的、精英的立场"，具体表现为：

---

① 戴孝军：《当代中国审美文化研究的三个学术维度》，《中国海洋大学学报》2013 年第 6 期，第 113 页。

其一，"坚持审美的高品位、高层次，认为审美是人类文化的高级阶段、高尚层面，主张审美以高级的、高尚的形态进入周边的文化领域，以优质的精神资源来同化和改造人们的日常生活和精神世界"。

其二，"重视审美的非功利性、非实用性以及心灵性、精神性，主张将审美的非功利性和精神愉悦性渗透到整个文化领域，从而提升人们的精神境界"。

其三，"崇尚审美的圆满性和完美性，它所构想的审美文化带有明显的乌托邦色彩"。

其四，"注重发挥审美对于日常生活的指导作用和改造功效"。

第二种是"亮出现代的、开放的、世俗的姿态"，具体表现为：

其一，"容许审美降低身份从低端进入周边的文化领域，与日常生活、世俗风尚的各个方面相互融通，并从而使审美的范围得到空前的扩展"。

其二，"不排斥审美的功利性、实用性，确认审美活动也可以诉诸人的感官快适和物质欲望，在消费社会，经济活动、商品消费都已经被审美化，商品的逻辑已经被戏剧化"。

其三，"将审美置于日常生活的地面上，悬搁了经典美学自我设定的种种'合法性'，不避实利、不忌世俗，将审美归宿延伸到消费社会、大众时代的多元文化之中，而这种多元文化以往是被经典美学排斥在外、历来不属美学范畴的"。

其四，"从审美与日常生活的合流看到了当代美学正面临着脱胎换骨的自身改造，经历着理论范式的现代转型"。

在他看来，"与其将它们视为两相对立、彼此抵触的，倒不如将它们视为互相连续、互为补益的。从前者到后者的过渡和递变，恰恰昭示了人们对于审美文化的认识趋于全面化和深化"。① 这似是更具有历史性和包容性的看待视野。

这些仍有探究空间的观念史的梳理和辨析表明,"审美文化"的多重所指既是其历史性展开的方式,也显示出与其照面的不同政治、经济、文化的理念/利益诉求,提醒人们需以历史的辩证的特别是互动知识论的视野看待"审美文化"。以此为基础,并据黑格尔所说:"概念本身包含下面三个环节:一、普遍性,这是指它在它的规定性里和它自身有自由的等同性。二、特殊性,亦即规定性,在特殊性中,普遍性纯粹不变地继续和它自身相等同;三、个体性,这是指普遍与特殊两种规定性返回到自身内"②,可将"审美文化"的语义区分为泛指义、特指义、专指义:

第一,"审美文化"的泛指义是作为"理念"(理想和规范)的"文化","审美即文化","文化即审美",意谓"审美"是"文化"的根本规定性,所谓"审美文化"其实是用同义反复的修辞手法强调文化的这一根本性质,也就是说,审美文化乃是文化的本然状态。在这方面,不能不引述 19 世纪的英国批评家马修·阿诺德对"文化"的全面解释:

　　文化即对完美的追寻。
　　文化认为人的完美是一种内在的状态,是指区别于我们的动物性的、严格意义上的人性得到了发扬光大。人具有思索和感情的天赋,文化认为人的完美就是这些天赋秉性得以更加有效、更加和谐地发展,如此人性才获得特有的尊严、丰富和愉悦。

---

① 姚文放:《"审美文化"概念的分析》,《中国文化研究》2009 年春之卷,第 124—125 页。
② 黑格尔:《小逻辑》,贺麟译,商务印书馆 1996 年版,第 331 页。

文化不以粗鄙的人之品位为法则,任其顺遂自己的喜好去装束打扮,而是坚持不懈地培养关于美观、优雅和得体的意识,使人们越来越接近这一理想,而且使粗鄙的人也乐于接受。

文化以美好与光明为完美之品格,在这一点上,文化与诗歌气质相同,遵守同一律令……诗歌主张美、主张人性在一切方面均应臻至完善。

在粗鄙的盲目的大众普遍得到美好与光明的点化之前,少数人的美好与光明必然是不完美的。[①]

在他看来,文化"不仅指个人精神上的一种完美追求,而且包括了对整个人类之完美性的关怀。也就是说,文化不是个人的,它必须普及到整个社会中,而且涉及每个人的一言一行。不仅这种不懈的追求的目的是完美的,其凭借的手段,即最具有审美色彩的文学和艺术,也是完美的"[②],希腊文化就是接近这种定义的文化形态。

无独有偶,中国历史上也有类似的文化观念。孔子等早期儒家将"文化"理解为"人文化成"——所谓"观乎人文,以化成天下"(《易·贲·象辞》)、"文明以止"(《易·贲·象辞》),更将对西周礼乐文明的"文化改制"(re-culturing)视作完美的文化形态,认为"文质彬彬,然后君子"(《论语·雍也》)。不仅如此,在他们看来,"政治风俗的理想境界乃是一种审美的境界"[③]。可以说,在儒家视野中,理想社会的展

---

① 马修·阿诺德:《文化与无政府状态:政治与社会批评》,韩敏中译,生活·读书·新知三联书店2002年版,第8页,第10页,第13页,第16页,第30页。

② 聂振斌、滕守尧、章建刚:《艺术化生存——中西审美文化比较》,四川人民出版社1997年版,第300页。

③ 叶朗:《中国美学史大纲》,上海人民出版社1985年版,第44页。

开图景与实现手段,在各层次上都应是完美的,同时意味着"文化"的"目的"和"手段"也都应是完美的,这种关于社会与文化的构想可称作"审美乌托邦"①。

第二,"审美文化"的特指义指审美文化是一种特殊的文化类型,它与"政治文化""宗教文化""伦理文化""科学文化"等并举,体现着"文化"之"审美"的规定性,此即包括文学在内的"艺术文化"。"艺术不仅是内在愉快的一个源泉(同样是一个重要的价值),而且也是赋予日常生活的社会运行以雅致和优美的一种实践方式。"②康德以来的经典美学将其视为审美活动的典范形态,包括"物化产品、观念体系和行为方式"。其特殊性表现在如下三个方面:

1. 任何一种"文化"都应将"审美"作为自己的规定性,其"目的"和"手段"都应是完美的,但受制于人类自身的有限性与生存资源的有限性,这种完美性不可能时时处处地体现出来,而只能作为一种值得追求的理想或者对文化开展的规范性要求。事实是,当人类生活领域以及在此基础上发展起来的人际关系日趋复杂,人类不得不采取"分而治之"的方式处理那些与其"身体存在感"紧密关联的事务。这最初只是基于经济学概括的"以最小投入获取最大收益"原则的考虑,但后米在不断膨胀的人类私欲的推动下发展出各种不平等关系,出现了日益细致化的社会分工,原初状态的整合性的文化也就不可避免地随之发生了愈益细密的分化,于是只有在艺术文化领域,"审美"作为"文化"的规定性才得以完整地保持下来,并以此与其他文化

---

① 程勇:《内圣外王与儒家美学的精神逻辑及话语建构》,《学术月刊》2010 年第 12 期;《审美乌托邦:儒家制度美学思想及其内在困结》,《浙江大学学报》2014 年第 3 期。

② 理查德·舒斯特曼:《实用主义美学——生活之美,艺术之思》,彭锋译,商务印书馆 2002 年版,第 3 页。

类型相区分。

2.任一人类个体不仅拥有创造和享有艺术文化的同等能力和平等权利,而且在艺术文化的精神内涵与展开方式上也具有相似性,这是艺术文化的初始状态,可由史前艺术考古所证明。但在人类历史展开的过程中,基于应对特定自然环境的不同方式,以及日益清晰化的对生存资源之有限性的意识,人类逐渐分化为不同层次和规模的理念/利益集团,发展出不同的价值观、信仰、体制和社会结构,出现了差异化、多元化的文明/文化,出现了异质性、多样性的艺术文化,共同构成人类艺术文化的整体,体现着艺术文化的普遍性内涵,但又彼此有别。而在隶属不同理念/利益集团的人们在学会尊重和欣赏"他者"的艺术文化之前,并不承认其同样具有审美的普遍性,至于在政治、经济上占据优势地位的集团,更是试图通过"命名权""划圈权"控制艺术文化,使其成为一种意识形态话语。

3.艺术文化最初是整合性的,这既是因为整体性的文化尚未分化,文化的"构件""手法"或者说文化的"语汇""语法"是通用的,还因为艺术文化对自身的特殊性没有自觉意识,还没有形成"审美自律"原则,亦即将"审美"这一"文化"的规定性作为"艺术"的普遍性。艺术文化的历史因此就是形成自我意识并据以划定"艺术界"的发展过程,在此过程中形成了被命名为"艺术"的"物化产品、观念体系和行为方式",整合性的艺术文化也随之出现了分化,形成了有各自的历史、规则、特征的多样化的艺术门类,它们共享艺术文化的普遍性,彼此又具有区分性。而这也就决定了艺术文化的建构性,无论它怎样宣称坚持"艺术"的"唯美"与"纯粹",也总是或明或暗地受到各种理念/利益集团的政治、经济吁求的牵制。

第三，"审美文化"的专指义即是审美化的当代文化，它是审美文化的当下形态，是在经历了特指义的审美文化的充分发展后向泛指义的审美文化的回归，从历史维度说是文化的更高阶段，而从逻辑维度说则是返回到文化自身，其义有三：

1. 如沃尔夫冈·韦尔施所指出的，当代人类社会正在经历一个由表及里的"审美化过程"："首先，锦上添花式的日常生活表层的审美化；其次，更深一层的技术和传媒对我们物质和社会现实的审美化；其三，同样深入的我们生活实践态度和道德方向的审美化；最后，彼此相关联的认识论的审美化"，所以"毫无疑问，当前我们正经历着一场美学的勃兴。它从个人风格、都市规划、经济一直延伸到理论。现实中，越来越多的要素正在披上美学的外衣，现实作为一个整体，也愈益被我们视为一种美学的建构"①。这虽然在发达资本主义国家表现尤为明显，但在全球范围内也呈现出普遍化的趋势。可以说，作为现代性运动的重要遗产，"审美化"正在和"理性化"一起成为当代人类社会的组织原则，而彼此分立、界域分明的各个文化领域，正在以审美为核心重建彼此的联系。这不但使当代人类的生活世界和文化图景日益普遍地呈现出审美的外观，还使审美日益成为普遍性的生活态度、生活方式，而美学则日益成为一种基础性的世界观。

2. 周宪指出，"后现代主义的审美文化"在西方的"去分化"主要体现在："艺术与非艺术界限的消失""艺术内部界限的消失""高雅文化和大众文化界限的消失"，此外尚有"诸如生产者和消费者的界限的丧失，个人风格被某种杂糅诸种风格的形态所取代，甚至出现了古典的、现代的不同民族风格的混杂的无风格形态"等表现，但这种"去

---

① 沃尔夫冈·韦尔施：《重构美学》，陆扬、张岩冰译，上海译文出版社 2002 年版，第 40 页，第 4 页。

分化"并不是"一种回归古典文化或现代文化那种总体文化和谐文化的趋向,恰恰相反,在后现代文化中,一种破碎的片段的文化形态才是其主要形态"①。单就事实而论,这些现象确实可以视为艺术文化的当代写照,而在最初的疑惑、震惊之后,人们不仅早已见怪不怪,而且承认其为一种艺术展开自身的方式,并将其置于艺术史、艺术批评的体制。"去分化"无疑是以"分化"为历史和逻辑的前提条件,而所谓"分化"也就是要确立艺术文化的规定性和特殊性,形成艺术文化的"自律""自治"乃至"自恋",从而造成艺术文化与其他文化形态的"割据性",这其实是对作为"审美"的"文化"原初本相的遮蔽。这样看来,陈跃红的如下提问就确有其理:"后现代主义在融入大众和商品洪流的义无返顾中,是否也包含复归原初本相的合理化因素呢?"②

3. 随着全球化进程的日益深入,在全球范围内,"过去那种地方的和民族的自给自足和闭关自守状态,被各民族的各方面的互相往来和各方面的互相依赖所代替了。物质的生产是如此,精神的生产也是如此。各民族的精神产品成了公共的财产。民族的片面性和局限性日益成为不可能,于是由许多种民族的和地方的文学形成了一种世界的文学"③。飞机、高速铁路等现代交通工具和互联网等现代信息技术的普遍应用,前所未有地将各地域、各民族紧密联系在一起,造就了一个麦克卢恩所说的"地球村",打破了基于地理界域的文化隔绝状态,使不同文化间的交流、理解、欣赏成为可能,展现其作为整体的人类文化的不同层面和侧面,在此基础上形成更清晰的文化

---

① 周宪:《中国当代审美文化研究》,北京大学出版社 1997 年版,第 51—58 页。
② 陈跃红:《后现代思维与中国诗学精神》,《北京大学学报》1996 年第 1 期,第 42 页。
③ 马克思、恩格斯:《共产党宣言》,见《马克思恩格斯选集》第一卷,人民出版社 1972 年版,第 255 页。

自觉意识——既包括对本地域/民族的艺术文化的"自身认同",也包括对"文化"之"审美"的规定性的理解。而与文化产业的兴起、大众教育的普及、现代传媒的推广相伴随,一种平均主义、审美主义的大众文化正在成为全人类的共享文化——意谓其生产和消费都具有共享性,正在藉全球化之力缔造人类共同的文化庆典、生活世界和审美经验。

第二节 审美文化与民族国家认同的关联

审美文化的上述三个语义,既体现为逻辑上的"映射"与"包含"关系,也表现为层次化落实的历史展开环节,二者并不能完全等同,而且还有可能出现歧义化发展的情形,亦即背离"文化"之"完美性"规定而趋向鄙俗化、平庸化。不仅如此,在审美文化概念的逻辑与历史展开中,既有可能因其提升个体精神境界、实现理性与感性和谐的维度而备受推崇,也有可能因为审美之感性经验的性质而使其饱受批评。这就构成了作为人类知识、思想系统的美学的历史开展——亦即对"审美文化"的自我理解,同时也在特指义和专指义的审美文化与其他文化系统、人类生活世界整体间建立起错综复杂的关系,而这又从根本上决定于双方基于特定时空条件的互动的状况与程度。

进一步思考,审美文化不仅是体现着人类经验、情感、愿望的"文化景观",更是通过"文本实践"与"生活模式"实现的"意义生产机制",而在这两方面,审美文化都显示出其他文化系统所不具备的强大吸引力。因此之故,当人类分化为在认知模式、精神信念、价值观念诸方面相异乃至对立的理念/利益集团,势必要将特定的政治、经济、文化诉求体现在审美文化的生产和消费中,藉以为物理世界和生活事实赋予意义,定义理解"自我""世界""历史""国家""民族"的认知图式,实现价值信念、思想模式、生活样式的论证和型塑。因此之故,审美文化始终被看作是一种有魅力的认同建构机制,甚至是一种强有力的控制社会人心的"意识形态国家机器"(阿尔都塞语),而在后工业社会更成为一种可以创造巨大财富的产业形态,清晰地展现出政治、经济、文化的一体互动性。审美文化因此必然是一个纠缠混杂着各种权力关系的博弈空间,必然会与民族国家认同建构发生关联。

在此方面,不能不提及儒家的美学智慧。他们很早就认识到,作为一种整合性的文化活动,"乐"具有"入人也深,化人也速"(《荀子·乐论》)的特性,而之所以能够"化人",则是因为在"乐"之审美品质与人格之间存在互动关系,例如"宽裕、肉好、顺成、和动之音作,而民慈爱;流僻、邪散、狄成、涤滥之音作,而民淫乱"(《礼记·乐记》),进而影响民族/国家的存在:

> 乐中平则民和而不流,乐肃庄则民齐而不乱,民和齐则兵劲城固,敌国不敢婴也。如是,则百姓莫不安其处,乐其乡,以至足其上矣。……乐姚冶以险,则民流僈鄙贱矣。流僈则乱,鄙贱则争,乱争则兵弱城犯,敌国危之。如是,则百姓不安其处,不乐其乡,不足其上矣。(《荀子·乐论》)

似乎可以说,儒家已经朦胧意识到,审美文化可以通过基于"普遍人情"的"感觉结构"的塑造,缔构民族/国家共同体——这正是审美文化建构民族/国家认同的机制;而且,不同品质的审美文化,又会对民族/国家认同建构产生不同影响。也正因此,儒家特别强调运用国家体制力量对审美文化的品质与方式进行拣择与控制,以发挥其在建构与维护民族/国家认同上的"正能量"。

按照我们的理解,"民族国家认同"是指构成"民族国家"这一政治共同体的人们在"族群""文化"与"制度"层面的"认同"与"自我认同",因此审美文化与民族国家认同的关联就体现在"族群认同""文化认同""制度认同"三个方面。不过,这种关联性有积极和消极两面,既有可能潜移默化地完成人们对"本国""本族"的政治/文化认同建构,也有可能通过"审美幻觉"弱化乃至消解人们既有的"本国""本族"的身份归属感。

具体说来,审美文化与民族国家的"族群认同"建构的关联表现在三方面:

第一,对民族身份的历史建构。任何一个民族都会创造独具特色的审美文化,又必然体现为一个历史过程,形成一个民族的审美文化传统,于是审美文化便不仅表征着一个民族发现与创造"完美"的"文化"的能力,而且本身就构成全体民族成员共同拥有的具有强大感染力的历史记忆与精神财富。潘一禾指出:

> 传统文化不仅是一个国家和民族物质和非物质文化成果的总和,也总是承载着一个国家和民族的文化身份,承载着国民对国家文化的普遍认同。它们既向世界展示着有特色的国家—民族的集体文化,也向世界展示着一个国家和民族的集体自尊和自信。①

---

① 潘一禾:《文化安全》,浙江大学出版社 2007 年版,第 85 页。

那些拥有伟大的审美文化传统的民族成员，无疑会对本民族的智慧、才能、德性产生强烈的自信，民族自豪感亦油然而生。而共同的符号表征、表意模式、游戏规则，又成为将全体民族成员连接在一起的纽带，他们藉以实现彼此认同，这种认同经验的建构也得到同一审美文化传统的支撑和强化。

而当归属不同民族的人们发生实质性交往，亦即从经济层面、政治层面的交往，深入到文化层面的交流，民族文化异质性的凸显同时也意味着各自民族身份的确立。因此之故，审美文化既是不同民族文化交流的重要领域，甚至可能是最为令人着迷、最为令人印象深刻的交流方式，则不同民族的审美文化也彼此互为实现自我认同建构的镜像。这既包括人们对自己的审美文化之独特性的认知，也必然推进至对自己的民族身份的自觉。反之，如果一个民族的审美文化传统出现了传承的断裂、意义的终结，不再具备自我更新甚至浴火重生的能力，既不能由以实现空间上的民族身份的区分化，也无法保持时间上的民族身份的同一性，也就会丧失其认同建构功能。

第二，对民族身份的现实建构。这主要是指多民族国家的"族群认同"建构，其核心是对创造"一个集体的精神体"的自觉努力及其实现。如彼特·哈杰杜所说，"因为民族——一个现代的、19世纪的方法，意味着一个集体的精神体，当然能够易译集体利益的语言、权力和扩张的野心。民族有着民族的情感，要让一个民族把自己想象成为共同体，必须先让它信服"，而"在19世纪，欧洲文学在民族认同的发展方面扮演了重要的角色"[①]。审美文化以极富魅力的方式创造出

---

① 彼特·哈杰杜：《文学与民族认同》，见周宪主编《中国文学与文化的认同》，北京大学出版社2008年版，第312页。

共同统一的民族语言和民族情感,并以之为基础创造出统一的"审美感知共同体",从而不仅打破了地域与种族的隔绝状态,使人们的经验、情感的交流成为可能,更实现了彼此之国族身份的互为承认。

在某种意义上可以说,民族语言、民族情感的创造是一个民族确立其主体性的标志。它显示着一个民族心灵丰富性的程度,更关系到一个民族是否具有独立的表述其"历史"和"意愿"的能力。特别是统一的民族语言,它是一个民族国家建立凝聚力、传承历史文化遗产的主要渠道,可以在国民与国民之间创造出一种内在的心理联系,更意味着一种共同的对"世界"与"自我"进行感知和理解的思维模式。反之,如果一个民族国家的民族语言和民族情感受到损害,直接损伤的是国民之间的心性联系和精神交流,而隐微却深刻的影响则是对共有的国族身份的消解,对民族语言所承载的民族文化的毁灭式打击:"如果本国的语言日趋消失,或者在几代之后遭到彻底侵蚀,那么本国文化中的一大部分内容也会消失,本国特性的一些组成部分也会变没。"①

第三,对民族身份的想象建构。在某种意义上说,审美文化的基本单位是诉诸想象力的"意象""幻象",而按本尼迪克特·安德森对"民族"的界定:"它是一种想象的共同体","它是想象的,因为即使是最小的民族的成员,也不可能认识他们大多数的同胞,和他们相遇,或者甚至听说过他们,然而,他们相互联结的意象却活在每一位成员的心中","民族被想象为一个共同体,因为尽管在每个民族内部可能存在普遍的不平等与剥削,民族总是被设想为一种深刻的,平等的同

---

① 赫尔穆特·施密特:《全球化与道德重建》,柴方国译,社会科学文献出版社 2001 年版,第 64—65 页。

志爱"①。想象的创造方式当然有多种,但审美文化无疑是最有效的方式。这是因为,审美文化不但可以创造最大化的想象空间,而且具有最大可能的感染力,以及将虚拟场景、虚构情感转化为真实经验的能力。

对民族身份的想象建构,核心是创造出民族成员"相互联结的意象",其所涉及的范围虽然相当广泛,但皆旨在创造全体民族成员的一体感,为此甚至需要诉诸"神话叙事",以解决难以自圆其说的"品质"和"事实"。例如,用民族系谱学的方法解决分散的、事实上并不存在血缘关系的众多种族的一体性,就是一种很典型的"神话叙事"。相对现实得多的做法,则是以"民族志"的方式塑造全体民族成员在历史、文化上的共同感,这就是动用各种媒介和符号"将所有民族带到同一个叙述体系中,但同时又宣告他们自己的特质,以作为文化独特性和独立性的证据"②,由此创造出一个借以实现自我理解、自我定位的文化镜像。在其中,所有民族成员拥有相同的历史传统、文化记忆,经历过相同的荣耀或屈辱时刻,有共同的命运和目标,他们的个体命运与国家和民族整体的命运息息相关,进而形成与国家利益密不可分的民族感情。反之,如果审美文化刻意表现个别族群的独特历史和文化经验,将其游离于民族国家的历史与文化,或者对民族国家的历史与文化进行虚化处理,于是就不但有可能危及民族/国家文化共同体(共同的历史记忆、政治经历、情感、语言)的存在,也会直接损伤民族成员一体化的存在感。

---

① 本尼迪克特·安德森:《想象的共同体:民族主义的起源与散布》,吴叡人译,上海人民出版社2011年版,第6页,第7页。

② 卜正民、施恩德:《导论:亚洲的民族和身份认同》,见其主编《民族的构建:亚洲精英及其民族身份认同》,陈城等译,吉林出版集团有限责任公司2008年版,第8页。

其次是审美文化与民族国家的"文化认同"建构的关联,又可从如下维度予以辨析:

其一,"文化认同"之形成并非本质主义的构造,这是说,人们对所属民族/国家文化的认同,并非因其基于血缘、人种等先天性基因的"民族性"就能自然形成,而是一个主动寻求、自觉建构的过程。至于"文化认同"建构的核心,则是对所属民族国家文化之价值优越性的肯定。问题的复杂性在于,对于单一民族国家而言,"民族文化认同"与"国家文化认同"是同一的,但对于多民族国家的"文化认同"来说,"文化认同"的对象却并非某一民族的文化,而必须是整合全体民族文化符号表征的统一的"共同体文化"。不过,这在不同国家的表现并不完全相同,既有可能是以某一民族的文化符号表征为主导而形成,也有可能是在提炼所有民族文化符号表征的基础上进行全新的创造。这既取决于民族国家建立之初的时势使然,及其将以怎样的胸襟抱负面对传统,构思未来,也决定于各民族文化交往的历史状况,以及在此过程中凸显出的各民族文化价值与符号表征的融合程度。如此则"文化认同"首要和直接地关涉民族国家的文化主体性的确立,但也必然关联到民族形象、国家形象的塑造,正如马修·阿诺德所说:"文化明白自己所要确立的,是国家,是集体的最优秀的自我,是民族的健全理智……不仅是为了维护秩序,也同样为了实现我们所需要的伟大变革"①。

其二,无论是作为文化的本然状态,还是作为艺术文化,审美文化的存在本身就显示了一个民族国家文化的价值优越性。一种拥有

① 马修·阿诺德:《文化与无政府状态:政治与社会批评》,韩敏中译,生活·读书·新知三联书店2002年版,第64页。

悠久的历史与独立自足的审美表意系统与文化精神的审美文化，不仅构成了与其他民族国家相区分的精神标志，而且充分显示了本民族国家强大的文化创造能力。这足以建立起国民对"祖国"的自豪感，而这自豪感建基于运用独特的审美表意系统自由地表现思想情感、塑造自我形象的强大自信，这种独特性适足以在与其他审美表意系统的比较中建立起"集体的最优秀的自我"的确定无疑。当其成为传统，"便成了一种无声的指令，凝聚的力量，集团的象征。没有文化传统，我们很难想象一个民族能够如何得从存在，一个社会能够如何不涣散，一个国家能够如何不崩解"，而不同文化之间"学习所取，交流所得，仍待经过自己文化传统这个'有机体'的咀嚼、消化和吸收"①。如果一个民族国家的审美文化的文化生态和意义建构机制遭到侵蚀、破坏，也就意味着该国的国民只能运用别人的话语系统进行"审美"的"发现"和"表现"，这无异于承认自己的文化主体性的丧失。与此相关，如果一个民族国家的审美文化不能应对时代的变化，而只能抱残守缺地存在，也会导致"文化认同"的更易。

其三，更重要的是审美文化对于一个民族国家之文化核心观念的建构抑或解构。文化核心观念是一个民族国家所属成员共同接受和实现相互认同的符码，这些符码构造了共同的世界图景和生活模式，规范所有成员的行为与想象，并从中产生意义，而这些意义支撑了一个民族国家的体制和社会结构，是较诸血缘、生物性基因更其有力地将全体成员凝聚在一起的纽带。正如塞缪尔·亨廷顿所说："人类群体之间的关键差别是他们的价值观、信仰、体制和社会结构，而

---

① 庞朴：《文化传统与传统文化》，见其《三生万物》，首都师范大学出版社 2011 年版，第 240 页。

不是他们的体形、头形和肤色。"①审美文化的特性在于通过有关"生活感觉"的"诗性叙事"诠释文化核心观念,而当人们"为某个叙事着迷,就很可能把叙事中的生活感觉变成自己的现实生活的想象乃至实践的行为",而"一个人进入过某种叙事的时间和空间,他(她)的生活可能就发生了根本的变化"②。诗性叙事乃是建立"自我"存在感的有力方式,深入灵魂深处而令人浑然不觉,以至于将想象的场景当作真实的世界接受下来,连带接受下来的还有构造出或者说支撑着这些场景的文化观念,以及由这些多义性的想象和观念激发的所有潜在的可能性。因此之故,审美文化既可以有效地维护一个民族国家的文化核心观念,也有可能是一种瓦解、颠覆的强大力量。

再就是审美文化与民族国家的"制度认同"建构的关联,其核心是对本国制度的合法性与优越性的证明,可从两方面略加辨析:

其一,审美文化本具有制度性,其内涵有二:一是说出于民族国家认同建构的政治需要,审美文化势必会被纳入国家的文化体制,亦即动用国家体制力量对审美文化的生产与传播、内涵与品质进行规约;二是说审美文化亦自成体制,亦即拥有独立的评判系统、经典系统、传播系统,而这决定了何种"活动"与"产品"才可被纳入审美文化体制。二者并不必然一致,甚至可能存在冲突,审美文化会为争取存在理由而强调和坚持其自身体制的独立性,但也可能存在共谋的情形,虽然最好的状况是二者携手而行,互为借重,共同实现"审美"这一"文化"的规定性内涵。这样说来,审美文化与一个国家的文化体制就存在密切关系,审美文化领域的繁荣状况可以印证国家文化体

---

① 塞缪尔·亨廷顿:《文明的冲突与世界秩序的重建》,周琪等译,新华出版社2010年版,第21页。
② 刘小枫:《沉重的肉身》,华夏出版社2008年版,第5页。

制的优越性,反之亦然。于是,当人们因与其"身体存在感"紧密相关的审美文化而建立起"自我"与"世界",并能在多样化的审美生活中充分感受本族群乃至全人类心灵的丰富性,或者,在阶层、职业、种族等方面有差别的人们能在审美文化领域享有平等权利,他们也就会确立起对于本国文化体制之优越性的肯认。相反的情况是,如果一个国家推行文化禁闭、文化专制政策,不能满足国民多样化的审美文化需要,或者不能使国民感受到与"政治平等"存在映射关系的"文化平等",那就会因对文化体制的失望而推扩到对于国家制度的整体怀疑。

其二,审美文化用诗性叙事方式塑造民族形象、国家形象,而这必然会涉及国家的政治、经济、教育等各项制度,因为"人生在世"无可避免地担负着制度,"民族"和"国家"本身亦是制度性建构的结果。这就存在两种可能性:一种是正面展呈国家制度的完美性、优越性,具体体现为对社会生活的有效组织、对公民精神境界的提升、对公民合法权利的维护,由此建构起来的是具有雄强生命力的民族形象、国家形象;一种是揭示、鞭挞国家制度的黑暗腐朽,具体体现为这种制度所造成的社会不公、人民普遍的精神堕落、官僚机构的腐败无能,由此建构起来的是病态化的日薄西山的民族形象、国家形象。当人们进入到审美文化所建构的生活场景,因"经验"和"情感"的完满性,而将两种不同的民族形象、国家形象感知为真实存在,也就或者产生维护和忠诚于国家制度的情感意愿,或者产生质疑国家制度的合法性乃至试图颠覆国家制度的冲动。

审美文化与民族国家认同建构的关联概如上述,但必须指出,虽然可以为了分析的便利,而将这种关联细化为"族群认同""文化认同""制度认同"三个方面,但在事实上三者存在一体互动关系,彼此互为支撑而又缺一不可,而"文化认同"更具有直接和基础意义。这是说,审美文化首先表现为民族国家的"文化认同"建构,即用诗性叙事方式缔造共同的历史传统、习俗规范以及无数的集体记忆,通过审美经验、审美情感的共享而缔构基于共同心性品质的文化共同体,进而创造族群一体感,以及对共同的社会制度的政治性认同。反之,审美文化对民族国家认同的冲击也首先表现为对"文化认同"的解构,进一步才会拆解统一的国族身份和政治共同体身份。

第三节　当代中国的审美文化状况

中国有辉煌悠久的审美文化史,而审美文化三义在古代中国亦均有体现。这是说,在长达五千年以上的文明发展史中,中国不仅发展出对于完美的文化的理解与追求,而且形成了拥有自成体系并充分发展的表意系统的艺术文化,以及在社会生活各个领域展开的审美化实践。这不仅构成了现代中国进行审美文化建构的资源——包括审美理念、符号象征、文化范型等,而且诸如书法、戏曲等传统艺术门类,还在一定程度上延续了独立的表意系统、审美逻辑、传承方式。但有两点根本区别:

第一,现代中国是一个现代意义上的民族国家,而非古代中国按照"王朝国家"逻辑的自然开展,其"民族"和"国家"的观念已是现代历史的构造物,因而必须摒弃那种习见的还原主义的方法论,转而以建构主义的看待视野,在"中国"的现代建构语境中理解其内涵,并据以阐释其民族形象与国家形象的建构及其文化传统的形成,据以理解"中国的想象"与"想象的中国",任何试图从"古代中国""华夏""儒家"等概念解释"中国"的做法都不得要领。

第二,现代中国所处的全球化和现代性的基本形势,造成其认同建构语境之前所未有的复杂性,要处理的也已不再单纯是局部性的本国问题,而是必然带有全球性、普遍性的"中国问题",但在处理方式上必须体现出特殊性。这不仅因为其表现方式具有基于中国的历史与现实的特殊性,而且唯此才能充分显示其政治/文化主体性。而以中国之悠久的文明历史、深厚的文化基壤以及强大的创新能力,人们有理由期望其对"中国问题"的成功解决成为示范性方案,对广大发展中国家的文化建构乃至全球文化的走向发挥引领作用。

这些新质都必然在审美文化领域得到回响,尤其是审美文化与民族国家认同建构存在如此密切的关联。因此之故,在近代以来的重大社会转型期,审美文化不仅是中国历史进程的"镜子""晴雨表",更是中国革命/改良运动的"助推器""发动机"。但这也造成中国审美文化状况的复杂性。事实是,分布于时间和空间维度上的多种建构要素,以及在政治、经济、文化诸领域从古代中国向现代中国的结构性转换,造成了当代中国之多元并存的审美文化状况,因此也就存在多种观察视野,至少可从如下三个维度进行描述和分析:

第一,如周宪所说,"多元并存,首先是指历时的多元并存……指称的是各种不同历史阶段的文化要素,在当前的文化结构中集合与互动","原本属于不同历史阶段的审美文化要素,同时存在于一个共同的结构之中","传统的、现代的和后现代的各种文化要素的共存,使得中国当代文化的转变具有多重复杂任务:既要弘扬传统,又必须对传统中某些糟粕加以批判,更要注意传统中的某些东西被用作保守主义和封闭僵化的合法依据；既要推进现代化，吸纳西方文化的优秀成分，又要对西方文化某些负面因素保持警惕，等等"①。这是一个有意义的阐释框架，可借以描述和分析当代中国审美文化的复杂性。

所谓"传统的审美文化要素"，是指古代中国审美文化传统的"活态存在"，包括审美表意系统、审美活动方式、审美趣味等，而或者是完整形态，也可能是片段化的存在，但其所指涉或包涵的乃是生活在中国境内的各个民族的审美文化传统，而不专指诸如"儒家""汉族"或"华夏"等一地、一族的审美文化。所谓"现代的审美文化要素"，是指在建立现代民族国家的过程中，在普遍的全球现代性语境与中国古典文化的激荡中建构起来的"中国现代革命文化传统"，其文化特征包括："地球模式、民族协同观、制度转型论、道器互动说和人权说"②，是有选择地融构中外审美文化符号表征的新的创造，在文化精神与审美表意系统上都呈现出新质。至于"后现代的审美文化要素"，则是指随着中国市场经济、文化产业的形成而出现的以消费主义、感官娱乐享受为内核的"共享文化"，以及以"去分化"为标志的艺术文化的新状态。三种文化要素共同构成了当代中国审美文化的整体图景，共存于同一文化结构中，彼此之间不仅互为显示自身存在的镜像，而且也存在竞争、冲突、协商、妥协等纠缠交错的复杂关系。

进一步思考，当代中国之所以存在这种历时的多元共存的审美文化结构，大致有如下一些原因：

1. 任何拥有独立自主的发展逻辑的审美文化形态的演进，都不

---

① 周宪：《中国当代审美文化研究》，北京大学出版社 1997 年版，第 61—62 页。

② 王一川：《回到"革命文化传统"的地面——谈谈中国现代文化传统的特征》，见杨生平主编《全球化视野下中国文化发展研究》，首都师范大学出版社 2013 年版，第 199—206 页。

可能是一个"直线条"的新旧更替的过程,而是必然呈现为包含式、持续性的积累丰厚的发展样态。后起的审美文化不可能完全割裂与前代审美文化的关系——除非是出现了民族灭绝、文化灭绝的极端情形,而总是新、旧文化元素纠缠在一起,传统元素沉积在文明/文化的"河床"底层,新的创造矗立其上,呈现出一种层累式结构。这对于中国而言尤为如此,因为作为文明古国,中国不但拥有丰富的审美文化传统,更具有深厚的历史意识。例如,"古代审美文化"的观念和符号,就不仅被植入"现代审美文化"的织体,也为大众文化生产与当代中国艺术家提供了源源不断的灵感与材料。

2. "物质生活的生产方式制约着整个社会生活、政治生活、精神生活的过程。不是人们的意识决定人们的存在,相反,是人们的社会存在决定人们的意识。"①中国地域广大,民族众多,族群之间、地域之间、城乡之间的经济和文化发展水平并不相当,甚至存在较大差异,因此之故,虽然人们生活于同一"编年史时间"内,但基于特定生活模式和社会关系的文化心态并不一致,据以形成的审美需要、审美趣味自然也会有所不同,这势必会影响到他们认同、激活的审美文化传统资源的类型以及文化创造的方向——尽管随着人们的交往日趋频繁而深入,也会形成普遍性的审美趣味。还存在如下情况:当生活的其他方面逐渐趋同,审美生活的差异性便成为一种有力地显示存在感的方式,而当审美文化传统资源可以作为资本,为特定人群带来经济效益,人们也会自觉地认同和维护某种审美文化。

3. 随着中国现代性在 1990 年代以来的快速开展,高度统一的"政

---

① 马克思:《〈政治经济学批判〉序言》,见《马克思恩格斯选集》第二卷,人民出版社 1972 年版,第 82 页。

治中心化"的社会——文化格局逐渐解体,经历了现代性精神洗礼的中国人完成了主体性的普遍建构,对基于"身体存在感"的个体权利以及民主、自由理念有了充分的自觉,而全球化又带来了绚丽多彩的域外文化景观,造就了前所未有的广阔的文化空间。之前在计划经济和政治中心的社会结构中培育起来的统一的文化主体发生了分化,中国人形成了多样化的文化吁求,出现了多元化的文化认同群体,并将文化多元化视为社会生活民主化、现代化的表征,于是"年龄""性别""职业""民族"等差异也体现在审美文化领域的共存格局,也因此使"传统的、现代的和后现代的各种文化要素的共存"成为可能。

4. 中国是一个无比巨大的历史、文化存在,无论是在"王朝国家"历史中形成的"古代审美文化传统",还是在向现代"民族国家"转型过程中形成的"现代审美文化传统",其丰富精彩的程度,都不可能完全被后起的审美文化全部消化,因而势必表现为独立存在的形态,而重要得多的原因则是,这些传统的文化逻辑并未因时代语境的转变而终结,它们在维护中国的"族群认同""文化认同"上的文化功能不可替代。不仅如此,维持审美文化的"共存结构",甚至通过文化遗产保护的方式延续某些行将消失的审美文化传统的生命力,恰恰是显示中国的"制度""族群""文化"之优越性的有力方式,可以强有力地塑造国民的自豪感和归属感。

第二,"多元并存"的另一含义是"共时的多元"。据周宪所说,"所谓共时的多元,是表征当代中国文化中,共时地存在着不同亚文化,以及相应的意识形态或价值观等等。在共时的多元并存格局中,首先是主导文化、大众文化和精英文化三元并立的结构",这是"中国当代文化的一个有别于西方文化的重要指标"。"比较地说,主导文化是一个重要的文化力量,它在相当程度上体现为一种体制的文化,或政治文化对审美文化的制约",不仅"直接体现为文化的各种体制性力量",而且"对其他文化还具有制约和诱导功能"。而由于"中国历来没有独立的知识分子阶层"以及"从过去的政治中心化结构转向政治—市场经济二元结构","精英文化在中国当代文化中,是一个'有限生产场',但它自身的先锋性则似乎日渐式微"。"中国的大众文化似乎和西方的大众文化有更多的表面相似点","与主导文化和精英文化相比,它更多地受到全球化文化背景的影响","这特别明显地反映在形式和技术层面上"[①]。依据这一阐释框架,还可以做进一步的描述和分析:

1. 主导文化体现着"政治文化对审美文化的制约",其具体所指就是依托国家的政治/文化体制进行的审美文化的生产、传播与消费,亦即在这些环节上都体现着国家文化政策、文化机构、审查制度、奖励机制等制约因素,而审美文化的品质、内涵、功能、生态也都在相当大程度上塑形于国家文化体制因素的合力。这一本质规定决定了主导文化必然以捍卫国家文化主权、维护国家文化秩序为己任,以生产和再生产"国家意识形态话语"为核心,其致力所在是完成国家意识形态的教化/训诫,缔造一个有助于实现"中国认同""中华民族认同"建构的文化共同体,为党和国家各项事业的顺利开展提供强大的舆论支持,因此也可以称之为"主旋律文化",其实现原理则是运用"审美话语"塑造"感觉共同体",继而潜移默化地实现价值观的更新/重建,如此则审美表现力的强弱就会在相当大程度上影响其文化功

① 周宪:《中国当代审美文化研究》,北京大学出版社1997年版,第62—64页。

能的实现。

2. 在文化政治学视域中,主导文化既典型地表征了当代政治的全方位性质,也格外凸显了审美的政治/文化建构功能;不仅体现了以争取文化领导权为核心的"宏观政治"意识,而且本身就是通过"诗性叙事"方式开展的"微观政治"实践,因此不能理解为"政治"与"审美"的简单相加,而是应当将其理解为"政治"与"审美"水乳交融的状态。在此意义上,主导文化的根本使命就是建构中国的"政治认同",亦即塑造归属于中国这一政治共同体的坚定信念和自觉意识,其实现途径是:正面展呈中国特色社会主义制度的优越性,创造中华民族所有成员相互联结的一体化意象,形象化地诠释"中国梦"和"中国价值观"的内涵。而如果主导文化不能正常发挥其"政治认同"建构功能,不能坚持其"先进性文化"品格——也可说是对以"审美"为规定性的"文化"的坚持,不能通过国家体制力量维系多样性和谐的国家文化生态,就表明国家的政治治理能力出现了问题,其直接意指则是国家匮乏独立自主的文化管理能力。

3. 尽管主导文化必然会反映执政党的治国理念,而且与执政党文化有交融互通的部分,但并不是一回事,原因在于:主导文化是国家层面的文化,其对象是全体国民,因而其表意系统必定是建立在"中国现代革命文化传统"基础上、包容所有民族文化符号表征的整合性的表意系统,其主旨也不是要实现执政党文化的自我更新,而是满足全体国民的审美需要,提升全体国民的精神境界。因此之故,主导文化必须具有全民性,既不能将执政党对其成员的某些特殊要求泛化为针对全体国民的基本要求,也不能将掌握话语权力的少数群体的审美趣味普遍化,更不能迎合某些人群的庸俗低下的审美趣味。

这是因为，主导文化的文化境界直接决定了作为政治共同体的中国的理想、抱负，直接决定了中国的文化境界和中国人的精神境界，而这不仅事关中国确立怎样的文化主体性问题，甚至可能会悄无声息地危及中国的国家安全，其理据在于："假如一个政府愚蠢到纵容甚至支持淫邪低俗、粗鄙弱智的审美生活，就几乎是在为亡国亡天下创造条件。庸俗的审美生活使人民弱智化和丑怪化，它所生产的愚民和暴民是乱世之根，这是一种政治自杀"①。

4. 就其内在规定性而言，精英文化是体现批判性的知识分子立场的"少数人文化"、高雅文化，表现为追求文化的完美性，遵循艺术文化的自身逻辑，探索艺术、审美的新的可能性，因其先锋性而必然曲高和寡。在理想状况下，或者从逻辑上说，精英文化是一种纠正国家文化政策偏失、维持国家文化生态均衡的力量，对主导文化与大众文化都会施予影响，但影响方向有别。相较而言，对主导文化来说，精英文化除了通过政治/文化批评纠正其观念和政策上的失误，更重要的则是确立一种艺术的标准或者说文化镜像，促使主导文化反观自身，在"政治"与"审美"之间保持适度平衡。而对大众文化来说，精英文化不仅为文化产业提供了可直接用以转化/再加工的材料以及足堪效法的文化典范，更重要的则是为提升其人文品质树立了榜样，至少可以在一定程度上弱化其因遵循市场交换原则而难免出现的曲意逢迎/谄媚大众的特性。似乎可以这样说，精英文化有助于主导文化保持其"审美性"，有助于大众文化提升其"人文性"，这正是其不可替代的价值所在。

5. 由于中国历史、中国国情的特殊性，精英文化内部也存在分化

---

① 赵汀阳:《坏世界研究:作为第一哲学的政治哲学》,中国人民大学出版社 2009 年版,第109页。

的情况,除了坚持批判性与先锋性的审美文化建构方向,还可能在文化精神和审美趣味上朝两个方向发展:一个方向是靠近主导文化,弘扬"主旋律",自觉维护政治意识形态与民族国家认同的稳定;另一个方向是靠近大众文化,主动适应文化产业的商品逻辑、市场游戏规则,这就使得在精英文化与主导文化、大众文化之间会存在交叉/灰色地带,也会因此造成精英文化内部的混杂状态。事实上,这两种文化冲动始终存在于现代中国精英文化的历史开展过程,在一定程度上反映了中国知识精英阶层的特殊性——他们很难在"体制"与"市场"之外保持独立的生存空间。在这两个方向上,精英文化的批判性与先锋性都会被有意识地减弱,以求符合其他文化逻辑的要求,但又不会完全失掉精英文化的基本立场,因而呈现出斑斓的杂色,折射着中国知识精英的矛盾心态。

6.中国的改革开放是以国家为主导、以执政党的自我思想解放为前提自上而下地进行的,文化市场的形成、文化体制的改革,始终与国家的强大存在相关,国家始终掌握着文化立法权和文化市场的监管权,对文化商品也有严格的市场准入制度,这就使得中国的大众文化在生产和传播等方面都表现出自己的特色。其生存和发展并不完全取决于市场经济规律,而是在相当大程度上受国家文化政策、国家文化体制的规约,因此与西方国家特别是美国的大众文化相比,虽有不少表面的相似点,但意义导向机制和文化精神有别。不过也存在观念上的偏失、实践上的偏颇,既与改革难以避免的失误有关,是并无前例可循的中国改革必然要付出的代价,也与共时性地存在着多元理念/利益集团有关。

7.主导文化、精英文化、大众文化共同构成了当代中国审美文化的完整网络,彼此互为实现自我认同建构的文化镜像,承担不同的文化功能而互为支撑,既互为借鉴,也存在竞争、博弈,在差异性共存格局中实现各自的存在价值,同时还存在相互转化的可能性。此正如黄力之所说:"多样化文化的存在对主流意识形态既是一种挑战,也是一个机遇,只要抓住这个机遇,多元文化对主流文化的压力就会促成后者的旺盛生机,在这个意义上,多样化就向主旋律转化了……同时,主旋律的自我完善、自我发展,也对多样化文化产生了自我超越的示范作用,从而使多样文化经常反省自己的文化定位和文化品格,克服某些不健康的因素,朝着高尚、完美的方向发展,这就更有利于它们被社会和大众接纳,能够长久生存并繁荣,这就是主旋律向多元化的转化和同一。"①而之所以其间存在转化的可能,则是因为它们共有一个文化基盘,此即社会主义核心价值观,这又从根本上决定于中国国家性质和执政党的意志。

此外还需指出,进入 21 世纪,特别是最近几年,随着移动互联技术、数字技术、新媒体技术的迅猛发展,随着审美教育作为国民教育的普及,尤其是随着人们经济能力的普遍提升、闲暇时间的普遍增多,与意在激发全民族文化创造活力的国家文化体制改革,以及由此造就的文化领域中的民主化相伴随,一种新的审美文化倾向正在出现。这就是运用与"史诗型"叙事方式相对而言的"散文型"叙事方式——例如方兴未艾的"微电影""微小说",表现没有经过总体性原则/理念裁切、组织过的原生态的生活世界以及相应的经验与情感。从逻辑上说,这种审美文化的主体包括任何个体,允许所有人的参与,而且与日常生活并不存在距离,具有极大的灵活性和自由度。它

---

① 黄力之:《中国话语:当代审美文化史论》,中央编译出版社 2001 年版,第 308 页。

与谨遵"宏大叙事"原则的主导文化不同,与严守"审美自律"原则的精英文化有别,也不像大众文化那样必得以商品逻辑和市场交换规则为基石,而是颇有些自娱自乐的味道。或许它的进一步发展会造成某种新的文化霸权,而且也存在直接转化为大众文化的可能,但其审美动机上的自娱性、审美参与上的广泛性、审美经验上的"原生态性"、审美实践上对日常生活的直接介入性,与古代中国的民间文化存在相似之处,可以称之为以现代科技手段为支撑和日渐扩大的公共生活领域为语境的"新民间文化"。它也是当代中国审美文化共时性的多元共存格局中的一元,是认同建构的一支重要的文化力量。

第三,对于当代中国审美文化的多元并存格局,还有一个观察维度,这就是中外审美文化的共存。这并不是说在改革开放之前,中国的文化结构中就不存在域外审美文化的影迹或元素,而是指其以前所未有的形态和方式参与了中国文化图景的建构,而这又与中国的国家转型紧密相关。可从如下方面进行描述和分析:

1. 20 世纪初年,域外审美文化开始规模化地输入中国,为本土审美文化的创造、现代审美文化体制与现代审美文化传统的形成提供了有益借鉴。中华人民共和国成立后,虽然在输入规模上有所收缩,而且是以"政治意识形态"为文化输入的评判标准,但中外审美文化的交流也始终存在。问题在于,这种输入往往是有选择性地进行的,而选择的内在驱动力,则来自于"启蒙""革命""社会主义建设"等不同历史时期的中国文化建构主题。尽管这符合异质性文化交往的一般情况——对"他者"的精神与价值的接受总是以"自我"的"自身认同"建构为基点,因而一定是选择性的,但这也会形成某种柏拉图意义的"洞穴效应",不仅影响到域外审美文化的全幅展现,也有碍于其主体性的确立。但在全面对外开放的当代中国,域外审美文化不仅仅是本土审美文化借以审视自我的镜像,或者只是作为自我革故鼎新的精神动源,而是以自成系统的理念、形态与实践方式参与了中国审美文化整体图景的形塑。

2. 受制于国家间交往的有限性与意识形态的限制性,在20世纪的多数时间里,对域外审美文化的输入都是相当有限的,这在"文革"十年中更是达到了极端程度。随着中国改革开放进程的持续深入,中国与越来越多的国家在政治、经济、文化等领域建立起全面合作关系,也不再以单一的意识形态视野看待和区分国家与文化的性质。因此之故,在当代中国的文化地图上,域外审美文化不仅在规模和类型上都远较以往广泛得多,而且输入途径和传播主体也日益多样化。除了以国家文化管理部门、文化机构为主体的常规引进方式,互联网传播正在扮演着越来越重要的角色,而民间文化组织、文化传播公司乃至普通个体都可能成为传播主体。由此造成的结果是,尽管国家文化管理部门在审美文化领域的管控要比以往困难得多,为此需要诉诸文化观念与文化体制的创新,尽量在维护国家意识形态安全与满足人民群众的多元审美需要之间保持适度平衡,但多样化的域外审美文化的共存无疑极大地丰富了中国人的精神生活。

3. 域外审美文化与本土审美文化共存于同一文化时空,其间也存在竞争、博弈关系。这首先是说,理念和技术层面的优长以及文化景观的异域特色使域外审美文化独具魅力,不但会吸引并培育固定的受众群体,而且亦使本土审美文化相形见绌,逐步挤压其生存空间。但反过来说,这又会给予本土审美文化以强烈刺激,促使其为争取生存权利而进行主动调整或改变,而最便捷也是最容易尝试的途径就是"师夷长技以制夷",即学习域外审美文化的模式并最终超越它。不过也有可能堕入"画虎不成反类犬"的陷阱,彻底丧失主体性与话语权——这方面的典型例子大概就是中国的所谓"伪先锋派艺术",其文化主体性也就在不经意间被消解净尽。而为了实现政治、经济利益最大化,域外理念/利益集团也会在中国寻找"代理人",凭借雄厚的经济实力,将一流的中国文化精英招致麾下,并按照其价值观对本土审美文化资源进行改写或重新编码,这是一种损伤其生命力的隐性方式。当然,也存在这样的情况,即为了适应中国人的价值观念和审美趣味,域外审美文化的生产者(特别是跨国公司)也会"量体裁衣",为中国的文化市场订制产品。但无论如何,它都不会主动挑起与本土审美文化特别是主导文化的直接冲突,这从根本上决定于中国的国家性质,以及执政党对文化事业的重视与引导。

第四节　民族国家认同视域中的当代中国审美文化

中国的民族国家认同是历史性建构的产物,而非系于某种先验的"中国性"或"中华性",因此,一旦中国的自我认知、自我定位以及所处形势发生变化,就需要适时地进行自我调整。自1978年中国将"对内改革、对外开放"作为基本国策,经过约40年的探索发展,一个"和平崛起"的中国不再游离于世界体系与全球文明之外。诸如"最大的发展中国家""世界第二大经济体""中国模式"等概念,已成为中国的新身份标识;"建设中国特色社会主义""实现中华民族伟大复兴的中国梦""全面建成小康社会"等命题,亦清晰化为中国的自我意识,而一个历史与文化传统底蕴深厚而又充满现代活力的中国形象,正愈益广泛地得到国际社会的认同。不过,世界政治、经济格局与中国社会关系的重组,在重塑中国的国家身份/形象的同时,也使历史形成的民族国家认同遭遇前所未有的挑战。而审美文化不仅构成了此种意义的挑战与应战的符号表征,而且以建构抑或解构的方式参与其中。

首先需要指认的是域外审美文化的双面性,意谓从积极的面向说,域外审美文化有助于促成中国作为民族国家的自我认同建构,但也可能在反向维度上削弱、拆解中国的"族群认同""制度认同""文化认同"。不过必须指出,这并不是说存在性质或功能不同的两种域外审美文化——如同分别用以御寒与防暑的两件衣服,而是指同一域外审美文化在不同情境中表现有别。这在宏观层面决定于中国以何种政治/文化主体性与之照面,而在微观层面则与其置入的不同个体的生活场景有关。例如,中国能以开放包容的胸襟气度看待域外审美文化,将其理解为人类精神丰富性的展现,它就不会是一种威胁,反倒是充分而深刻地理解中国之独特性、中国历史进程的镜像,而且也会为自己的文化创造提供有益借鉴。而在现代性和全球化状态下,人们的认同建构出现了多元化的情况——不同个体也有可能以其"身体存在感"为依据,有意无意地选择、放大域外审美文化中那些有助于实现其优先性认同建构的元素,导致针对中国认同的维护、强化抑或削弱、颠覆。

这就是说,域外审美文化与中国的民族国家认同,无论建构抑或解构,都并不存在直接、简单的对应关系,可做还原式的归类分析、精确的定量分析,而是存在十分复杂的情形。不仅建构与解构的"文化政治"元素纠缠交错,而且会随情境不同实现角色与功能的转换。这种复杂性还与审美文化自身性质有关,它不是诉诸"政治宣传"与"道德训诫"的方式,可以一望而知其意图所在,进而采取不同的应对手段,而是将意识形态诉求乃至于政治觊觎隐含于由审美幻象制造的"沉浸式体验",令人于不察间完成"灵魂深处的革命"、身份认同的暗地更替。不过,似乎还是最好从建构与解构两个维度分别进行描述和分析,这样至少可以达到陈述清晰性的要求。

那么,域外审美文化如何可能促成中国的民族国家认同建构?更准确地说,它是如何在当代中国的文化结构中发挥积极建构功能,促成了"中国"的自我认知与自我塑形,而最终推动了中国的国家身份的转型?

第一,中国通过持续深入的改革开放实践,重新启动了被十年"文革"阻断的现代化工程,这是作为民族国家的中国的自我认知、重新定位的过程,实质则是中国的"认同与自我认同"重建的过程。经过由批判"两个凡是"开启的思想解放运动,中国人终于意识到"贫穷不是社会主义",中国必须走自己的道路,而"民主""自由""法治"等观念或价值具有普适性。但中国的改革开放并无前例可循,而只能"摸着石头过河",至于要以何种面目矗立于世界舞台,这当然首先决定于执政党和中国人民的自我期许,但也必然受制于时势所趋。这就不能不提到以"苏联解体""东欧剧变"为表征的全球社会主义实践的挫折,社会主义与资本主义两大阵营对峙"冷战"格局的结束,以及以日本、新加坡为代表的所谓"亚洲现代性"实践的成功。这为中国选择国家建设方案、重新定位中国与世界的关系提供了启示与动力,而域外审美文化则适时地为中国的自我想象和规划提供了有魅力的镜像/愿景。

　　这里有一个意义重大的转变。改革开放以前,普通中国人能欣赏到的域外审美文化产品,主要来自同属社会主义阵营的苏联、朝鲜等国家,而主题则基本上是颂扬社会主义制度与文化的优越性,批判封建主义、资本主义之黑暗腐败,此外就是有限地表现人类基本文化价值。毋庸置疑,这是一种强有力的建构社会主义中国认同的方式,虽与时代要求相应,但也不免造成对西方社会之政治、文化的误识。这种状况在 1980 年代以来逐渐发生改变,一方面是因为越来越多的中国人有机会走出国门,亲身体认西方社会;另一方面则是由于西方审美文化大规模输入中国,为人们打开了一扇"看西方"的视窗。在经历了最初的不适与震惊之后,中国人民在改变/更新审美感知方式的同时,也尝试运用政治意识形态之外的其他眼光,重新理解"历史"与"世界""自我"与"他者",人们感受到西方国家的生活富裕、国力强盛、文化繁荣,从而逐渐放弃了来自教条主义的所谓"政治教科书"的偏见。可以说,在当代中国的历史与精神地基上,来自发达资本主义国家特别是美国的大众审美文化建构了一个生动可感的现代性镜像,诠释世俗生活与感性需求的合法性,展示中国现代化的可能图景,而这会在相当大程度上为中国人民反思"文革"错误、投身改革开放事业提供精神动力,从而推动中国的国家转型。

　　第二,重建中国的国家身份,重塑中国的国家形象,这是一个宏大、艰巨而且各个要素勾连交错的系统工程。除了付诸政治、经济、文化诸领域的改革实践,最终落实为各层面的制度规范、社会组织方式与生活形式的变革,还需要自我理解、自我表述、自我塑造的能力。这是说,对于自己的身份/形象的转变,中国不仅要有能力给出合理的解释与论证,还需有能力从事诗意想象、审美文化建构,以维系其

在时间与空间上的同一性。这既是一个建构中国的"政治主体性"的
"文化工程",同时也是一个确立中国的"文化主体性"的"政治工程"。
而要做到这些,除了反省自身在文化观念与解释方法上的错误,中国
还必须做到用自己的方式,在解释自我的同时解释世界的变动——
因为必须在中国与其他国家的"共存格局"中解释"中国",必须做到
"以中国解释中国"。可以说,强大的思想创新能力和审美创造能力,
乃是显示"中国存在""中国精神"的重要方式,而这首先表现为对中
国的身份/形象的解释与塑造。

　　然而,由于深受在"文革"中达到顶峰的"极左思潮"、教条化的马
克思主义美学的影响,中国的思想能力已不足以如其所是地解释自
己的审美文化的历史,更不能恰如其分地理解全球范围内审美文化
的新变。例如,用"现实主义""浪漫主义"两条线索,来描述中国古代
文学与艺术的历史;用资本主义社会文化的"病态""腐朽",来解释西
方现代主义的文学与艺术,就都不得要领。由此造成的后果是,中国
的美学家和艺术家游离于世界艺术的发展脉络,既与审美领域中的
新观念、新实践十分隔膜,也不能用切合新文化语境的艺术方式塑造
变革时代的中国形象,更谈不上从自己的艺术文化传统中有所发明
创造。这些缺憾不但极大地阻碍了中国国家转型所需之文化主体性
的建构,而且也无法满足接受了现代性精神洗礼的中国人民日益增
长并多元化的审美需求。在一定意义上,审美文化领域的多样化是
政治民主化的表征。

　　因此之故,当国门重新打开,中国又一次出现了大规模输入"西
学"的思想启蒙运动,而审美文化也再一次率先吹响了时代变革的号
角,扮演了"启蒙急先锋"的角色。中国的思想家如饥似渴地吸收西

《行事手册》，如说"一定要把他们青年的注意力，从以政府为中心的传统引开来。让他们的头脑集中于体育表演、色情书籍、享乐、游戏、犯罪性的电影，以及宗教迷信"，"只要他们向往我们的衣、食、住、行、娱乐和教育的方式，就是成功的一半"[1]等等。而当"改革开放"的中国并没有按美国所期望的那样改变社会制度，以"全球化""现代性""自由""民主""人权"种种动听的名义实施文化扩张，亦即输入美国的世界观与价值观，宣扬美国社会制度与生活方式的优越性，也就成为与其在美国本土"妖魔化中国"[2]并行的旨在解构中国认同的"文化政治"方略。

语义稍弱或者说更具迷惑性的是西方中心主义在域外审美文化中的体现。"现代物质文明的巨大成功使西方人陶醉于他们所创造的'文明'体制中，认定自己作为'上帝的选民'，有责任把自己的价值观念、生活方式、政治制度传输给其他国家，使其人民获得自由、美好、幸福的生活。基督教文化中的这种'传教士'的心态和'救世主'精神渗透到西方人思维的各个方面，成为西方民族的集体无意识和独特的思维方式。而西方的价值观之所以吸引了其他文化的人们，也正是因为这些价值观被看做是西方财富的源泉。"[3]坚信西方文明的优越性是西方民族国家实现自我认同建构的基石，本身并无可厚非，不过西方中心主义话语的实质却是"西方殖民主义者制造的殖民话语的一个基本模式，尽管它在西方对殖民地民族的文化再现中以各种变化的形式出现，如文明与野蛮、高尚与低贱、强大与弱小、理性

---

① 转引自张海生、刘希凤：《当前我国文化安全面临的九大挑战及其战略思考》，见巴忠倓主编《文化建设与国家安全：第五届中国国家安全论坛论文集》，时事出版社 2007 年版，第 66 页。

② 详参李希光等：《妖魔化中国的背后》，中国社会科学出版社 1996 年版。

③ 隋岩：《当代中国电视文化格局》，北京大学出版社、群言出版社 2004 年版，第 144 页。

与感性、中心与边缘、普遍与个别等,但不变的是,西方永远代表着前者,代表着善,而东方或被殖民地民族则永远代表着后者,代表着恶"①,当中隐含着权力关系、霸权关系。这就是说,那些以"善恶寓言"形式表现西方文明、东方/中国文明的域外审美文化,会在不同程度上使人们沉醉于繁花似锦的幻境,从而对其拟态化展示的西方制度、文化歆羡不已,而损害的则是中国的民族/国家认同。

第二,由于中国国家性质以及执政党对意识形态管控的自觉,域外审美文化产品的引进,需要经过国家相关文化部门的严格审查,因而其中隐含的帝国主义的"文化政治"语义,不会表现为对中国的"政治认同""文化认同"的直接攻讦,而是以三种隐蔽的方式意图解构中国的民族国家认同:

1. 用诗性叙事方式正面展呈西方的价值观念、社会制度、生活方式的完美,当人们为此诗性叙事着迷而形成想象性认同,就有可能将审美文化建构的"拟态环境"视作真实的世界图景接受下来,同时接受下来的还有支撑这幅图景的价值观念,进而产生模仿趋同的愿望与实践。例如,"好莱坞影视文化中对没有社会矛盾、没有失业下岗的富有社会的渲染,对家庭伦理、友爱亲情的描绘,让观众听到看到的是歌美、人美、画美,感受到的是情感美、生活方式美,最后是对社会美、制度美的认同。在这样的'拟态环境'中,从文化渗透到观念渗透、思想渗透,最终达到行为认同,实现社会控制"②。如果人们不能秉持正确的历史观与政治信念,对"文化政治""文化殖民主义"缺乏

---

① 弗朗兹·法农语,见罗岗、刘象愚主编:《文化研究读本》,中国社会科学出版社 2000 年版,第 28 页。

② 隋岩:《当代中国电视文化格局》,北京大学出版社、群言出版社 2004 年版,第 164—165 页。

必要的省察,认清这一西方形象建构的理想化实质,就会以之观察、比较真实的生活世界,继而质疑自己所接受的历史、政治教育的正确性,因对现实的失望不满而引发民族/国家认同的危机,而危机的表现未必是直接的,很有可能潜伏于无意识深层,当与其他认同危机化合时就会释放出巨大能量。

2. 以维护全人类利益为名义制造"超国家认同",而又不失时机地塑造美国领导各国各族应对全球危机的国家形象,以及美国总统大智大勇的英雄形象、仁爱宽和的领导人形象。一个有力的例证就是 20 世纪福克斯公司出品的科幻电影《独立日》。这部公开宣扬"大美国主义"的影片虚构"外星人入侵"的全球性问题,而世界各国人民,不分种族、制度与文化,都要为人类的生存背水一战,就在各国领袖束手无策、人类灭亡进入倒计时的关键时刻,美国人找到了取胜之道,最终与盟军联手打败了外星侵略者。片中的美国总统,不但具有与外星人进行心灵对话的神秘能力,而且还是胆略超群、亲自架机率军作战的勇士,看重亲情友情,平易近人、果敢坚毅而又不失风趣。他在总反攻前的演讲中宣称:人类不应为蝇头小利自相残杀,而应为共同的利益团结起来,一旦取胜,则美国的独立日也将是全人类的独立日,当中的政治文化寓意并不难揣摩。

这种寓意也体现在影片人物设置、情节设计等诸多方面,例如黑人飞行员与白人科学家共同执行危险任务,宗教信仰和社会地位不同的国防部长与平头百姓共同祈祷,总统的女儿与脱衣舞娘的儿子一起游戏,如此等等。不过,这种意图却是隐藏在英雄主义主题的展示与奇观化叙事的帷幕之后,而要透视这帷幕却并不容易。片中那个嗜酒成瘾的退役飞行员罗素舍生取义的壮举令人动容,而逼真炫目的电影特效则令人目醉神迷,超过 8 亿美元的全球票房,就足以说明其强大的吸引力。绝大多数中国观众会对"大美国主义"的影像建构心生厌烦——反击外星人入侵的人类联盟中居然没有中国的位置尤其打击了中国人的民族自尊,而这恐怕不能归咎于片方的一时疏忽,但并不排斥"英雄主义""人类共同利益"等普遍主义话语,而连带但是潜在地接受下来的则是"超国家认同",沉积于无意识深处,而可能在某些特定情境中被激活。

3. 运用同样的复合叙事手法建构"次国家认同",突出表现是与崇尚"个人成功"的美国价值观相应的"个人认同"。必须指出,"个人认同"建构本身并非坏事,倒是在现代社会确立自我存在感的必要手段,或者也可以说是现代性凸显并强化了"个人认同"之于个体生存实践的重要性,问题在于,如果赋予"个人认同"以认同建构选择的优先性,甚至将个体存在、个人利益置于民族、国家利益之上,那就势必会造成民族国家认同的危机。这几乎是美国大众审美文化的通用语法,亦即藉现代性话语支撑审美化地讲述个人奋斗的故事、宣扬自我实现的价值观,并将那些成功人士塑造成民族、国家或文化英雄,即使这些虚构的英雄的成功可能建基于民族、国家利益的对立面,而其成功可能诉诸暴力或阴谋手段。

这种强调"个人认同"优先性的叙事策略,既体现在对西方英雄形象的塑造、对西方民族历史的讲述,也体现在对中国历史与文化资源的改写中。例如,迪斯尼出品的动画片《花木兰》,将中国人耳熟能详的"替父从军"亦即具体阐释"孝道"观念的花木兰,塑造成一个追求"自我实现"并最终成功的女英雄形象,就颠覆了中国人曾经赋予"花木兰"的"孝女""爱国者""能顶半边天"的"中国妇女"形象。再如,焦点电影公司出品的《色·戒》,尽管导演与主演都是中国人,却讲述了一个以"个人认同"取替"民族国家认同"的故事。也许导演李安的初衷是要探讨现代性造成的认同困惑这一严肃问题——因为"现代化进程要求并且必然加强个体主义,而民族国家的诉求又必然加强民族主义"①,于是造成"个人认同"与"民族国家认同"的冲突与张力,"用电影图像重新建构了一幅原本遮蔽在革命宏大叙事中日常生活之现代性"②,但影片"以男女私情和大段床戏颠覆为国捐躯的郑苹如,在忠奸、善恶、敌我等大是大非问题上解构中华民族的国家伦理"③,无论如何都会动摇乃至颠覆支撑中国的民族国家认同建构的历史观与价值观。

第三,对中国文化生态、文化生产力的冲击与控制,从而影响中国本土审美文化的健康发展,其深层威胁是中国的国家文化安全、国家文化主权,但直接影响的则是中国的文化境界、文化气象、文化生产模式,由此又会对中国人的审美生活以及建基于此的民族国家认同建构发生作用:

1."美国的信息自由流动政策与实践在二战结束以后已经取得巨大成功。尽管它从20世纪60年代末到70年代遭到短暂的质疑,但这一原则还是取得了胜利。世界到处充斥着美国制造的影像与信息。美国的流行文化已经迷住了世界各国的青年人。这种文化所固有的、所提倡的产品与服务不是被世界各地的人们所接受,就是被人

---

① 刘小枫:《这一代人的怕与爱》,生活·读书·新知三联书店1996年版,第185页。
② 陈辉:《全球化时代华语电影之现代性与文化认同——以张艺谋、徐克及李安为例》,苏州大学2009年博士学位论文,第125页。
③ 祝东力:《〈色·戒〉与国家认同》,《艺术评论》2007年第12期,第13页。

们所期盼。'购买的社会风气'征服了世界。"①强大的叙事/表现能力，雄厚的资本与技术优势，对全球贸易规则的主导优势，以及完善的生产、发行、宣传机制，使得诉诸感官刺激、感性愉悦的平均主义的美国流行文化，如同洪水肆虐般突破了地域、民族、意识形态的壁垒，而在1990年代以来急速世俗化的中国文化地图上涂抹了厚重色彩。它极大地改变了中国人的欣赏口味、审美标准、生活观念，挤压了中国本土审美文化的生存空间，使中国的审美文化生态严重失衡。

例如，据1997年北京"新影联"宣传策划部所做的北京地区电影市场与观众消费调查，有66.12％的男观众和58.82％的女观众首选"美国大片"。1994—2004年的10年，我国引进"大片"总税收达到近4亿元，其中"美国大片"的份额占1/3强，整体票房占到80％。仅1997—1999年三年间，美国"分账影片"就在我国创造了约14.5亿元的票房收入，占这三年我国电影票房总收入的44％。针对这种状况，被视为"第五代导演"精神领袖的陈凯歌在即将进入"新世纪"时，不无悲观地坦承：我们"没有丝毫抗衡的力量，甚至连一道篱笆都没有"，"内地电影现在面临生死存亡关头。我不知道十年二十年后，内地还有没有自己的电影"②。结果就是，"我们身边的孩子都无一例外地喜欢汉堡包，喜欢HIPOP，喜欢美国电影，喜欢NBA，喜欢穿美国牌子"③，他们"已经不再愿意听妈妈给他们讲自己民族的古老的神话和传说故事了。唐老鸭、侏罗纪、变形金刚、电子游戏，直到哈利·波

①　赫伯特·席勒：《大众传播与美帝国》，刘晓红译，上海译文出版社2013年版，第39页。
②　陈凯歌在"世纪之路电影与文学研讨会"上的发言，见《电影世界》1999年第9期，第47页。
③　宋群：《错位与滞后——城市文化现状与艺术教育》，《西北美术》2006年第2期，第10页。

特,都成了他们生活中的一部分。这已经是在'买断'未来了"①。

2.美国流行文化的巨大成功,既体现在文化产业层面,也体现在文化理念、文化生产模式层面,因而无论是为了表达文化民族主义情绪,或是为了维护国家文化安全,而必须抗衡其文化霸权,或者只是为了打破其对文化市场的垄断而获取商业利益、生存资源,模仿、复制其文化逻辑与制作模式都是不得不然的选择。这方面的典型例证,就是《英雄》《无极》《夜宴》《满城尽带黄金甲》等。这些由中国最好的导演、演员与制作团队创作的"大电影",展现了娴熟的叙事技巧、不亚于"美国大片"的影像创造能力,"中式大片"的标签与中国文化元素的运用,不能不使中国观众满怀期待,而且事实上也取得了本土电影前所未有的票房成绩,甚至还获得了奥斯卡奖、美国金球奖最佳外语片等提名,在西方市场扩大了中国电影的影响。按照一些学者的看法,即使在艺术思维、价值取向甚至细节处理方面,这些影片都存在模仿"美国大片"的痕迹,但毕竟"开始找回我们为建立电影市场所付出的经济代价,也开始回收我们为建立中国电影的整体品牌曾经付出的'时间成本'","在恢复和重构观众对我们本土电影的价值认同"②。

但是,这种以美国流行文化为模板的文化生产模式其实有内在缺陷。直接的表现就是这些影片不仅"有奇观而无感兴体验与反思","有短暂强刺激而缺深长余兴","宁重西方而轻中国","在美学

---

① 曾庆瑞:《国家文化安全必须重视——从进入WTO前后的影视动态看文化安全的迫切性》,《朔方》2003年第9期,第67页。
② 贾磊磊:《守望文化江山:全球化历史语境中的本土电影与国家文化安全》,《艺术百家》2007年第5期,第11页。

效果上表现为眼热心冷,出现感觉热迎而心灵冷拒的悖逆状况"①,而中国文化元素在这些影片中的展现主要是衣着服饰、饮食歌舞、亭台楼榭、功夫打斗等形式层面,远未触及中国文化精神的核心层面。更深层的表现是,这些影片或者刻意虚化"中国"之"在场"的时空特性,或者搬用西方的命运悲剧观念乃至西方著名悲剧(如《哈姆雷特》)的情节以建构"中国"之"在场",其所塑造的内心险恶狡诈的"中国人"形象、没有正义与公理的"黑暗中国"形象,不仅与真实的中国历史相去甚远,而且实质上是一个有关"古老中国"的"西方想象"。甚至,从"影像政治"的角度看,《英雄》把"天下""和平"交付给依靠强权、武力征服六国的秦王,无疑合乎美国政府与信奉"大美国主义"的美国人的自我期许。这或许可以解释为什么美国《时代周刊》会将《英雄》评为 2004 年度全球十大佳片第一名。这种虚构的"国家形象""民族形象",会对中国观众认知自己的历史并形成民族自豪感产生负面影响。而当这种叙事模式成为主流,不仅会从内部加剧审美文化生态的失衡,更会阻碍中国原创艺术生产力的形成,而这些都会渐次投射在中国认同的审美文化建构上。

再就是本土审美文化与民族国家认同的关联,由于本书将列专章就此论题进行现象描述与学理分析,在此仅就该论题域所涉及的几个阐释维度与关键节点予以大致勾勒:

第一,主导文化、精英文化、大众文化构成了当代中国审美文化的差异性共存格局。这种区分化的审美文化图景,成型于当代中国社会的"政治—市场经济二元结构",而主导文化、精英文化、大众文化如何以及在多大程度上呈现其精神意向,发挥其文化功能,亦在相

---

① 王一川:《眼热心冷:中式大片的美学困境》,《文艺研究》2007 年第 8 期,第 89—90 页。

当大程度上受此二元结构的影响。但这种二元结构以及建立其上的文化空间/场域的具体情形,从根本上决定于中国的国家转型、中国的现代化实践的开展程度,以及中国与其他国家在政治、经济、文化诸领域沟通交往的状况。

在理想状态下,主导文化、精英文化、大众文化遵循各自的文化逻辑和谐共生,相互借鉴,共同维系国家审美文化生态的平衡,满足人民群众多样化的审美需要,进而建构多元认同和谐共存格局。但如果支撑当代中国社会二元结构的基础条件与情境发生变化,这种和谐共生的审美文化生态就会被打破,而或者诉诸"政治"的文化逻辑,或者诉诸"市场"的自主调节原则。例如,当中国感受到国际政治压力特别是强权国家对中国国家安全的威胁,就会通过政策与制度的调整,加强"政治"对"文化"的制约。而为了激发全民族的文化创造活力,吸引民间资本进入文化领域,为文化事业的开展提供雄厚的财力支持,又需要适度放宽文化监管政策,运用市场的竞争与调节机制,引导文化产品的生产与交换、文化资源的分配与流动。但这两方面的调整都潜伏着危险,如果处置不当,就或者可能因过于强调"政治"立场而钳制"文化"的活力,或者可能因过于强调"市场"原则而放任"文化"的自由化,而都考验着国家的文化治理能力与执政党的政治智慧。而且,随着当代社会政治、经济、文化日趋紧密的一体化发展,情形会愈益复杂,需要一揽子的解决方案,这是前所未有的问题,而且不仅仅是中国的问题。

还需提及的是,正如任何时代的审美文化,当代中国的审美文化反映了中国转型过程中不同阶层和群体的感受、经验与愿望,以自己的方式参与了社会意识重建,也必然投射着社会思潮的斑斓色彩。

"当代中国的思想文化界犹如'万花筒',世界上所有的社会学说、思想流派几乎都能在中国找到其踪影。但改革开放以来,真正能在中国社会形成广泛影响、构成社会思潮的思想意识却并不很多,其中自由主义、民族主义和'新左派'是值得人们关注的三大社会思潮。"①这些思想意识、社会思潮在精英文化、大众文化场域均有回响,但并不是以直接的明显的方式,而是以审美意象与观念变体的形式存在。

第二,主导文化是建构中华民族认同、中国特色社会主义制度与文化认同的主导力量。体现国家意志与执政党的治国理念,这是主导文化的精神意向,因而其文化功能必然是运用审美手段实现国家意识形态话语的生产与再生产,意在缔造指向中国的民族/国家认同建构的文化共同体。但这功能的实现程度如何,一方面取决于主导文化自身能否在"政治"与"审美"之间达成必要平衡——这种平衡要能使主导文化既具有审美的吸引力,而又能充分地阐释政治意识形态话语;另一方面则要视主导文化与精英文化、大众文化的关系而定——这种关系至少应当是大致平衡。如果主导文化只是公式化、模式化地用形象图解政治理念,而不是遵循审美自身规律,为此政治理念提供真实而具有普遍性的情感基础,人们就会敬而远之;如果精英文化特别是大众文化严重挤压了主导文化的空间,或者扭曲了主导文化的话语与情境,人们也同样会敬而远之,这两种情况都会导致主导文化的名存实亡。

归根结底,主导文化只有始终保持先进性文化的品格,才能根据国内外形势的变动做出适时调整,也才能牢牢掌握文化建构的主导

---

① 房宁:《影响当代中国的三大社会思潮》,见陈明明主编《权利、责任与国家》,上海人民出版社2006年版,第265页。

权与主动权,不仅完美地呈现其精神意向、发挥其文化功能,而且还能引领时代文化精神与国民心性品格的重塑。大致说来,主导文化的自我调整包含三个方面:

1. 以对文化先进性亦即"文化"之"完美"规定性的理解为前提,而在文化精神、文化功能层面进行的自我调整。

2. 以对国家转型和审美精神的时代嬗变的理解为前提,而在文化主题、审美手段层面进行的自我调整。

3. 以对当代中国审美文化差异性共存格局的理解为前提,而在如何处理与精英文化、大众文化的关系层面进行的自我调整。

但要实现这些层面的调整,又需诉诸政策与制度的力量,同时还有赖于主导文化的管理者与创作者的自觉与主动改变。无论如何,主导文化都不能因其制度与文化的资源优势,就将自己凌驾于精英文化与大众文化之上,甚至凭借政治意识形态威权与国家体制力量压迫后者——"文化主动权"不能被理解为"文化霸权",更不能作茧自缚地固守僵化的文化观念与审美模式。这不仅会最终损伤主导文化的生命力与感召力,而且还可能招致精英文化与大众文化或明或暗的对抗。

第三,精英文化与大众文化的情况要复杂得多,这种复杂性不仅体现在其内部分化造成的精神意向与文化功能的多样化,还体现在置身于"市场"与"政治"张力中的二者与民族国家认同之关联的多种情形。至少可以从逻辑上区分为如下三种情况:

1. 当改革开放释放出的社会场域与文化空间,为精英文化、大众文化提供了栖身之所,而中国的国家转型、社会重建也需要精英文化、大众文化的"在场",需要发挥其在观念更新、社会动员或者抚慰转型期阵痛方面的文化功能,更重要的是,当国家转型、社会重建在意识形态领域中的诉求,与精英文化、大众文化的精神意向达成一致,则以此共识情境为基础,精英文化、大众文化按其自身文化逻辑的展开,就可同时实现对民族国家认同的维护或者重建。

2. 精英文化、大众文化场域并非铁板一块,在其内部,存在着不同的政治、经济、文化一体化的理念/利益集团,以及对"文化"之"审美"的规定性有不同理解的团体或个人,其间的根本分别不只是文化的操作程序、方法,更是基于"身体存在感"的认同诉求,当其文化与审美的意向性投射在民族国家认同问题上,就可能或者以对民族命运的深邃思索、民族/国家形象的正面展呈,积极参与民族国家认同的建构;或者背道而驰,有意无意地削弱民族国家认同的优先性,或干脆抹除其时间/空间维度的"在场"。

3. 某些精英文化、大众文化的生产与传播主体,本身未必认同中国的族群、制度、文化建构,或者不满国家体制对文化市场的引导与规约,将其看作是对所谓"文化民主""审美自由"的压制,但基于对强大的国家文化管控能力的认识,为了获取更多的政治、文化、社会资本,以便更好地显示自身存在感,也会策略性地运用政治意识形态话语,"搭船出海",为其文化理念与操作模式赋予合法性,同时也可使其产品顺利进入流通渠道,但在实质精神上与国家主导的民族国家认同建构貌合神离。

这三种情况,第二种是常态化的,第一种和第三种都需要基于特定条件,也是其内部分化的两个方向的表现。但能否顺利实现其意图,固然要看其是否能基于自我理解而完美地展现自身魅力,但更重要的则是要看其精神意向与国家转型期意识形态的符合程度,以及审时度势地进行自我调整的能力。

第四,"中国的自由主义思潮,从根本上来说,是试图效法现代西方社会的经济、政治、文化模式,全面改造中国社会,使中国融入所谓世界潮流的意识形态","90 年代中国自由主义思潮的主要表现是,政治上,主张恢复被'打断'的自由主义传统,提出走'以英美为师'的老路。经济上,声称人间正道乃私有化。文化上,主张发挥大众文化所具有的消解主流意识形态的功能,培育发展西方式精神文化"①。中国的大众文化在 1990 年代急剧扩张,对主导文化的权威性、精英文化的先锋性形成强有力的挑战,正是以此为思想背景。而在精英文化内部,因为与知识精英的批判立场特别是与中国知识精英在"文革"中的苦难遭际相合,自由主义的批评性话语与否定性思维方式无疑充满魅力。

自由主义者明确批评传统社会主义实践和马克思主义,也对当代中国的政体、国体不满,推崇"自由""财产权利""宪政民主"等基本价值,这些价值理念与政治诉求势必以各种方式体现在文化场域。在民族国家认同视域中,自由主义思潮无疑首先和直接地对中国的"制度认同""文化认同"构成强力挑战,但也必定会影响及"中华民族认同",这不仅因为三者存在一体互动关系,而且还因为自由主义者支持和代言的是市场经济催生的新资本势力/阶级,这有可能从内部抽去支撑民族一体感的共同利益根基。在审美文化领域,自由主义思潮的表现有三:

1.强调多元文化并存,主张艺术与政治分离,认为市场有足够的

---

① 房宁:《影响当代中国的三大社会思潮》,见陈明明主编《权利、责任与国家》,上海人民出版社 2006 年版,第 267 页,第 269—270 页。

力量调节文化资源的分配、引导审美趣味的更新,这种"去政治化"的诉求看似意在凸显并确立审美文化的主体性、自足性,但在事实上却有可能造成民族国家认同问题的弱化、真空化。

2.以其推崇的基本价值与一元论的世界历史观为视点,以反思的名义批判现代中国革命的历史、社会主义建设的历史,认为其背离了美国所代表的所谓"文明主流",而领导中国革命与社会主义建设的领袖/伟人,还有那些为了国家和民族利益不惜牺牲生命的英雄,则成了被戏谑乃至丑化的对象,这种"去历史化"的反思在事实上有可能抽离、瓦解历史形成的国家认同。

3."自由主义的基础是个人主义","最核心的原则是自由"[①],但如果理解上出现偏差,则从其推崇的"自由""人权"等"普世价值"可以发展出"超国家认同",而从其极力维护的"私产""个体自由"等又可能发展出"次国家认同",这种"去国家认同"的手法,看似意在将个人权利从国家专制/集权的钳制中解脱出来,推进民主社会的建设,但在事实上,当其成为处理个人与国家关系的方法,成为审美文化主题,则会影响国家形象、民族形象的塑造,继而影响到人们对民族/国家的认知与认同的发生。

第五,中国当代民族主义思潮的兴起是对经济全球化与帝国主义霸权的一种回应。"批判全球化,批判西方主导的世界经济、政治秩序,是中国当代新民族主义思想的基础",其在文化上的表现就是"抵制西方话语霸权,矫正崇洋媚外心理,建构民族新文化……希望从中国传统文化中汲取精神资源,形成富于时代气息的有中国特色、中国风格、中国气派的新文化,以抵御西方文化挟持话语霸权对中国

---

① 李强:《自由主义》,吉林出版集团有限责任公司2007年版,第141页,第165页。

人的精神进而对中国现实的统治"①。1990年代以来,随着中国综合国力迅速提升,随着"回归传统"成为普遍的社会心理,民族主义又一次成为飘扬在中国社会精神堡垒上的旗帜,成为抗衡西方中心主义和文化帝国主义霸权、凝聚社会人心的精神力量。

民族主义者支持社会主义制度与主流意识形态,主张维护党和国家的权威,无疑有利于稳定国内政治秩序,支撑政权的合法性,加强社会团结、和谐,因而有利于维护、强化民族国家认同。而其主张摆脱对西方话语的过度依赖——这种依赖造成了文化创造的"失语症",认为可以通过对传统文化资源的创造性转化建设中国风格、中国气派的文化,这不仅投合了民族自信心大增的普通民众的心理,也与知识精英的文化创造冲动相契合,因此在文化的各个领域、层面都有表现。从积极的面向说,审美文化中的民族主义冲动极大地促进了民族审美文化传统的再发现与再创造——这本身就有助于中国的"族群认同"与"文化认同"建构,以及昂扬奋发的民族形象、国家形象的塑造,然而,正如自由主义者批评民族主义的那样,民族主义话语本身隐含着的两个维度,即极端民族主义与狭隘民族主义,却有可能在审美文化领域导向与其初衷相悖的情形:

1. 认为中国的问题是由美国的霸权主义与强权政治造成的,中国的民族意识和文化记忆正面临由帝国主义控制的全球化的威胁,主张复活被全球现代性和文化激进主义压抑与悬置的"中华性"及其物质载体,这些识见与主张固然在相当大程度上切中要害,颇具振聋发聩之效,但如强调过度,则有可能在抵抗帝国主义文化霸权的同

---

① 房宁:《影响当代中国的三大社会思潮》,见陈明明主编《权利、责任与国家》,上海人民出版社2006年版,第272页,第275页。

时，拒斥普遍性的人类价值与民族/国家间正常的文化交流，这势必会对中国的国家转型、中国形象的国际传播与认同建构产生极大的负面影响。

2. 认为自近代以来中国的美学与艺术文化都是对西方的移植/复制，是对民族审美文化传统的割裂，因此要维护"民族根性"的纯粹，就要彻底回到传统文化本位立场，当此文化诉求推至极致，就不仅可能滋生敝帚自珍乃至妄自尊大心理，还可能使那些"反科学""反民主""反人道"的文化幽灵，打着"弘扬传统文化"的旗号堂皇登场，从而不但对近代以来的现代文化传统形成直接冲击，而且有将国民拖入集体无理性和各色迷信深渊的危险，这些都会对与实现中华民族伟大复兴相适应的民族国家认同建构产生消极影响。

3. 主张从中国传统文化中汲取精神资源，以创造新的文化，这一思路本身并无错误，问题在于对传统文化的理解，而在事实上或者将以儒学为中心的中原地区、汉族的文化视为中国文化主体，或者片面倡导和渲染中华民族和中华文化的多元性质，而忽视其一体性，遂有可能导致种族的和亚民族的文化认同和分类，从而危及民族/国家文化共同体的存在，甚至可能由文化的坚执而滋生出危险的种族/地域偏执情绪，这些无疑都会对统一的民族国家认同构成潜在威胁。

第六，1990 年代后半期兴起的"新左派"以反思传统社会主义理论与实践、反"西化"的面目登场，"批判市场化、批判现代性和批判经济决定论，诉诸民主、诉诸群众，主张社会均衡发展等，体现了'新左派'的基本思想倾向和理论主张"①。在政治观、社会观、历史观方面，

---

① 房宁：《影响当代中国的三大社会思潮》，见陈明明主编《权利、责任与国家》，上海人民出版社2006 年版，第 279 页。

"新左派"与自由主义、民族主义皆有话语交锋/竞争,而其由最初不满主流意识形态而最终随着主流意识形态的自我调整渐趋一致,似可标定其在当代中国政治文化地图上的重要位置。

"新左派"的批判锋芒首先指向的是中国的市场化改革造成的社会公平的缺失,以及对工农大众的生活境况及其基本权利的冲击。这在其最初提出时无异于对党和国家的政策与治理的挑战,但其本意却是要恢复社会主义制度的本质,因而倒是可以作为有益于主流意识形态反思的建言。从积极的面向说,"新左派"支持政治的一元化,呼吁关注在市场化改革中利益受损的弱势群体的生存权利,主张社会均衡发展,强调社会公平正义,当其被体制化,成为党和国家决策的理据,则不仅其自身可以获得社会心理的支持,而且也有助于在制度与民族层面的认同建构。但在消极意义上说,"新左派"如果不能控制在适度范围,不能以辩证的态度看待和分析相关现象与论题,则有可能成为阻碍中国的国家转型、新民族国家认同建构的保守势力。

第四章　主导文化与民族国家认同建构

第一节　主导文化的概念及其与民族国家认同的关联

主导文化是从文化的垂直分化维度对社会文化整体切分出的文化形态,此外尚有主流文化、官方文化、正统文化、主旋律文化等命名方式。这些命名的语义指涉该文化形态的不同层面,内蕴着看待该文化形态的不同视野与价值倾向,因而在不同语境中有其适用性。主导文化的命名意味着它"是社会主导力量为实现其社会稳定和发展的目标所要求和提倡的文化形态,是政府体制所主导的文化。它的特点是具有明确的主导意识形态性质,其运作主体是政府及自觉为主导意识形态服务的知识分子"①,可从如下维度略予辨析:

第一,要维系一个国家的存在,确保国家权力的顺利实施,维护政府权威以及社会秩序的稳定,不仅需要强制性的国家机器,亦即有效限制/控制人们的身体活动的物质力量,更加需要能使人们心悦诚

① 夏之放、李衍柱等:《当代中西审美文化研究》,山东教育出版社 2005 年版,第 127 页。

服地认同国家权力与政府权威的精神力量,而"精神"又可以转化为"物质",因而任何国家都必然有体现其政治/经济的意志与诉求、显示/建构其主体性的主导文化。简捷地说,主导文化就是制度化了的精神、价值观,亦即依托国家的政治、经济、教育、文化等制度进行的知识、观念、信仰、想象的生产、传播与消费,其文化逻辑即如克利福德·格尔兹所说:"宗教思想、道德思想、实践思想、美学思想也必须由强有力的社会集团承载,才能产生强大的社会作用。必须有人尊崇这些思想,鼓吹这些思想,捍卫这些思想,贯彻这些思想。要想在社会中不仅找到其在精神上的存在,而且找到其在物质上的存在,就必须将这些思想制度化"[1]。

第二,在阶级社会,主导文化体现的是在政治、经济上占主导地位的统治阶级的意志与诉求。"统治阶级的思想在每一时代都是占统治地位的思想。这就是说,一个阶级是社会上占统治地位的**物质**力量,同时也是社会上占统治地位的**精神**力量。支配着物质生产资料的阶级,同时也支配着精神生产的资料,因此,那些没有精神生产资料的人的思想,一般地是受统治阶级支配的。占统治地位的思想不过是占统治地位的物质关系在观念上的表现,不过是以思想的形式表现出来的占统治地位的物质关系;因而,这就是那些使某一个阶级成为统治阶级的各种关系的表现,因而这也就是这个阶级的统治的思想。"[2]因此之故,在主导文化场域,必然或隐或显地存在各种权力的博弈关系,这些权力来自国内外的各种理念/利益集团,而表现

---

[1] 克利福德·格尔兹:《文化的解释》,纳日碧力戈等译,上海人民出版社1999年版,第359页。

[2] 马克思、恩格斯:《德意志意识形态》,见《马克思恩格斯选集》第一卷,人民出版社1972年版,第52页。黑体字为原文所有。

为理念与话语的或明或暗的交锋。

第三，尽管主导文化必然反映执政党的治国理念，而且与执政党文化有交融互通的部分，但并不是一个概念。原因在于，主导文化是国家层面的文化，其对象是全体国民，因而主导文化必须具有全民性，不能将执政党对其成员的某些特殊要求泛化为针对全体国民的基本要求，其主旨亦非实现执政党政治理念的自我表达与更新，而是表达作为政治/文化共同体的民族—国家的理想、抱负。因此之故，主导文化的品质与境界，在某种程度上映射着一个民族的文化境界，而一个国家是否能独立自主地进行主导文化的建设，则关系到其文化主体性的确立，关系着处在国家安全体系深层次的国家文化安全，也是对执政党的政治智慧及其制度设计与国家治理能力的考验。事实是，当民族国家间的冲突最终不可避免地落实在文化领域，首先受到冲击的就是主导文化，而执政党能否维护主导文化的安全，则是其能否作为执政党存在的重要理由；

四、虽然主导文化的存在得益于国家体制力量的支撑，但就理念（理想与规范）而言，主导文化的正当性决定于其所体现的文化的根本规定性，亦即对"完美的追寻"，"坚持不懈地培养关于美观、优雅和得体的意识，使人们越来越接近这一理想，而且使粗鄙的人也乐于接受"，"明白自己所要确立的，是国家，是集体的最优秀的自我，是民族的健全理智……不仅是为了维护秩序，也同样为了实现我们所需要的伟大变革"①。这既构成主导文化自身存在的根本理由，也是其可能引领和制约其他文化形态的根本原因。但这种"追寻完美"的自我

---

① 马修·阿诺德：《文化与无政府状态：政治与社会批评》，韩敏中译，生活·读书·新知三联书店2002年版，第8页，第13页，第64页。

意识,未必都能体现在任何国家与社会的主导文化,而是可能存在不同程度的背离,最坏的情况就是彻底颠覆文化的根本规定性,用暴力手段维系极端、专制的观念和信仰,这在人类历史上并非罕见。这首先与社会主导力量/执政党的文化理念与社会治理能力有关,但也与主导文化及其功能场域内存在的各种权力博弈关系相关。

进一步讨论,将主导文化视作整体,可从文化的水平分化维度进行切分,至少包括政治文化、伦理文化、审美文化等文化形态,它们都体现着主导文化的一般规定性,但功能场域与表现方式并不相同。审美文化不仅本身可以承载政治文化、伦理文化的内涵与吁求,而且彼此间互为支撑,特别是因其明显地体现着"政治"对"文化"的制约,而尤其能体现"文化政治"的意味,因此而使其具有某种典范性。严格地说,这种意义的审美文化,亦即体现主导文化的一般规定性的审美文化形态,应当称作"主导审美文化",以之与"精英审美文化""大众审美文化"区分,但如将论题限于审美文化场域,则径称之为"主导文化",以之与"精英文化""大众文化"区分,也不至于出现误解。

具体到当代中国的主导文化,可从如下维度进行描述和分析:

第一,如周宪所说:"主导文化正是'有中国特色的社会主义'文化的一个体现","作为一种主导的意识形态,主导文化提倡什么和鼓励什么,虽然对这种文化本身具有直接的影响,但同时也对精英文化和大众文化也不可避免地带来某种复杂影响"[①]。主导文化的生产、传播与消费的实现,美学风格、文化境界、艺术形式的生成,无不体现着国家文化政策、文化机构、审查制度、奖励机制等种种体制因素,塑形于国家政治/文化体制因素的合力。因此之故,主导文化必然以捍

---

① 周宪:《中国当代审美文化研究》,北京大学出版社 1997 年版,第 62—63 页。

卫国家文化主权、维护国家文化秩序为己任,以生产和再生产"国家意识形态话语"为核心,其致力所在是完成国家意识形态的教化/训诫,缔造一个有助于实现"中国认同""中华民族认同"建构的文化共同体,为党和国家各项事业的顺利开展提供强大的舆论支持,其实现原理则是运用"审美话语"塑造"感觉共同体",继而潜移默化地实现价值观的更新/重建。

第二,主导文化既典型地表征了当代政治的全方位性质,也格外凸显了审美的政治文化建构功能,既体现了以争取文化领导权为核心的"宏观政治"意识,而且本身就是通过诗性叙事方式开展的"微观政治"实践,因此不能理解为"政治"与"审美"的简单机械的叠加,而是呈现水乳交融、彼此互摄的状态。就此而言,主导文化的根本使命是建构中国的"政治认同",亦即通过对中国和中华民族的历史与现实的诗性叙事,塑造归属于中国这一政治共同体的坚定信念和自觉意识,其途径是正面展呈中国特色社会主义制度的优越性,创造中华民族所有成员相互联结的一体化意象,形象化地诠释"中国梦"和"中国价值观"的内涵。反过来说,如果主导文化不能正常发挥其"政治认同"建构功能,不能坚持其"先进性文化"品格,不能通过国家体制力量维系多样性和谐的国家文化生态,就表明国家的政治治理能力出现了问题,其直接意指是国家匮乏独立自主的文化管理能力,而这本身就关系到"制度认同"问题。

第三,由于作为民族国家的中国认同建构的特殊性,主导文化的表意系统必定是建立在"中国现代革命文化传统"基础上、包容所有民族文化符号表征的整合性的表意系统,以满足全体国民的审美需要,提升全体国民的精神境界。因此之故,主导文化必须具有建构主义的视野,它固然要激发中华民族审美传统的活力,弘扬中华民族传统文化的价值优越性,以积极应对形形色色的文化帝国主义与民族分裂主义的冲击,但绝不能取狭隘的中国文化本位立场、狭隘的民族文化保守主义视野,以某种抽象不变的文化/审美的民族性拒斥全球化与现代性进程。主导文化还必须激发全民族的审美文化创造活力,它固然要以代表中华民族根本利益与文化先进性的中国共产党的文化理念为主导,但既不能将掌握话语权力的少数群体的审美趣味普遍化,也不能迎合某些人群的庸俗低下的审美趣味,唯此才不仅因其指向全体民族成员的全民性而建构起"中华民族认同",而且也才能创造出指向国家文化权威的向心力与归属感,亦即"文化认同"的建构。

第四,主导文化、精英文化、大众文化共同构成了当代中国审美文化的差异性共存格局,在文化逻辑、文化功能、文化精神上既有区分,亦存在借鉴与转化的可能。"多样化文化的存在对主流意识形态既是一种挑战,也是一个机遇,只要抓住这个机遇,多元文化对主流文化的压力就会促成后者的旺盛生机,在这个意义上,多样化就向主旋律转化了……同时,主旋律的自我完善、自我发展,也对多样化文化产生了自我超越的示范作用,从而使多样文化经常反省自己的文化定位和文化品格,克服某些不健康的因素,朝着高尚、完美的方向发展,这就更有利于它们被社会和大众接纳,能够长久生存并繁荣,这就是主旋律向多元化的转化和同一。"①主导文化因其国家政治、文化体制力量的支撑而具有制约与诱导的性质,但在与精英文化、大众文化的竞争/博弈中,未必能如其所愿地实现其主导意识形态功能,

---

① 黄力之:《中国话语:当代审美文化史论》,中央编译出版社2001年版,第308页。

甚至还有可能遭遇被无视或敬而远之乃至更糟糕的被抗拒的情形。从外部原因说,这要看党和政府对文化的重视程度以及相应的文化治理能力,而从内部原因说,这取决于主导文化内涵的丰富性程度与审美表现能力的强弱,及其是否能够积极应对精英文化与大众文化的冲击,这就需要主导文化具备开放包容的胸怀与自我调整、自我修复、自我完善的能力。毫无疑问,如果主导文化能成功回应/化解冲击进而实现"转化和同一",则不但能成功地巩固其文化主导地位,推进"政治认同"建构,而且也能强有力地引导"文化认同"建构。

主导文化与民族国家认同建构的相关性概如上述,而如欲深入理解当代中国的主导文化及其功能场域的特质,则还需从纵向的文化连续性与横向的文化区分性的角度做进一步考察:

第一,中国的主导文化的理念与实践,亦即在中国共产党领导下,以马克思主义为指导、以社会主义核心价值观为内核、以建构/维系现代民族国家认同为目标的审美文化建设,至少在延安时期的"革命文艺""解放区文艺"运动中已见雏形,但其真正确立为国家文化场域的主导话语,或者说其功能场域的真正形成,则是在中华人民共和国成立之后,与国家意识形态的确立、社会主义文化体制的建立结伴而生。就此而言,中国的主导文化本质上是中国现代性的产物,是争取民族解放、国家独立的中国民族主义运动、社会主义革命的产物,是历史的必然选择,而它一经形成,就不仅强有力地参与了民族国家认同的建构,而且本身亦成为一个现代的中国、现代的中华民族的符号表征。

事实也是,以共产党的文艺政策与国家文化机构(如文化部、各种文艺组织)为支撑,自觉认同党的文化领导权、志在维护社会主义制度与主导意识形态的知识分子,运用马克思主义的世界观、历史观、价值观、美学观,满怀热情地从事新中国的主导文化建设。他们以继承、发展"中国现代革命文化传统"为己任,以革命现实主义、革命浪漫主义为美学原则,以理想主义的社会改造热情为内驱力,书写各族人民投身革命,争取民族独立与解放、建立社会主义国家的历史,表现民族意识与民族情感,歌颂民族平等和民族团结,弘扬以爱国主义为核心的中国文化精神,塑造朝气蓬勃、理想远大的中华民族形象与"红色中国"的国家形象,展呈社会主义制度与文化的价值优越性,形成了立场鲜明、情感饱满而单纯明净的审美品格。虽然对于中国形象的建构难免简单化与类同化之嫌,而且与真正的中国历史与现实也有距离,但极大地激发了各族人民从事社会主义改造与共和国建设的热情,缔造了一个拥有共同的历史传统、道德规范、集体记忆、感知模式的民族共同体,培植了归属/忠诚于社会主义中国的信念与感情。

在确立自身文化品格与文化功能的过程中,主导文化的权威性也随之建立起来,并对其他文化形态产生规范与引领作用。然而,经过新中国成立后"十七年"的演进至"文化大革命",主导文化体现的"政治"对"审美"的制约达到了顶峰,最终彻底打破了必要的平衡,而取消了审美之维的结果就是,主导文化生产逐渐满足于公式化、模式化地图解政治理念,而不能遵循审美逻辑,为此政治理念提供真实而具有普遍性的情感基础,从而直接导致其文化主导地位的动摇。不仅如此,受"极左思潮"、教条化的马克思主义美学的影响,主导文化对边缘的、民间的、非意识形态的文化力量与成分,进行了基于"政治正确与否"的"收编",直至取消其存在的独立价值。那种"八亿人唱

八部样板戏"的说法未必与事实相符,但确实在一定意义上揭示了
"文革"期间中国人的审美生活类型的单一有限。然而,主导文化没
有意识到,政治中心化、一元化的审美文化格局的形成,不仅使其失
去了来自文化竞争与相互借鉴的发展动力,亦使其存在价值变得可
疑,即使人们不将其视为文化专制主义的表现,也会敬而远之。

这些在"新时期"以来的当代中国有了新的表现。首先是主导文
化的自我调整,表现为1980年代的从"为政治服务"到"为人民服务",
再到1990年以来"弘扬主旋律,提倡多样化"的功能定位,以及"以思
想上的正确引导和伦理上的正面效果为核心的美学理念逐渐取代了
生硬、狭窄、呆板的政治理念,硬性灌输逐步变成了艺术说服"①。与
之相伴随,国家文化空间也向精英文化特别是大众文化开放,形成了
多元文化共存共生格局,不仅凸显了主导文化的引领性与权威性,而
且在审美表现手段与文化运作方式等方面为其发展提供了镜鉴与动
力。比较来说,当代中国的主导文化在更高的程度上实现了"政治"
与"审美"的平衡,实现了对于作为完美的文化的自我认同建构,从而
使其在"三分格局"中延续性地发挥其维护国家政治文化安全、国家
意识形态安全的根本功能。

第二,从1950年代的初创,中经"十七年文艺"的探索演进,至于
"文革"时期的极端化发展,到从"新时期"至"新世纪"的逐步调整与
完善,在新中国的审美文化场域,主导文化虽一波三折,却始终没有
缺席,始终是维护中华民族认同与社会主义中国认同的主导文化力
量。但主导文化也逐渐意识到:"在文化多元的时代,主流文化不再
可能像以往那样以一种垄断强迫的方式让大众接受,只能遵从文化

---

① 夏之放、李衍柱等:《当代中西审美文化研究》,山东教育出版社2005年版,第128页。

发展的规律并通过自己独特的风格去赢得大众。"①于是,随着中国转型与相应的意识形态领域的调整,随着中国社会世俗化、政治民主化的开展与相应的多元文化格局的形成,在与精英文化、大众文化的竞争与互动过程中,当代中国的主导文化在话语规范、叙事方法、运作模式诸方面多有调整,至少表现在如下几方面:

1. 叙事视角的平民化。这并不是说主导文化放弃了其政治引导的基本规定性以及文化主导权,去迎合市民阶层的世俗趣味,或者与大众文化达成某种妥协——其实这种迎合或妥协本身即带有隐晦的政治性,而是指主导文化在审美地建构符合其文化理念与政治诉求的历史图景、生活场景、人物形象时,不再像过去那样以某种政治、文化、政策的概念、套路、样板为本,而是诉诸来自于人性、人情、人心深处的动力。这特别明显地表现在对正面人物的塑造上。如陶东风对比"样板戏"与"主旋律影片"的结论:"前主流文艺中的正面主人公都是些高大全式的卡里斯玛典型,他们不食人间烟火,远离日常生活世界;而此类'主旋律'影片中的主人公则在相当的程度上走下了神坛,带上了平民化的色彩。"②他们是高度认同民族/国家的领袖、英雄、先进人物,是中华民族的优秀分子,也是国家意志与利益的体现者,但对其不同于常人的功业与德性的叙述与表现,却是在与普通人并无二致的生活与情感维度中进行的,这就在无形中增强了其亲近感与认同度,不但无损其高大形象的塑造,反倒更有助于其崇高品质的凸显。

---

① 邹广文:《当代中国的主流文化、精英文化与大众文化》,《杭州师范学院学报》2002年第6期,第16页。

② 陶东风:《社会转型期审美文化研究》,北京出版社2002年版,第79页。

2.历史理性的再发现。坚持马克思主义美学原则的主导文化的基本审美品质是现实主义,尽管它也表现出浓厚的理想主义/浪漫主义倾向,而这就需要历史理性的内在支撑。似乎可以说,历史理性不仅是主导文化从事审美发现亦即"反映什么""表现什么"的驱动力,也是其从事审美建构即"如何反映""如何表现"的方法论。主导文化在自我反思的基础上重新标定了历史理性的文化/审美维度,而这可以视为在更高程度上的回归自我的努力。主导文化不再像曾经的那样只会歌颂"形势一片大好""到处莺歌燕舞",而是也能正视并反映社会主义实践的失误与社会负面现象;不再像以往那样只会塑造高大完美的正面人物形象,而是也能再现其凡俗平常的面相;不再像过去那样只会以"非此即彼"的形而上学思维方式书写中国的历史,而是能以"亦此亦彼"的辩证思维方式发现并建构历史的多样性图景。这就为主导文化重新植入真实性原则,使其能通过对生活真实的细致描绘揭示与阐释历史的内蕴,亦因此使其重新拥有了感动人心的审美力量。

3.运作方式的多样化。在差异性共存格局中,主导文化既对精英文化、大众文化具有制约和诱导功能,从而形成广义的主导文化,也在审美表现与运作方式诸方面从后者那里多所借鉴。"它在一定程度上吸收了大众文化与市民文化的价值观念、审美趣味、生产规律、操作方式,并与它在一定程度上达成了妥协,从而促使了自己的转化,在新的历史条件下恢复了自己的生命力,在某种意义上还使自己'转危为安',甚至发挥了有效的教育功能,而其中部分作品的市场效益也相当可观。"①主导文化不再像以往那样完全依赖国家的政治、

---

① 陶东风:《社会转型期审美文化研究》,北京出版社 2002 年版,第 88 页。

经济、文化体制,而是也学习运用市场手段、调动各种文化资源进行生产与传播,表现为审美维度的凸显、传统审美表意系统的运用、从特殊道德向普遍道德的转化,以及在题材选择、主题提炼乃至产品包装、宣传、发行等环节也主动适应市场机制,更重要的则是以"文化先进性"取代了"文化阶级性"的理念与视域。这就在相当大程度上改变了主导文化以往那种高高在上、孤芳自赏的训教姿态,生硬板结、"有教无乐"的话语形态,而更具有包容性与活力,因而也就更能发挥其文化功能。

第三,在政治中心化的社会结构、一元化的文化结构解体后,主导文化与精英文化、大众文化形成了"三分格局",彼此互为实现自我认同建构的镜像,既存在相互借鉴甚至转化的可能,也存在彼此竞争乃至冲突的可能,而这些情形又可能受到国内外政治/文化势力的影响,并且与主导文化的自我调整纠缠在一起。因此之故,当代中国的主导文化发展并非一帆风顺,而是呈现出"反思"与"重建"两条线交错并行的进程,而"保卫主导文化""守护文化江山",亦成为与坚持中国共产党的领导、坚持社会主义制度具有逻辑同一性并且互为支撑的国家工程,其意义已远超审美领域。归根结底,"一个社会把什么事情看作是最值得追求的和最受尊敬的,它将决定一个社会的总体价值取向,从而决定人们的生活和命运,所以这是根本的政治问题"①。

大致说来,在 1980 年代,主导文化在冲破"极左思潮"的束缚、推进思想解放运动与国家制度转型上与精英文化达成一定程度的共识,但同时也受到"资产阶级自由化"思潮的冲击。其在审美文化上

---

① 赵汀阳:《最好的国家或者不可能的国家》,《世界哲学》2008 年第 1 期,第 68 页。

的表现就是"一些人对党中央提出的文艺为人民服务,为社会主义服务的口号表示淡漠,对文艺的社会主义方向表示淡漠,对党和人民的革命历史和他们为社会主义现代化而奋斗的英雄业绩,缺少加以表现和歌颂的热忱……热心于写阴暗的、灰色的、以至胡编乱造、歪曲革命的历史和现实的东西。有些人大肆鼓吹西方的所谓'现代派'思潮,公开宣扬文学艺术的最高目的就是'表现自我',或者宣传抽象的人性论、人道主义,认为所谓社会主义条件下的人的异化应当成为创作的主题,个别的作品还宣传色情"①。于是在党和国家领导人的号召与支持下,以"反自由化"为核心、以"清除精神污染"为主题,打响了主导文化的保卫战。但与过去那种动辄上纲上线、将文艺批评等同于政治运动的做法不同,对审美文化领域中的错误倾向的批判,不仅遵循了文化自身规律与民主政治的原则,而且提出了如何在复杂的多样性格局中保持主导文化的主导地位这一严肃而深刻的问题,从而将讨论引向深入,为 1990 年代的主导文化建设奠定了基础。

在经历 1980 年代末期的短暂徘徊后,以 1992 年邓小平的"南方谈话"为契机,中国的改革开放事业持续推进,市场经济体制改革、社会生活的世俗化以惊人的速度全面展开。在审美文化领域,大众文化因其与市民生活场景与文化心理结构的契合性,如雨后春笋般崛起,而在推进中国改革与社会转型、重建与新的时代状况相适应的价值观与民族—国家认同方面,与主导文化具有某种程度的一致性。但以追求经济效益为目的、诉诸均质化的文化消费欲望(娱乐、享受)的大众文化,却可能以一种令人难以察觉的甜蜜愉快的方式拆解主

---

① 邓小平:《党在组织战线和思想战线上的迫切任务》,见《邓小平文选》第三卷,人民出版社 1993 年版,第 42—43 页。

导文化存在的精神根基,因为在"文化消费欲望中包涵着文化虚无的危机——它的方向不是文化的创造和积累,而是文化的享乐和消解"①。不仅如此,"在市民文化以及反抗政治社会的部分文人文化中,拜金主义、享乐主义、极端个人主义构成了事实上的主旋律,而且这种主旋律意识到了自己与政治社会在观念上的差异,总是试图消解政治社会的观念形态,即主流文化","对这种调侃、感性刺激面目下的进攻,主流文化倘不能以对等的形式进行反击,那就只好一再退让了,文化危机不可回避"②。

于是,以"弘扬主旋律,提倡多样化"为基础/基调,进行主导文化的保卫战,就又一次清晰化为事关民族国家认同建构的时代主题。党和国家领导人号召文艺工作者要"高扬社会主义核心价值观的旗帜",彰显"信仰之美""崇高之美",弘扬"中国精神"、凝聚"中国力量",反对庸俗、低俗、媚俗之风,同时运用政策与制度力量引导精英文化、大众文化的生产,加强文化监管力度,净化网络空间,暂停播映不良艺人的节目与作品……就是从理念与实践两个方面维护主导文化的努力。这些努力已经初见成效,却也不能指望毕其功于一役,这不仅是因为那些反向的文化潜流借"全球化""现代性""自由""民主"等名义而不时涌动,而且本身也存在矫枉过正的可能。这种境遇也并非中国的主导文化所独有,事实上,在全球化与现代性的压力下,培植与呵护主导文化的生机,以应对来自国内外的文化势力的挑战,这对于任何一个执政党和政府来说,都注定是一个虽经长期努力却未必能如愿的艰巨任务。

---

① 肖鹰:《当代审美文化的反美学本质》,《中国青年研究》1996年第1期,第19页。
② 黄力之:《中国话语:当代审美文化史论》,中央编译出版社2001年版,第321页。

　　无论如何,在民族国家认同视域中,维护与强化历史地形成的中国认同与中华民族认同,进而根据内外形势的变动、在差异性共存的审美文化格局中重建民族国家认同,这是当代中国的主导文化得以实现其理念与价值、检验其能力与智慧的基本路径。而要做到这些,主导文化必须处理好两个基本关系,一个是人类文化模式的普遍性与中国经验/意义生成的特殊性的关系,一个是国家意识形态话语生产的普遍性与审美经验/意义生成的特殊性的关系,这也就形成为主导文化的自我定位与努力方向。迄至今日,虽然完美地体现这种努力的典范作品尚不多见,但在走出"文革"极左意识形态规约下的文艺运动的误区后,与中国的转型同步,当代中国的主导文化已然将其清晰化为自我的自身认同,需要做的就是将此认同意识展开于由"中国模式""中国道路"支撑的文化版图,不仅为中国特色社会主义建设事业的开展提供强大的精神动力,本身也是实现中华民族伟大复兴的题中应有之义,是"中国梦"实践的有机构成与符号表征。

　　正如中国的改革开放事业,这一意义上的主导文化建设既没有现成方案可循,也不能全盘复制/全面移植任何一种文化发展模式,而必须通过创新驱动的实践,以马克思主义的文化理论为指导,以中华民族文化传统为主干,广采博收其他国家的成功经验,走中国特色的文化发展之路。因此之故,当代中国主导文化必得具备容纳百川(空间的)、与时俱进(时间的)的胸襟气度,才能在现实与逻辑层面实现理念与实践的统一,亦即完成其自身认同与合法性建构,同时也决定其"在路上""进行时"的状态。

第二节　红色记忆生产与民族国家认同建构

严格说来,"红色记忆"是指在中国共产党领导下,中国人民经过艰苦斗争摆脱帝国主义、封建主义和官僚资本主义的压迫、奴役,最终实现民族解放和国家独立的革命史。但如虑及历史的连续性,或者说要理解从中国共产党诞生到中华人民共和国成立的历史,解释其动力与合法性,则必须将其置于自 1840 年中国社会剧变直至 1950 年代新中国建设的长程历史中。毫无疑问,这段历史就是作为民族国家的中国建构的历史,是中华民族以崭新形象宣示其主体性的历史,因而也就是现代中国最为重要的民族集体记忆。这种集体记忆以及对这种记忆的价值认知与符号再现,构成了主导文化的核心内涵与重要维度。"在回顾或重视自己已经被证实了的历史,对它的重新叙事不仅进一步激起了历史书写者的自信心和光荣心,重要的是,它更隐含着过去/现实一脉相承的历史联系。民众通过历史进一步理解共产党领导的社会主义革命,并把历史/现实理解为一种必然的关系。"①因此之故,"红色记忆"的生产自然成为新中国成立以来主导文化建设的两条线索之一,始终是独具特色的审美文化图景,始终是支撑和维护社会主义中国的制度与文化认同建构的最为重要的精神力量。

与主导文化一波三折的进程相应,"红色记忆"的生产也有波峰,有波谷,有主流,有逆流。它在新中国成立后的"十七年文艺"实践中确立起意义生产机制与话语表述模式,涌现出一批典范作品,以崭新

---

① 孟繁华:《传媒与文化领导权》,山东教育出版社 2003 年版,第 40 页。

的文化内涵与审美精神,强有力地促进了社会主义意识形态的巩固、社会主义新人的塑造、社会主义建设事业的开展。继而,受"极左思潮"与教条化了的马克思主义美学的影响,不断进行观念与审美提纯的"红色记忆"生产,在"文革"时期出现了扭曲化表达的倾向。公允地说,"样板戏"将国家意识形态与民间审美意趣相融合,通过"压抑"显示"崇高",不失为一种带有鲜明时代烙印的美学风格,但是叙事视角、文本结构与审美追求的同一化、类型化倾向,最终造成了"红色记忆"生产的模式化。它以抽象的意识形态承诺的图式化表现,掩盖了历史与人性的丰富性与真实性,自然也就在文化与审美两个方面都遭遇合法性危机,遭致后来者的质疑与批判。

1980年代以来,在中国的现代性进程重启之后,随着中国知识阶层的分化,以及主导文化、精英文化、大众文化的分化格局的成型,以"红色记忆"为资源/素材的审美文化生产,也呈现出多元共生的斑斓杂色。精英文化的启蒙立场、批判意识,大众文化的市民趣味、商业逻辑,构造了别样的"红色记忆",既对主导文化的权威性及其"红色记忆"叙事的典范性形成了挑战、解构乃至颠覆,但也为新的时代条件下主导文化的自我理解、自我定位,提供了由"国家""民族""历史""审美"等多重解释维度构成的镜像。以之为契机与动力,主导文化场域的"红色记忆"生产进入自我调整与完善的新阶段。

这种波折反复,固然体现了不同时代精神的感召与压力,但也可以理解为主导文化及其"红色记忆"生产机制的自我澄明与更新。不过,虽然有路线/方向的折曲,有话语/符号的新变,作为一种深深植根于中国的民族国家建构历史的诗性叙事,主导文化的"红色记忆"生产仍有其文化与审美的内在规定性,大致可从如下维度进行描述

和分析:

第一,海登·怀特说:"一个历史叙事必然是充分解释和未充分解释的事件的混合,既定事实和假定事实的堆积,同时既是作为一种阐释的一种再现,又是作为叙事中反映的整个过程加以解释的一种阐释。"①诗性叙事尤其体现着历史叙事的这一特征。对历史的审美建构,既是对既定事实的"复现",也是对讲述历史的理念的"表述","复现"与"表述"纠缠在一起,构成历史叙事的完整织体,而"复现"又总是体现着"表述"的剪裁、过滤。这不仅是因为有关人的历史总是建构性的,将零散芜杂的人物、事件、场景组织为完整有序的历史图景、历史进程,总是体现着叙事者的价值取向,而这种价值取向又决定于时代、民族、阶级、性别等因素;而且还因为,只有通过为"过去"赋予意义,亦即将"过去"转化为"历史",才能在"过去"与"现在"之间建立起密切的关联。"叙事"既是对历史的"组织",同时也是对历史的"阐释",而"组织"和"阐释"所据之史观、述史之方法,又必然内蕴着特定的意识形态诉求,因而当人们将某种被组织和阐释的"历史"视作"真实"而接受下来,也就接受、认同了当中寄寓的意识形态诉求,从而实现了叙事的意识形态规训功能。

作为一种审美地建构历史的诗性叙事,主导文化的"红色记忆"生产体现的是主导意识形态的意义规约,亦即用主导意识形态的观念、命题与方法,组织和阐释近代以来中国的人物、事件、场景,而这与以马克思主义为指导思想的人文社会科学的历史叙事并无二致。这就是把近代以来的中国历史描述为:中华民族备受帝国主义列强

---

① 海登·怀特:《后现代历史叙事学》,陈永国、张万娟译,中国社会科学出版社2003年版,第63页。

的欺凌和封建主义、官僚资本主义的压迫,直到马克思主义传入中国,才真正唤醒了民族意识。在中国共产党的领导下,各族人民以"革命"的手段争取民族独立与解放,建立了社会主义国家,实现了民族平等和民族团结,各族人民重新凝结为一个命运共同体。简而言之,只有社会主义和中国共产党才是中国历史和中国人民的必然选择。不同之处在于,"红色记忆"生产提供的是形象化的历史图景,从而"以对历史'本质'的规范化叙述,为新的社会的真理性做出证明,以具象的形式,推动对历史的既定叙述的合法化"①。

通过"以具象的形式"展开的规范化、本质化叙事,"红色记忆"生产建构了中华民族奋起抗争、走向新生的光辉历史,而在中国共产党的领导下进行社会主义革命与建设,亦因此获得了无可辩驳的合法性。进而,通过审美的想象与情感的代入、补偿功能,"红色记忆"叙事有效塑造了人们对于新中国制度与文化的认同。而这也就形成了"红色记忆"生产的文化逻辑、叙事模型,亦即"在既定意识形态的规限内讲述既定的历史题材,以达成既定的意识形态目的:它们承担了将刚刚过去的'革命历史'经典化的功能,讲述革命的起源神话、英雄传奇和终极承诺,以此维系当代国人的大希望与大恐惧,证明当代现实的合理性,通过全国范围内的讲述与阅读实践,建构国人在这革命所建立的新秩序中的主体意识"②。

第二,"红色记忆"生产的意识形态功能不仅体现在对民族、国家历史的塑形,也表现在对主导意识形态(观念、情感、愿望)的具象化展示,而这彼此关联的两方面决定了其以现实主义为基质而又呈现

---

① 洪子诚:《中国当代文学史》,北京大学出版社1999年版,第107页。
② 黄子平:《"灰阑"中的叙述·前言》,上海文艺出版社2001年版,第2页。

出浪漫主义色彩的审美品格。这一方面是因为,正如阿尔都塞所说:

> 意识形态所反映的不是人类同自己生存条件的关系,而是他们体验这种关系的方式;这就等于说,既存在真实的关系,又存在"体验的"和"想象的"关系……在意识形态中,真实关系不可避免地被包括到想象关系中去,这种关系更多地表现为一种意志(保守的、顺从的、改良的或革命的),甚至一种希望或一种留恋,而不是对现实的描绘。①

"红色记忆"生产所建构的主导意识形态话语也存在"真实关系和想象关系的多元决定的统一";另一方面,"红色记忆"生产要通过"英雄传奇"的讲述,通过英雄形象的塑造,"歌颂他们坚韧的斗争意志、忘我的劳动热忱,表扬他们对集体、对国家、对人民利益的无限忠心,借以培养人民的新的品质和新的道德,帮助人民推动历史前进"②,这就要求为历史叙事注入透明、纯粹、乐观的理想主义精神。

这对"红色记忆"生产的影响是,无论是叙事话语还是抒情话语,都依托指向"革命的终极承诺"亦即实现社会、文化、人性的完美的宏大叙事,而中国共产党领导下的中国革命和社会主义建设,则被设定为实现人类终极理想的通途。这也就是将中国建立/建设民族国家的历史,嵌入解放全人类的崇高事业的宏大背景中,将中华民族的命运与共产主义的信仰一体化,从而将中国人物、事件、场景的特殊性转化为普遍性。叙事背景的宏大,意义旨归的远大,中国存在的巨

---

① 路易·阿尔都塞:《保卫马克思》,顾良译,商务印书馆1984年版,第203页。
② 周扬:《周扬文集》第二卷,人民文学出版社1985年版,第240页。

大,中国革命与建设进程的波澜壮阔,构成了"红色记忆"叙事的意义生成维度,造就了"红色记忆"叙事的史诗品格,从而深刻地改变了个人与社会、国家的关系。诚如肖鹰所说:"史诗性叙述对革命史的经典化,把个人的集体化道路(牺牲和奉献)在历史必然性和远大性的背景上最终神圣化和永恒化。"①即使是对历史某一横断面的再现,对事件与情感细节的描绘,也因此意义维度的置入而具有超越性价值。

从时间上说,它通过人类终极目标的设定,化解了个体生命的短暂易逝性;从空间上说,它通过"家""国""天下"一体化的设定,化解了个体生命的有限性,而个体价值的实现,也只有在此特定的时空维度中获得真实性。这种概念的时间、空间,不仅是标定人物、事件、场景之存在性的尺度,也是使其产生意义的机制。反之,任何溢出此时空维度的行为、观念、情感,都不具有存在的合法性。当人们接受了这种时空观,也就形成为一种新的认同建构机制,亦即在朝向"太平世界,环球同此凉热"(毛泽东《念奴娇·昆仑》)理想的革命实践中,舍弃、克服个体生命的直接性和本能性的东西,通过不断向普遍性的提升而确立存在感,而这也是实现终极关怀的基本途径,此正如李扬所说:"革命的神性力量,使个体突破日常伦理的行为获得了直接通向终极的价值确认,进而使'人成为神'。"②

第三,浪漫主义诗人诺瓦利斯说:"这个世界必须浪漫化,这样,人们才能找到世界的本意。浪漫化不是别的,就是质的生成。低级的自我通过浪漫化与更高、更完美的自我同一起来。"③"浪漫化"不仅

---

①　肖鹰:《真实与无限》,中国工人出版社 2002 年版,第 53 页。

②　李扬:《50—70 年代中国文学经典再解读》,山东教育出版社 2003 年版,第 190 页。

③　诺瓦利斯:《断片》,转引自刘小枫《诗化哲学》,华东师范大学出版社 2007 年版,第 47 页。

是艺术创作原则与创作方法,更是看待/建构"世界"与"自我"的方法与信念。而对"红色记忆"叙事来说,革命浪漫主义首先是实现其意识形态话语生产功能的本质要求:"无产阶级的革命文学之所以必然是一种特殊的政治浪漫主义文学,是因为它的目的是要宣传无产阶级的革命理想、革命策略和革命的方针路线"①;其次也是发现历史真实的方法,所谓"真实"又并非科学意义上的认识与事实的符合,而是指符合革命的目标、承诺、趋势的历史的本质性,此诚如蒋光慈所说:

> 惟真正的罗曼谛克才能捉得住革命的心灵,才能在革命中寻出美妙的诗意,才能在革命中看出有希望的将来。②

"信念"的表达,"本质"的揭示,"真实"的呈现,都必然地要求革命浪漫主义的方法,亦使其成为"红色记忆"生产的叙事基调。

这对"红色记忆"叙事的影响,首先是按照"革命正义"的理念组织与阐释历史。它不仅符合揭示历史本质的意识形态话语建构的需要,而且是革命信念的一种体现。如此则叙事本身就是革命实践、革命诉求的镜像,不仅与生活互为印证,而且又可成为在现实中继续革命的参照与支撑。而被革命浪漫主义之光照亮的历史,已经是被"革命"的理念和要求编码过的历史,它删去了丛生的历史枝桠,凸显出"革命史"的主根脉。于是,纷繁芜杂的历史就被组织成为一个秩然有序的图式,它有清楚的发展线索与内在的事理逻辑,昭示着无产阶

---

① 余虹:《革命·审美·解构——20世纪中国文学理论的现代性与后现代性》,广西师范大学出版社 2001 年版,第 178 页。

② 蒋光慈:《蒋光慈文集》第四卷,上海文艺出版社 1988 年版,第 71 页。

级革命的正义性、中国共产党领导的正确性、红色政权的合法性、社会主义制度与文化的优越性。

与此相关，"红色记忆"叙事必定呈现出浓郁的英雄主义、乐观主义、理想主义色调。这是因为革命浪漫主义设定的历史终极目标——一个可以实现人的全面发展的完美社会，以及对于实现这一目标的自信——这种自信建立在对历史"本质""真实"的认知的基础上，使人们有坚定的信念与大无畏的精神去面对任何艰难险阻，将其视为实现自我价值必须经历之考验。而最好体现这种色调的做法，无疑是塑造虽然历经挫折、磨难甚至牺牲可对革命事业忠贞不移的英雄与先进人物的形象，他们一定是体现"革命正义"的理念、超越世俗性而将个体生命与"革命的神性力量"合一的卡里斯玛典型，也只有如此才能成为人们缅怀历史、汲取投身社会主义革命与建设的精神力量的具象载体，也才能完成"红色记忆"生产的意识形态建构功能。从形象建构的文化与审美的逻辑来说，英雄与先进人物的形象塑造必定会经过不断的提纯，最终走向"高大全"的模式，因为这种模式最完美、最彻底地体现了"红色记忆"叙事的意义建构导向。

上述三个方面文化与审美的内涵有内在的联系，而"红色记忆"生产的文化逻辑具有根本的决定性，决定着"红色记忆"叙事结构历史的方式、塑造人物的模式、话语表述的色调。据实而论，意识形态观念先行的"红色记忆"叙事对于历史的规范化、本质化建构，会在相当程度上掩盖历史的复杂性、人性的丰富性、革命的残酷性，尤其是当浪漫主义与现实主义的结合出现裂隙，不能保持必要的平衡，历史与现实的"真实""本质"就因被过度理想化而显示出自身的脆弱苍白，则"红色记忆"叙事也就隐含着自我解构的维度。这一方面表现为其所承载的意识形态话语的空心化,另一方面则是其所呈现的史诗风格的喜剧化,从而造成"意图"与"效果"的背离,以及完全出乎其意料的强烈的反讽意味。与此相关,对历史进行本质化、规范化的处理,也会造成简单化、类同化的叙事倾向。

尽管如此,必须承认,"红色记忆"叙事成功地建构了一个"人民当家做主"的"红色中国"的国家形象。它用审美的力量宣示了红色政权的合法性、革命战争的正义性,用马克思主义的世界观、历史观、价值观,用"革命""阶级""解放"等宏大叙事,拆解了"地域""血缘""族群"等造成的身份差异,将中华民族全体成员带入其中,他们借以建立起共有的国民身份意识与历史感,并以之为符号象征实现彼此认同,结为荣辱与共、生死相依的命运共同体,在中国革命与建设事业中完成了自身的解放。坚定崇高的革命信念、积极乐观的人生态度、简捷明快的叙事风格、明朗纯净的审美境界,使"红色记忆"叙事具有鼓舞人心、振奋精神、陶冶情操的强大力量。当其借助文化、教育等国家体制力量实现了"话语""形象""意念"的再生产,也就使人们在感知革命历史、形成自觉的历史主体意识的同时,建立起愉快地归属于新中国的"政治认同"与"文化认同",来之不易的珍惜感、踌躇满志的民族自豪感、投身于国家建设的迫切感,就被激发了出来,而这又为民族国家认同的持续建构提供了源源不竭的精神动力。

这三个方面的内涵也大致构成了"红色记忆"叙事的规定性,与"红色经典"文本系统共同形成了"红色审美"的文化传统,也积淀为几代中国人的文化自觉,陶铸了他们的审美心胸、审美定式、审美意向。从其自身文化逻辑与存在的合法性依据说,当代中国主导文化的"红色记忆"生产无疑也要继承与延续这样的规定性,使自己进入这传统并成其为一个必要环节，而这也就意味着对传统的扬弃。而从审美话语生产与传播的环境论，在中国转型的政治文化语境中，主导文化的"红色记忆"生产要面对的问题与挑战、功能场域的结构，都出现了新的情况，这也逼迫其在观念、话语与操作方式上进行调整，以维护其在国家文化场域的领导权。

这种类型的"红色记忆"生产，折射着一定的世俗化的精神取向与喜剧审美精神。从消极的面向讲，它不动声色地构成了对"红色审美"文化传统的冲击，对"红色经典"文本系统的解构。但从积极的面向说，它针对传统"红色记忆"叙事之"伪崇高""伪浪漫"审美格调的消解——这从根本上源自其审美乌托邦构造与革命理念的虚假统一，却也为主导文化"红色记忆"生产的自我反思与超越提供了有益镜鉴。以之为契机与动力，当代中国主导文化的"红色记忆"生产在如下方面表现出新质：

第一，不再用"非此即彼"的二元对立思维模式处理复杂的历史，不再用"革命"/"反革命"的"忠奸对立"神话取代生活的日常性、多层次性，掩盖人情、血缘、家族关系，不仅关注由"英雄传奇"构成的本质化的"大历史"，也将视野投注在边缘的、芸芸众生的"小历史"，寻求创造新的民族生命共同体，以之承载并展现革命历史的全景。即使是关于革命历史重大事件和重要人物的纪传性叙事，虽立意谱写中国革命进程的全景性史诗，着力展现领袖、将帅和英雄人物的功勋智慧、精神境界与人格魅力，但也并不排除对其亲情、友情、乡情以及生活细节的表现。这固然有创造陌生化的审美效果、激发接受兴趣的考虑，但较之传统"红色记忆"叙事，不仅还原了历史场景的真实性，复现了"英雄传奇"叙事的人性基壤，而且正因凡俗性因素的设置而凸显出那些卡里斯玛典型的崇高性。

而更具文化与审美新质素的,则是基于对普通人的人性、人情、人品的正面理解与常态认同,展开对"红色记忆"的诗意化与传奇性的叙事。这就是将普通人置于国家和民族动荡不宁的宏大背景中,浓描"战争""革命"辐射、震荡、影响和制约的日常生活世界,表现普通人的生存状态、精神气质、命运轨迹,展现其生存的卑微与生命的顽强,从而在"个人史"中折射着整个国家和民族的命运。他们是处在革命进程的边缘但被时代裹挟因而并不置身事外的小人物,承受了国破家亡的屈辱、灾难,但他们的传奇故事不仅具有动人心魄的力量,从而削平了历史与现实的距离感,将同为普通人的受众带入现代中国的沧桑巨变当中,而且其所展现的众多个体生命活力最终百川汇海般地融入中华民族共同命运体的历史态势,也强有力地支撑起革命文化的庄严性。而这一感同身受的过程,也是在叙事体系与社会历史之间对于国家形象的互文性建构,是在一种仪式化的精神空间中完成对民族、国家的想象性认同。

第二,不再用"阶级斗争""领袖话语""政党意志"将多维度的历史单线条化、平面化,将波澜壮阔的"中国革命史"简化为中国共产党的"党史"与中国人民解放军的"军史",而是在凸显这一历史维度的同时重构历史的立体性,从而将革命时空拓展到前所未有的广度,形成了一种革命时空的"突围"。"这种'突围'主要表现在作家对战争历史真实、客观、全面认识和理解的基础上,从广泛的民族统一战线的视点,对战争精神内涵进行的多重观照。它的突出特点为是将战争精神置入民族战争的历史范畴而不是单纯的阶级范畴。"[1]

---

① 许志英、丁帆:《中国新时期小说主潮》,人民文学出版社 2002 年版,第 779—780 页。

　　这种基于真实逻辑的历史理性不仅有助于历史图景的复现,其包容性更是将中华民族全体成员、各种政治派别与社会力量都纳入中国的现代性进程,建构了一个将所有族群、团体、个体都带入其中、相互联结的意象系统,从而完成了革命意义系统的重构。这一方面体现为对支撑中国从"王朝国家"向"民族国家"转型的"革命意识形态"的历史再现,另一方面是将中国共产党塑造为中华民族的根本利益与思想文化的代表,而其合法性则因叙史视野的宏阔、历史理性的凸显更具说服力。于是,各种关于中国革命的常规性价值立场,都得到了充分的尊重,而在传统"红色记忆"叙事中被遮蔽、被边缘化了的历史文化内涵,也都在不同程度上被还原和"正史化",不仅展现出中国革命历史的全景,更通过对于历史细节的挖掘与浓描展示出其本身的动人诗意。

　　与此相关,"红色记忆"叙事也不再避讳对历史的悲剧性内涵的展呈,不再将其视为对革命理想主义、英雄主义叙事之亮色的弱化、瓦解。这方面的明显表现就是对战争的残酷性、毁灭性的直接展示,对近代以来特别是抗日战争时期中华民族苦难历史的直接再现。而在讲述"英雄传奇"与芸芸众生的故事时,又将其置于中华民族与命运抗争的意义结构中,从而将个体命运悲剧升华为民族命运悲剧。这不仅仅是出于建构历史认知的需要,亦即使生活在和平年代的中国人重温民族的苦难史与抗争史,还旨在激发人们的民族自豪感与投身实现民族复兴伟大事业的昂扬斗志。这是因为,"对悲剧来说紧要的不仅是巨大的痛苦,而是对待痛苦的方式。没有对灾难的反抗,也就没有悲剧。引起我们快感的不是灾难,而是反抗","一个民族必须深刻,才能认识人生悲剧性的一面,又必须坚强,才能忍受"①。对悲剧个体而言,命运控制个体的生命进程,而对民族集体史诗叙事而言,命运感则转化为一个民族在自身历程中感受到的深刻历史感,不仅无损于民族自信心与自豪感,反倒更有力地支撑了革命正义性与"红色记忆"叙事崇高性的建构。

第三,不再强求审美风格与运作方式的同一,而是呈现多样化格局。就运作方式而论,随着市场经济的发展、文化产业的形成,除了少数在题材上具有重大思想、历史价值的"红色记忆"生产,依然被纳入国家文化工程,一如既往地得到国家财政与文化体制的支持,而绝大多数则需主动适应市场机制,考虑市场需要,这也在事实上影响其存在的正当性。而在这方面,大众文化的商业运行模式提供了有益参照,例如运用市场手段筹措资金,根据市场需要进行产品的包装、宣传、发行,采用为大众喜闻乐见的形式,甚至运用明星效应扩大社会影响力。但两者的精神旨趣与文化功能毕竟不同,主导文化的"红色记忆"生产以自觉维护国家意识形态为己任,也以之为底线,既借鉴大众文化的模式、策略与方法,又抵制其因商业诉求所导致的精神内涵和审美趣味的芜杂性和低俗化倾向。无论如何,市场经济机制为主导文化的"红色记忆"生产提供了强大的物质基础与技术基础,而生存竞争的压力也激发出其从事自我反思与文化创新的自觉与活力。

这也影响了"红色记忆"叙事审美风格的多样化的形成。这表现在,虽然通过诗性叙事再生产国家意识形态话语的主题并未稍改,但在叙事模式、表意系统方面却呈现出多元发展的态势。这在代表性

① 朱光潜:《悲剧心理学》,安徽教育出版社 1996 年版,第 206 页,第 301 页。

的主旋律影视作品中的典型表现就是,借鉴"青春偶像剧"元素渲染革命年代的青春爱情,借鉴"侦探悬疑剧"元素书写地下革命工作者的传奇故事,借鉴"武打功夫片"元素再现民族英雄心向国家统一的历史进程,从而将国家意识形态观念与极具观赏性的画面结合起来,使观众在感性娱乐享受的满足中感受爱国情怀、民族意识、革命理想的魅力。还值得一提的是对流行音乐元素的运用,它不仅一如既往地构成了叙事的潜在动力,更以一种契合观众审美心理的方式建构起基于革命历史认同的归属于民族—国家的集体想象。不仅如此,"红色记忆"叙事还在保持其崇高的审美品格的同时,融入喜剧、诙谐的审美元素,造成一种丰富混杂的审美效果,从而通过张弛有度的叙事节奏使受众始终保持积极的接受兴趣,不仅无损于国家意识形态话语的塑型,反倒因真实性因子的植入而使其更具有感召力。

这些新质的形成,归根结底的原因是中国的国家转型在意识形态领域的诉求,直接体现为主导文化的自我调整与转型,而其目的则是在一个变动的社会秩序中维持国家意识形态话语的延续性。事实也是,尽管这一过程并非一帆风顺,但主导文化的"红色记忆"生产成功地应对了时代的挑战,克服了概念化、图式化、类型化的缺陷,接续了"红色审美"文化传统,并以新的审美风格与表意系统重构了"红色中国"的国家形象,诠释了中华民族走向独立解放的革命历史的合法性,通过对于"历史"的审美建构,在"过去"与"现在"间建立起紧密的联系,进而作为中华民族全体成员共享的历史记忆与文化传统,实现了对于"红色中国"的族群、制度、文化的认同建构。

第三节 和谐中国形象建构与民族国家认同

"和谐中国"形象建构是当代中国主导文化建设的另一条线索。如果说"红色记忆"叙事是在"国际共运""世界革命"的宏大背景中，建构了"红色中国"的国家形象，为中国的民族主义运动、中国的社会主义革命赋予普遍性意义，则对"和谐中国"的国家形象的建构，就是在当代多元现代性的世界格局中，将旨在实现中华民族伟大复兴的"中国模式""中国经验"提升为普遍性。这意味着，从"红色中国"到"和谐中国"，既是在不同历史时期"感知中国""想象中国"的方法，也是作为对不同时代问题的文化与审美的解决方式的"中国想象"，呈现为前后相续、彼此相关的历史与逻辑环节，而绝非对立、断裂的关系。比较地说，"红色中国"形象建构是以"合法性"为关键词而在历时维度展开的中国的族群、制度、文化的认同建构，"和谐中国"形象建构则是以"优越性"为关键词而在共时维度进行的中国的族群、制度、文化的认同建构。

从现实基础看，"和谐中国"形象是对"和谐社会"的审美建构，而"和谐社会"体现的是当代中国的国家身份转型。大致说来，自 1978 年中国将"对内改革、对外开放"作为基本国策，经过约 40 年的探索发展，一个"和平崛起"的中国不再游离于世界体系与全球文明之外。"在改革以前，中国被看做一个依凭政治意识形态建构起来的社会"，而在"20 世纪 90 年代，中国领导人非常成功地组织起一种以利益为基础的社会秩序，并从这样一种秩序中获得了良好的效果"①。诸如

---

① 郑永年：《通往大国之路：中国的知识重建和文明复兴》，东方出版社 2012 年版，第 113 页。

"最大的发展中国家""世界第二大经济体""中国模式"等概念,已成为中国的新身份标识;"建设中国特色社会主义""实现中华民族伟大复兴的中国梦""全面建成小康社会"等命题,亦清晰化为中国的自我意识,而一个历史与文化传统底蕴深厚而又充满现代活力的中国形象,正愈益广泛地得到国际社会的认同。正是在国家身份转型的背景下,中国共产党十六届四中全会正式提出了建构"社会主义和谐社会"的任务,而经过十几年的推进,"和谐社会"正在从一种美好的政治愿景变为现实。用审美的手段诠释"和谐社会"的概念,论证其合法性与优越性,讲述"中国故事",以激发全社会的创造活力与参与热情,加快"和谐社会"建设,因此被提上主导文化建设的议程。

从文化理念看,"和谐中国"形象是对"和谐文化"的审美建构,而"和谐文化"体现的是当代中国的意识形态转型。大致说来,从"传统意识形态"向"当代意识形态"的转型,其基本方向是在全球化与后殖民状态下,以坚持社会主义和马克思主义指导思想为前提,探索性地回归中国传统文化,形成为当代中国的价值观,这也就是社会主义核心价值体系。"建设和谐文化,最根本的就是要坚持社会主义核心价值体系。马克思主义指导思想,中国特色社会主义共同理想,以爱国主义为核心的民族精神和以改革创新为核心的时代精神,社会主义荣辱观,是社会主义核心价值体系的基本内容。"[1]而"在博大精深的中国传统文化中,'和'的思想占有十分突出的位置,它是中华民族的精神魂魄","和谐文化作为一种民族精神经过上下五千年的生成和发展,不但成为中国文化的向心力,同时已积淀成为东方文化类型或

---

[1]　李长春:《大力推进和谐文化建设　繁荣发展社会主义文艺》,《求是》2006 年第 23 期,第 4 页。

文化系统,产生了独特而又具有普遍价值的智慧结晶"①。以这种有中国特色的社会主义核心价值体系引领"和谐文化"的建设,用审美的手段诠释当代中国价值观的内涵,论证其合法性与优越性,以增强民族的自信心、自豪感、凝聚力、向心力,也就清晰化为主导文化建设的主题。

这两个互为支撑的方面共同织就了"和谐中国"的表象与意义,决定了"和谐中国"形象建构的符号表征、叙事逻辑、文化境界、政治诉求。而在中国传统中,"和"的概念至少可细分为"人人之际""天人之际""身心之际"等层面与维度的和谐,因此"和谐中国"形象建构,也就内在地要求在自然、社会、文化诸层面表现"和"的理念与实践,而这既是中华文明根柢、中华民族精神的新开展,又是社会主义本质属性的体现;既体现着深厚的历史文化底蕴,又折射着民族复兴中国梦的绚丽的时代亮色。因此之故,这样一种中国形象,当其从审美想象、诗性叙事转化为对现实的认知与实践的行为,从想象态、拟态化的生活图景和生活感觉转化为模仿趋同的愿望,就不仅会激发起对民族文化传统的自豪感、对民族文化创造能力的自信心,也会激发起坚定维护"中国价值""中国道路""中国制度"的自觉信念,以及投身建设和谐社会、实现民族复兴的伟大事业的热情。

似乎可以这样说,"和谐中国"形象建构既是认同"和为达道""协和万邦"的中国智慧的"归根想象",也是朝向实现"天下文明""世界大同"的中国理想的"盛世想象",从根本上说则是中国的国家转型要求的中国身份的自我定位。这也就使其必然地成为重建民族国家认同的主导文化建设的主题,而虽然要将其完美地落实在符号表意系

---

① 吴秀明:《文学对和谐社会文化建设的担当》,《文艺报》2014 年 3 月 17 日,第 3 版。

统,以"中国话语"从事"中国表达",创造具有中华民族传统风貌和审美魅力的中国形象,并不能一蹴而就,但以之为文化逻辑、意义生产导向机制,在主导文化的功能场域,已经出现了如下值得描述与分析的审美文化景观:

第一,"后乡土中国"时代的"和谐乡村"形象建构。"乡土中国"是社会学家费孝通针对传统中国基层社会——农村提出的概念,"并不是具体的中国社会的素描,而是包含在具体的中国基层传统社会里的一种独具的体系,支配着社会生活各个方面"①。中国的广袤国土上分布着众多零散的农村,中国文明是农耕文明,而在中国革命和社会主义建设中,农村和农民又做出了巨大的贡献乃至牺牲。因此之故,在很长时间内,"乡土中国"形象都不仅是西方世界认知"中国"的方式,也是"中国"理解"自我"的途径,以至于可以说,不了解中国的"乡土社会",也就不了解中国文明的根柢;不理解中国的农村,也就不能理解中国革命的成功;不熟悉中国的农民,也就不能把握中国人的性格。它以顽强的生命力支撑了古代中国的存在,以自我解放的勇气支撑了中国向现代民族国家的转型,又在当代中国国家转型中扮演了改革先锋的角色,而它顽固的自我复制的生命习性,又使其在很大程度上成为中国建设现代化、民主化社会的阻碍。

农村在中国国家存在与转型及其自我理解上的重要性,使其必然成为中国形象建构的重要维度。但对农村形象的建构,却因时代和建构者的差异而呈现出多元形态:

1. 对传统士大夫来说,它是摆脱名缰利锁的束缚、回归自然人性的"诗意田园","躬耕陇亩"意象的反复呈现映射着士大夫的生活情

---

① 费孝通:《乡土中国》,上海人民出版社 2007 年版,第 4 页。

趣与人生理想,虽然有时也会表现对农人辛劳的同情与慨叹。

2.在近代以来启蒙思想家的笔下,它既是残存中国人的脉脉温情和美好人性的记忆之地,也显露其落后、愚昧、凋敝、僵化的阻碍现代性的面貌,这种自我矛盾的形象建构映射着转折时期的知识分子的复杂心态。

3.在无产阶级革命文艺家视野中,中国的乡村是育革命萌芽的肥沃土壤,一旦被植入"革命""解放""阶级斗争"的种子,就会激发巨大的能量,而"山乡巨变"必然会对革命进程产生巨大影响。

这三种形象构成了理解"乡土中国"的多个维度,既触及其真实存在的面相,但更是一种文化与审美的建构/想象。而在新中国成立后,与中国农村社会主义改造进程的推进同步,用"革命""解放""阶级斗争"的观念与叙事框架建构农村与农民的形象,最终成为主导乃至唯一的方案,尽管也会在某些时期根据政策甚至政治运动的需要强调表现人民内部矛盾的和谐解决。

新时期以来,中国的农村逐渐进入一个"后乡土中国"时代。这一方面指在经历新中国建立以来大规模的农村社会主义改造运动后,传统的"乡土社会"结构与运行机制已基本解体;另一方面是指,在"美丽中国""和谐文化"的框架内重建"乡土社会",逐渐清晰化为中国农村走向现代化的路径。从前一个方面发展出"反思""启蒙""怀旧"等意义指向的"乡土叙事",从后一个方面发展出以建设"美丽乡村"为意义指向的"乡土叙事",从而建构起一个和谐的"社会主义新农村"形象。在大量的"新农村"影视作品中,"和谐"有三个维度的表现:一是在"绿色农业"经济理念("绿水青山就是金山银山")引领下的人与自然的和谐,二是在"共同富裕"社会理念引领下的人与人的和谐,三是在"乡风文明"文化理念引领下的人与自我的和谐,而更深层的则是"传统性"与"现代性"的和谐,这就是在"和谐文化"的框架内恢复传统道德、民族文化符号的生机,并将其展开于经济、社会、文化维度。

这样一个"和谐乡村"形象,既是对正在发生的中国农村巨变的艺术再现,但更是对"社会主义新农村"理念与愿景的审美建构,而这一理念与愿景又是"和谐社会""和谐文化"的具体体现。从叙事策略说,它并不回避矛盾,或者用某种虚假的意识形态承诺、某种堂皇话语掩盖矛盾,而是不再用"阶级斗争"的解释框架看待矛盾,并通过重大事件的设置展示矛盾,转而用基于共享利益、生活理想、节庆礼俗、文化符号乃至血缘地缘的命运共同体概念,通过"日常生活叙事"表现矛盾的发生与化解,从而为"人民内部矛盾"的概念注入时代内涵。与之相应,在叙事美学风格上,地域文化元素、民族文化元素、通俗文化元素、喜剧元素的大量、正面的运用,呈现出多样化和谐的审美图景。这两个方面的创新支撑起"和谐乡村"形象的建构,不仅生动地诠释了"和谐社会""和谐文化"的内涵,而且轻松愉快的审美氛围也更具有召唤性,更易于创造想象性认同。

第二,"后革命时代"的"和谐家庭"形象建构。对任何国家和社会来说,建基于婚姻和血缘关系的家庭都是最基本、最基础的构成单位。而对中国和中国人而言,家庭更是具有特别重要的意义。"家庭、家族、宗族在中国农耕文明的演进中,可以说一直是社会生产、社会交往、生活生活的基本单位……家庭与国家,高度同构化,形成不可分割的共同体。在这一家国共同体中,社会道德,社会礼制,社会经济,社会政治,社会文化,以家庭伦理、家族伦理为起始,由家庭、家族而地区,而国家,而天下,逐步向外扩展。"①这不仅造就了中国文化"家国同构"的文化规范,也孕育了中国人"家国一体"的文化心理,外现为"家国通喻"的审美原型或审美原则:"家族形象或家庭形象,也往往是更为庞大和繁复的国家形象,乃至整个文化形象的'凝缩模式'。"②可以说,不理解中国人对家庭的特殊感情,亦即在对"家"的眷恋与守护中寄寓的对"国"乃至"天下"的情怀,也就不能充分地理解中国文化与中国人的特质。

这也使得家庭形象建构成为感知与想象中国的方法,或者也可以说,建构怎样的家庭形象以及扩大了的家族形象,也就象征性地表达了对于怎样的中国形象的建构。大致说来,在 20 世纪中国家庭形象序列中,有三种类型的形象建构思路:

1. "启蒙现代性"的思路,这就是将中国家庭/家族与封建主义等一切阻滞中国现代转型的因素进行一体化叙述,因而不遗余力地展示其黑暗、阴险、腐朽、抵制进步、压制人性的面相。

2. "革命现代性"的思路,这就是在阶级斗争的框架内,将中国家庭/家族描述为"出身"与"革命""血缘亲情"与"无产阶级感情"冲突、斗争的场所。

3. "反思现代性"的思路,这就是针对西方现代社会的弊病,正面展示中国家庭/家族温情脉脉的人际关系与传统伦理的优越性,以之中和"现代性的酸"。

这三种思路、三种家庭形象,大致体现了近代以来中国历史的进

---

① 姜义华:《中华文明的根柢:民族复兴的核心价值》,上海人民出版社 2012 年版,第 65—66 页。
② 王一川:《中国形象诗学——1985 至 1995 年文学新潮阐释》,上海三联书店 1998 年版,第 318 页。

程及其自我反思的逻辑环节,也反过来对此进程与反思的推进产生了积极的影响。

新中国成立后,在主导文化的家庭叙事中,"革命现代性"的思路无疑是主导性的,但也部分地将"启蒙现代性"的思路融入其中,而将其改造为指向社会主义革命、无产阶级专政之合法性的叙事,在"文革文艺"中更是将其极端化,将"时刻不忘阶级斗争"的"领袖话语"确立为家庭形象建构的唯一标准。于是,家庭中事实存在的父子、夫妻、兄弟、姐妹诸种关系最终被简化为"革命"与"反革命"的关系,而家庭生活的多维面向也最终被简化为以不断改造旧思想、继续革命的单线条。这种建基于"革命""阶级""思想改造"等革命意识形态话语的"革命家庭"形象的建构,既是对"革命时代"中国的社会事实特别是社会心理的反映,因而有其作为艺术真实成立的根据,但也毫无疑问地带有浓郁的政治动员色彩。极端化了的"革命家庭"形象与极端化了的"红色中国"形象,在逻辑上形成了彼此映射的关系,而在文化功能上更是互为支撑,这也可以理解为"家国同构""家国通喻"的传统审美原则在"革命时代"的体现。

新时期以来,在破除了"极左思潮"、教条化了的马克思主义意识形态影响后,中国的家庭生活、家庭关系也逐步回归正常轨道,但随着市场经济及其原则的全面展开,又出现了以地位、享受、名利等往往打着个体解放、自由旗号的追求瓦解家庭关系、家庭伦理的社会乱象。因此,重建中国家庭就不仅是实现个人幸福、家庭稳定的私事,而是在根本上事关国家与社会秩序的安定团结,其基本方向就是在"和谐社会""和谐文化"的框架内,在坚持社会主义文化导向的前提下,弘扬传统家庭伦理道德,寻求"传统性"与"现代性"的统一,既尊重家庭所有成员的个性要求,更强调家庭和谐的意义。"和谐家庭"形象的建构,就是在这一背景下成为主导文化建设的重要维度和面向。

必须指出的是,当代中国"和谐家庭"形象的建构,是在"后革命时代"的文化语境中进行的。这是一个以"和谐共处"而非"生死对决"为主题的时代,是以"经济建设"而非"阶级斗争"为中心的时代,是以"发展话语"而非"革命话语"为指引的时代,从而为"和谐家庭"赋予新的内涵。这在"和谐家庭"形象建构上的表现就是,不再将视野投注在那些具有卡里斯玛典型意义的英雄人物的"革命家庭"生活叙事,而是"高度关注当代中国普通市民的生存状态,高度关注普通百姓日常生活经验,用平视的眼光去注视普通百姓和弱势群体,表达他们的愿望和期待","描绘了一幅父慈子孝、母女情深、夫唱妇随的人生图景"[①]。普通人的家庭生活中的日常化的生活事件与生活场景,在生动细腻乃至富裕的艺术呈示中显现出自身的诗意,而他们虽然尽管才能平庸且历经挫折却始终保持乐观心态、热爱生活、相濡以沫的人生经历,也呈现出不同于"英雄主义""革命浪漫主义"叙事的浪漫情调。而在家庭关系的处理上,当代中国的家庭形象建构更是彻底抛弃了"阶级""革命"的区分标准,转而用传统文化特别是儒家的家庭伦理观念处理夫妻、父子、母女、婆媳等关系,但又扬弃了家长制、等级制的糟粕,将尊重个性发展与人性需要适度融入,以此实现对于家庭生活内部多样性和谐的诗性叙事。

这样一种"和谐家庭"形象的建构,也不回避表现家庭内部的矛

---

① 邹韶军:《在平凡和琐碎中捕捉浪漫——论都市平民题材电视剧的文化、艺术品格》,《中国电视》2004 年第 8 期,第 29 页。

盾、家庭与社会的矛盾，但一方面，它将这些方面的矛盾设置为家庭生活叙事的背景或动力，而不是直接展示乃至刻意渲染；另一方面，这些矛盾最终都在全体家庭成员的共同努力下被成功化解，或者暗示出化解矛盾、走向和谐的光明未来，从而给人以希望。这也构成"和谐家庭"形象的叙事策略，而背景的沉重不仅不会遮掩和谐的亮色，反倒更衬托出那些平民主人公身上蕴含的平凡中的伟大、那些看似琐碎无聊的日常生活的超越性价值。这也使其既在某种程度上回归到中国审美文化传统——例如经过一波三折最终化解矛盾、皆大欢喜就符合"大团圆"的民族叙事传统，同时也体现出对现代性的积极回应，而非如以往那样对虚假和谐的虚假歌颂。

第三，"后启蒙时代"的"和谐底层"形象建构。任何时代与国家都存在着在政治、经济、文化等方面均处于社会下层的群体，以及由众多底层人物构成的底层社会，而在全社会实现普遍的富裕、民主、文明以及人的全面发展之前，底层的存在都是无法避免因而必须正视的现象。而如何看待底层社会与底层人群，解决底层存在问题，则成为观察一个国家的政治、经济、文化能力的视角，也是显示一个国家的国家性质与政权合法性的维度。进而，"透过一个民族的底层生存状况与底层意识理念，可以洞察一个国家的未来。因此，如何有效的讲述底层经验、构建底层意识、塑造底层形象，使之符合主流意识形态所倡导的社会秩序与文化价值观，便成为主旋律基调下的底层叙事不得不直面的一个问题"[①]。"底层形象"建构因此必然成为国家形象建构的组成部分，是借以再现国家现实的方式，更是以审美手段

[①] 林进桃：《多元视域中的底层影像——1990 年代以来中国"底层电影"研究》，上海大学 2015 年博士学位论文，第 97—98 页。

象征性地解决社会症状与问题的方式。

1990 年代,随着中国改革开放政策的全面落实,市场经济及其原则在创造中国经济高速发展的奇迹的同时,也将中国社会带入急剧分化的状态,未能及时将那些冲决动荡、严重冲击国家和社会秩序的政治、经济、文化力量进行化解与引导,因此而造成众多社会问题的井喷式的显现。从社会阶层分化看,中国经济改革的成功造就了大量经济富庶、生活安定的中产阶层,而制度改革的滞后则造成了不断拉大的城乡差距、贫富差距,出现了为数众多的"生活处于贫困状态并缺乏就业保障的工人、农民和无业、失业、半失业者"①,他们构成了当代中国社会的底层。"底层"就是在此背景中凸显为人文社会科学研究的关键词与问题,而用审美方式再现底层社会的生活景观,讲述底层人群的故事,传达他们的诉求,表现他们的生存经验、生存意识,亦即建构"底层形象",也因此被纳入当代中国审美文化景观。

历史地看,"底层形象"建构大致有四种类型:

1."底层"的"自我叙事",是底层人群对自己的艰辛生存状况与平凡生活理想的展示,寓含着对政治黑暗、社会不公的控诉。

2."底层"的"文人叙事",是志在"兼济天下"的古代文人对底层人群的苦难与挣扎的呈现,表达了对底层人群的同情与怜悯,以及改良社会的期盼。

3."底层"的"革命叙事",是革命文艺家运用"革命话语"对底层生活图景、底层人群意志的形塑,揭示"底层"从受难到反抗的必然性。

4."底层"的"零度叙事",是拒斥"宏大叙事"的文艺家对底层社

---

① 陆学艺主编:《当代中国社会阶层研究报告》,社会科学文献出版社 2002 年版,第 9 页。

会、底层生活的冷静甚至冷漠的写实。

毋庸置疑，这些"底层叙事"展现出"底层"真实的多个维度与面相，隐含着叙事者的政治、文化与审美的多种诉求与想象，也构成了"底层形象"的历史和逻辑的开展。以至于可以说，在本质意义上，"底层"之所以浮上社会意识的表层，本就是在历史形成的多种话语权力的制衡关系中成型的形象建构，而无论是本质主义叙述还是反本质主义叙述，"底层形象"都会在"真实"与"想象"间存在裂隙，而这恰恰是显示其文化张力的空间。而"和谐底层"形象建构，则是在这些维度、诉求、想象之外，以"和谐社会""和谐文化"的国家意识形态话语重构"底层"。这就是化解"底层"明显表现出的针对现代性、文明、社会主义优越性等积极的正面的价值的不和谐因素，通过叙事策略与表意系统的转换／置换，将其转化为建构"和谐中国"、实现"中国梦"的环节。它体现的是"后启蒙时代"的文化逻辑与叙事策略，这就是不再用启蒙者的立场面对"底层"，将其描绘为一个因启蒙的匮乏而造成的黑暗角落，因此而需要"启蒙之光"的照亮，而是用"血浓于水"的袍泽情谊为"底层"代言，用民族伦理与道德叙事渲染"底层"的温馨，这又在某种程度上构成对"启蒙话语"的反思。

这也就是说，"和谐底层"形象的建构，虽然也旨在实现对"底层"的本质化、规范化叙事，但既不是用一种虚假的意识形态话语建构的审美幻象，去遮蔽底层生活的真实图景，不回避因为国家政策、制度的缺陷或者是在执行上的错误而造成的底层人民生活苦难的叙述，也不是用一种似乎永远延迟的虚幻的乌托邦承诺，消除"底层"与"现代文明"间的冲突，而是在民族文化再造的信念基础上，将底层人群、底层社会描述为物质贫困但精神富有、地位低下但品德高尚、生活艰辛但坚韧不拔的生活世界。所以"和谐底层"形象的建构，不是要通过生活艰辛与阶层矛盾的遮蔽或取消而显示虚假的和谐，而毋宁说是将其设置为底层人物自强不息的生命史展开的背景，以"道德叙事""成功叙事""清官叙事"的叙事模型——这也就构成一种审美地解决政治文化问题的方式，去化解或转化"底层"的不和谐因素。当中隐含的语义指向是，如果接受者认同于这种叙事模型，也就会认同其叙事图景，形成符合国家意识形态话语的看待"底层"的感觉结构，因而必定会对接受者发生积极的认同建构作用——这种感觉共同体的力量甚至会超过政治、经济的组织力量。

所谓"道德叙事"模型，就是将底层人物及其故事塑造为中华民族传统美德的具象化展示。具体表现就是，虽然"底层叙事"中的主人公的家庭乃至家族都处在生存危机的临界态，他们被迫放弃个人意志与理想，离开熟悉的生活与职业环境，或者离乡背井，或者存身市井，但在他们为了争取生存与发展的权利而与命运、社会体制抗争却无可奈何的琐碎生活细节的展示中，却富有诗意地展现了他们身上所有的仁爱、孝悌、诚信、互助、吃苦耐劳、坚韧不拔等美好品德，这些美德更多地是来自中国传统文化的塑造。这就构成了"底层叙事"的翻转或者说置换，亦即将底层生存的"苦难叙事"置于后景，而将维系底层社会的"道德叙事"置于前景，两者构成了强烈的对比关系：对底层生存苦难的展示越细致，对底层社会美德的表现也就越感人。不仅如此，支撑底层社会存在的传统美德，也被诗意地想象为底层人物摆脱困境、获得幸福的根源，他们最终藉以回到了整个中国社会的和谐状态。而为了有力地实现这一叙事意图，叙事者还会设置与作为传统美德化身的主人公相反的人物形象，他们不仅是推进戏剧冲突、衬托主人公形象的手段和角色,更以其自身的不幸反衬着主人公的幸福结局,诠释着"道德叙事"的合法性。

所谓"成功叙事"模型,就是将底层人物塑造为历经磨难但最终走向成功的形象。同样地,底层生存苦难也被设置为背景,而主人公则如孟子所说"天将降大任于斯人也,必先苦其心志,劳其筋骨,饿其体肤,空乏其身,行拂乱其所为,所以动心忍性,曾益其所不能"(《孟子·告子下》)。他们不怨天尤人,不逆来顺受,而是用简单的生活信念、勤劳、质朴、拼搏精神,再加上辛勤的汗水,最终成为所在行业领域的佼佼者,不仅改善了个人物质生活处境,而且还得到了社会荣誉,甚至收获了美好的爱情。当底层人物的"成功叙事"被置于前景,而将底层生存的"苦难叙事"置于后景,也就完成了"底层叙事"的翻转或者说置换,两者也构成了对比关系:对底层生存苦难的展示越细致,底层人物的成功故事也就越具有传奇性,从中显现的道德品质也就越具有感染性,这不但会强化成功故事的示范性,而且也有助于"成功叙事"的审美效果的实现。而为更好地达成目标,"成功叙事"还运用诗性叙事手段,展示成功者在物质追求之外的诗意理想,以及在实现理想的过程中得到的全社会的关爱,不仅提升了主人公的精神境界,将其与"暴发户"形象区分开来,也为"底层形象"注入诗意、和谐的亮色,从而祛除了底层社会的阴暗面和戾气,而作为现代社会创伤性疤痕的底层苦难也被稀释、淡化。

所谓"清官叙事"模型,就是塑造有强烈的事业心和责任感、关心人民疾苦的基层国家干部形象,为了拯救陷入生存困境的底层人群,他们不惜冒着生命危险,与黑社会势力、不法官员斗智斗勇,而最终以正义战胜了邪恶。这些符合底层社会伦理诉求的"清官"是化解底层苦难,将其融入和谐社会的宏大叙事的力量。而从叙事策略看,当拯救底层的"清官叙事"被置于前景,而将底层生存的"苦难叙事"置于后景,也就实现了"底层叙事"的翻转或者说置换,两者也构成了对比关系:对底层生存苦难的展示越细致,越能凸显"清官"的道德品质与智慧才能。而以"苦难"始而以"和谐"终的情节设置,也因此产生了象征意义,暗示在党和政府的关怀下,底层人群终将走出生存困境,他们也最终从感觉自己被抛弃而对党和政府冷漠的心态,因个体生存苦难的结束而重新建立起对党和政府的信任。

这三种叙事模型,当其成功地实现了"底层叙事"的翻转/置换,也就成功建构起了"和谐底层"的整体形象。其文化象征意义是,底层人群的生活苦难只是中国社会转型期的暂时现象,而作为结束苦难的途径,和谐才是中国社会转型的本质要求和必然趋势,从而完成了国家意识形态话语的再生产。

第五章　大众文化与民族国家认同建构

第一节　大众文化与民族国家认同的相关性

"全球化"是理解当今人类社会的关键词之一。尽管"反全球化"的声音从来也没有消失，全球化进程还是在深化与拓展，持续而深刻地改变着人类的生活世界，重组着人类社会的基本结构、运行机制、整体图景。这种影响是全面而复杂的，如果说在政治、经济治理模式与游戏规则方面，全球化造成了全球各个民族和地方的趋同性特征；那么，在文化领域，全球化既造成了同质性的文化现象，也激发起文化异质化发展的趋向，亦即全球各个民族和地方的文化趋同性与文化多样性的相辅相成。就此而言，大众文化无疑是当今人类社会最具全球性的文化现象，是全球文化一体化的构成内容与运作方式。

如果将"文化"理解为"生活模式"和"文本实践"，则大众文化的突出特征在于，它"是由工业技术大批生产出来的，是为了获利而向大批消费公众销售的"①，体现着"文化资本"与"经济资本"的互动乃至共谋，映射着人类社会日趋紧密的政治、经济、文化的一体性。正是这一生产机制决定了大众文化的现代品质及其意趣指向，从而与"多数人文化""俗众文化""下层文化"等概念虽然在内涵和外延上有重叠之处，但实质不同：大众文化是工业化、商业化的文化，因此也是均质化、标准化的文化；而且，"大众"是"大众文化"的建构对象，被先行预设为充满消费渴望的受众："他从不根据任何特殊的标准——这一标准的好坏姑且不论——来评价自己，他只是强调自己'与其他每一个人完全相似'"，"大众就是普通人"②。这意味着"大众"只具有形式主体性，它"并不以客观实体的形式存在"，"形形色色的个人在不同的时间内，可以属于不同的大众层理，并时常在各层理间频繁流动"③，但也常常给人以错觉——让"大众"相信他们的文化选择乃是主体能动性的体现，而这种错觉往往来自大众文化的意识形态建构/自我论证。

而如果将"文化"理解为"意义景观"，则可以说，商业逻辑驱动的大众文化运用"世俗化"和"时尚化"的叙事策略，对已有文化元素/符号进行"改写"和"拼贴"，通过"普遍化的游戏或愉快的功能"④实现意义的生产与交换，并将自己确立为消费社会/工业社会/媒介社会的主流话语与意识形态，水银泻地般融入人们的日常生活。其影响是如此广泛深远，以至于精英思想与政治理念的表述，即使与每个人的

---

① 多米尼克·斯特里纳蒂：《通俗文化理论导论》，阎嘉译，商务印书馆 2001 年版，第 16 页。

② 奥尔特加·加塞特：《大众的反叛》，刘训练、佟德志译，吉林人民出版社 2004 年版，第 7 页，第 6 页。译者将 average man 译为"普通人"，但据上下文意译作"平均的人"更准确。

③ 约翰·费斯克：《理解大众文化》，王晓珏、宋伟杰译，中央编译出版社 2001 年版，第 29 页。

④ 威廉·斯蒂芬森语，见威尔伯·施拉姆、威廉·波特：《传播学概论》，陈亮等译，新华出版社 1984 年版，第 37 页。

生存的严肃事情密切相关,有时也需要借鉴大众文化的叙事策略和传播机制才能产生力量。就此而言,大众文化不仅是当代人类社会整体文化图景的有机构成,是与主导文化、精英文化鼎足而立的文化形态,亦可视作日益世俗化与媒介化的现代社会的符号表征,要理解当代人类的生存状态与文化状况,大众文化是无论如何都无法绕过的现象与话题。

这一意义的大众文化与工业化、都市化同行共生,是蕴藉/映射着社会体制与文化精神之现代性的生活模式、文本实践、意义景观,因而无论从逻辑还是事实上说,大众文化都只能诞生在现代文化及其生产与交换机制率先出现的西方发达资本主义国家。不过,随着现代性的全球开展,随着包括产品和精神的生产和交换在内的立体化的世界市场的形成,在现代传播媒介、商业资本、文化工业掘进之地,均质化/非人格化的大众文化并不费力地穿越了不同文明和文化的屏障,缔造了人类的共同庆典、共同的文化想象与审美经验。原本因"地域""种族""性别""传统"等差异性要素而不同的生活方式、认知风格、思维模式、意义机制,已经或正在因大众文化的全球播撒发生趋同性变化。这不仅归因于发达资本主义国家(特别是那些霸权主义国家)的文化扩张企图——文化扩张与政治/经济扩张互为支撑、相互借力,还因为"后发展国家"的被迫或自觉的文化发展战略选择。在此意义上可以说,文化的全球化就是大众文化的全球化,是大众文化在全球的生产、流通和消费。

大众文化的兴起与全球扩张,正在引发人类文化版图的变动与重新布局,重组存在于不同时空且形态与类型也不尽相同的文化力量之间的联系。这些联系织就了大众文化现身露面的意义阐释网络:它既可以被视作消解那些伟大而古老的文化传统、艺术传统以及政治威权的颠覆性力量,又可以被理解为建构人类"新感性"和"感知共同体"、实现文化的全民——特别是"沉默的大多数"——参与共享的积极力量;既可以被认为是反对一切形式的等级制度和霸权话语的文化革命力量,又可以被看作是制造替代性、虚拟性的满足以维护统治合法性的"意识形态机器"……这造就了"大众文化"在语义学与语用学上的复杂性和争议性,诚如约翰·斯道雷所说:

> 大众文化是一个说不完、道不尽的话题,而我们总是在对比之中来理解大众文化。无论与大众文化相对的"他者"是什么——是群氓文化、高雅文化,还是工人阶级文化、民间文化,等等——概念本身都会因之而发生理论或政治意义上的变化。①

不同的理解和定义,表明与大众文化照面的不同政治、经济、文化的理念/利益诉求,大众文化因此同样是政治、商业、媒介等各种权力关系汇聚纠缠的场所。而在事实上,大众文化的生产和消费,在经济学维度之外,正在重新定义"文化"的性质、疆域以及自我理解,为人类及其生存的世界赋予新的价值。

问题在于,大众文化的生存逻辑决定其不会自安于多元并存的文化格局,而必然会不断越界/扩张,在试图重新划定文化疆域的同时,将一些精神意向/价值的冲突前所未有地凸显出来。这些精神意向/价值至少包括文化/政治场域的"相对主义"与"绝对主义",审美经验场域的"身体狂欢"与"形上超越",以及在文化自我理解方面的

---

① 约翰·斯道雷:《文化理论与大众文化导论》,常江译,北京大学出版社 2010 年版,第 17 页。

"世俗关怀"与"批判意识",而其间的紧张与对立,虽然也曾屡屡现身于人类的精神史与生活史,但并不像现在这样清晰、普遍和尖锐。这不能不归因于相互指涉的全球化、现代性与科技发展合力造就的人类生活现实的世俗化、技术化和多元化,以及大众文化在展开其自身的过程中对精神意向/价值冲突的强化,虽然不免令人沮丧,却为人类的自我反省与自身认同建构提供了新的文化事实和精神动源。

而在不同民族国家的政治与文化交往领域,由于大众文化作为"指意系统",亦即为物理世界和生活事实赋予意义的"机制""模式"与"行为",在提供普遍性的娱乐快感与舒适享受的同时,也在定义用以理解"世界""历史""国家""民族"的认知图式,实现价值信念、思想模式、生活样式的建构形塑,因而势必介入民族国家间的政治和文化博弈,成为不同国家意识形态与民族文化传统冲突之域。必须指出,尽管全球化的经济、政治、文化关系正在日益深刻地改变世界图景、人类生存模式,日益突出人类的共同利益以及社会问题的全球性,"对话"和"文化间性"成了理解和建构新的世界体系的关键词,可至今并未发展出人们所期望的"全球政治"形式,实现"天下大同""世界内政"的理想仍然遥遥无期,反而因为将所有民族国家都带入同一过程,而强化了其间冲突的残酷性。这种冲突及其残酷性,不但一如既往地体现在军事、经济层面,更日益昭彰地体现在文化/精神层面,而在此深微层面,一旦涉及民族国家的存在根基,文化上的背水一战就几乎是不可避免的,尤其是"新帝国主义文化除了以其资本、军事力量和科学知识进行全球统治外,也将会把其语言以及思考、信仰、消遣和梦想方式强加给其他民族"①。

　　毫无疑问,在后殖民状态下——霸权主义从来没有像现在这样以隐晦而甜蜜的方式现身,大众文化的符号系统同样可能被置入文化帝国主义的"编码器",凭借其内容上的日常生活关怀的亲和性与形式上的感性娱乐的审美诱惑——两者具有程度不一的相关性,特别是诸如"人权""生态保护"等看似具有全球性的话题,通过对文化理念、意义模式的"格式化"与"重写",软性拆解在资本、技术、制度、管理各方面都处于弱势地位的民族国家的文化根基。即使在较温和的意义上,经过文化帝国主义编码的大众文化,也会在相当程度上破坏"后发展国家"固有文化生态和意义建构机制的自足性、稳定性,削弱其文化自信以及独立地进行文化更新与文化创造的能力。

　　事情的复杂性还在于,一些谋求经济利益最大化的跨国资本集团也推波助澜——假定它们没有政治觊觎或至少如此自我标榜,通过宣扬某种非意识形态/超意识形态的价值、信念、生活方式,将同质化的生活/观念结构植入民族国家的精神地基,从而潜在地消解民族国家的文化特性与自我认同。而作为自我辩护,大众文化的代言人虚构出一套世界文化同质化的"现代性神话",并将其确认为衡量民族国家和个体存在是否具有现代性的标尺,进而又循环论证了自身的合法性。其潜含语义是,如果排斥乃至拒斥大众文化,那就等同于排斥乃至拒斥现代性进程,而这无疑是自绝于时势使然,是有悖于现代性的话语建构,即使它是某种诉诸感性、趣味因而似乎无需商量的审美话语。

---

　　① 马里奥·瓦尔戈斯·略萨:《全球化、民族主义与文化认同》,于海青编译,《当代世界与社会主义》2002年第4期,第28页。

　　这就进入了民族国家认同建构的问题域。尽管"后民族主义"的声音值得重视——它似乎更表现为某种理念,但就事实而论,作为当代世界体系的基本单位,基于"疆域""民族共同体""主权"的民族国家组成了主导全球交换的国际关系:"我们藉以认识我们自身以及我们厕身的世界","一个没有民族国家概念的世界,或者不是以民族国家为区分单位的地球是很难想象的"[①],特别是在存在着超越国界的恐怖主义势力威胁时,人们尤其需要民族国家保护其基本的生存权利。而民族国家认同建构则是民族国家对自身特征/标志的精神与制度建构,具体表现为所属成员在政治和文化上的归属感,正是这种归属感使存在着"地域""血缘""性别""亚文化"等认同/分类的人们彼此承认为同属一个命运共同体。

　　问题的重要性在于,一个民族国家如何定位和建构自己的政治/文化身份,就意味着构成这个国家的民族将以何种性质、何种形式的主体性,面对自己的传统,构思自己的未来,参与不同文化和价值体系之间的沟通/竞争、"普遍主义话语"的生产与分配,"这实际上也就是一个争取自主性,并由此参与界定世界文化和世界历史的问题。这反映出一个民族的根本性的抱负和自我期待"[②]。问题的复杂性在于,由于现代民族国家的基本特征是多民族构成的主权国家——这一特征随着全球化进程的加深日益强化,也就存在着"族群认同"与"国家认同"、多元的"地域文化"与统一的"国家文化"之间的博弈,而全球化又引入了"跨国认同"与"全球认同"的维度,形成了多种认同

---

　　① 卜正民、施恩德:《导论:亚洲的民族和身份认同》,见其主编《民族的构建:亚洲精英及其民族身份认同》,陈城等译,吉林出版集团有限责任公司2008年版,第2页。
　　② 张旭东:《全球化时代的文化认同:西方普遍主义话语的历史批判》,北京大学出版社2006年版,第2页。

错综交织的状况。当各个利益/理念集团纷纷寻求其政治与文化上的合法性,就有可能使历史形成的民族国家认同陷入风雨飘摇的境地,也决定了朝向未来的民族国家认同建构,必须妥善解决多种认同之间的矛盾冲突。

这些问题的存在,意味着民族国家必须实现功能上的重大转变,而由国家主导的文化认同建构显得尤为重要。如果一个国家不能确立与维护其在文化领域的权威性与自主性,不能确立与维护其文化核心观念与意义生产机制,也就无法建构起历史主体性,既使存在不同认同选择的国民难以形成精神生命的同一性,以此实现彼此认同,也使其难以赋予民族国家认同以优先性。而假如一个国家不懂得"文化是价值观,是精神,它比利益和物质要深刻得多,文化上被征服等于心灵被征服,也就等于彻底被征服"[1],不明白在全球文化工业兴起的时代,"文化无处不在,它仿佛从上层建筑中渗透出来,又渗入并掌控了经济基础,开始对经济和日常生活体验两者进行统治"[2],则不仅其存在本身是可疑的,而且也难以应对文化帝国主义的外部威胁。这不仅仅是一个文化问题,更是事关国家存在论根基的政治问题。至于一个民族国家确立怎样的基本价值和文化特性,选择怎样的文化生态和意义建构机制,建构怎样的国家形象和文化境界,则既取决于存在着地域、种族、性别、亚文化的认同与分类的全体国民的共同努力,也决定于作为政治实体的民族国家如何自主处理与其他民族国家以及跨国资本的关系。

---

① 赵汀阳:《天下体系:世界制度哲学导论》,江苏教育出版社 2005 年版,第 149 页。
② 斯科特·拉什、西莉亚·卢瑞:《全球文化工业:物的媒介化》,要新乐译,社会科学文献出版社 2010 年版,第 7 页。

　　因此之故,民族国家及其认同必然介入大众文化的功能场域,并与全球化、现代性密不可分地交织在一起。由于大众文化"快适伦理""感性美学"的文化品格与日常生活的紧密关联性质——这也成为其存在的合法性依据,大众文化对民族国家认同的建构或消解,无疑具有基于日常生活经验的切身相关性。它既可以发挥巨大的建设性作用,通过创造全体民族成员共有的历史记忆、精神传统与文化想象,并使其成为民族的联系纽带与国家的资格论证,以增强个体对民族/国家的向心力与忠诚感;也可以被用来消解/抽空民族国家政治和文化的同一性,通过强化"超国家认同"或"次国家认同"的优先性,而导致"民族""国家"概念/信仰/实体的形式化乃至碎片化。因而问题不在于大众文化存在与否,而是谁能掌握大众文化的领导权,将自己的理念、意志体现于政治、经济、文化的一体互动过程。

　　而在全球化时代,无论是全球化进程的主导者还是参与者,是主动选择还是被动回应,"一个国家的民族认同与文化统一性的发展潜力,是以相互联系的方式,由其所依附的民族国家间变换不定的权力失衡和相互依赖的结构所决定的"①,因而一个民族国家对"自我身份的建构……牵涉到与自己相反的'他者'身份的建构,而且总是牵涉到对与'我们'不同的特质的不断阐释和再阐释"②。这种建构和阐释最理想的状况,当然是互惠地实现"自我"与"他者"形象与精神的丰富饱满,但"自我"更有可能通过贬低"他者"来论证自己的制度、精神、价值的优越性,或者可能通过"自我贬抑"以便完成"自我"的"他

---

①　迈克·费瑟斯通:《消解文化——全球化、后现代主义与认同》,杨渝东译,北京大学出版社 2009年版,第 124 页。

②　爱德华·W.萨义德:《东方学》,王宇根译,生活·读书·新知三联书店 2007 年版,第 426 页。

者化"。这决定了大众文化对民族国家认同的消解,不仅来自民族国家内部的利益/理念集团,也来自其他民族国家自我认同的文化建构:如果缺乏充沛的文化自信,与"他者"相遇不惟不能实现自身精神的丰富,反倒可能以自惭形秽的文化心理彻底认同"他者镜像"。这种消解的症候既直接体现为国家意识形态的空虚化、国家/民族形象的阴暗化、民族集体记忆的碎片化、传统权威的恶俗化,当中隐含着"去国家""去民族""去政治"的理念/利益诉求,欲图实现某种政治觊觎,或者最大化的经济利益;也间接体现为国家文化境界的低俗化、价值关怀的碎屑化、民族精神的孱弱化,导致社会精神的整体堕落和政治、文化生活的颓然失序,隐微难察却影响深远。

第二节　两种中国镜像与当代中国的自我认同

与个体的自我认同建构一样,作为集体认同形式的民族国家认同建构也只有在"自我"与"他者"相遇时才是有意义的,否则就没有实施认同建构的必要性与可能性。"他者"是一个"自我"理解与建构自己"身份"的"镜像",它有可能是"自我"欣羡不已、竭力效仿的对象,也可能是鄙夷不屑、痛加贬斥的对象,虽然最好的状况是运用"交往理性",通过"自我"与"他者"的对话、沟通,最终实现双方形象与精神的丰满与完善。在此意义上,对于转型期的中国而言,域外大众文化确实是一个用以实现自我理解与自我认同建构、具有强大审美感染力的"文化镜像"。

需要指出的是,如许多学者所说,尽管在现代中国,在以上海为代表的大都市已经出现了大众文化的雏形,域外大众文化产品已然贴着"时髦""时尚"的标签登陆中国——甚至成为现代性的某种文化象征,但从传播广度与影响深度角度而言,严格意义上的大众文化是当代中国的文化现象。从时间节点说,域外大众文化产品以合法身份进入中国,这是1980年代中期以来的事情;而从社会心理基础与国家文化转向层面说,则是中国社会整体变革的结果,此即与从计划经济向以市场经济为主导的经济运行机制转型相伴随的全面的社会转型。这在文化领域的表现就是从高度整合的主导文化的一元格局,转向主导文化、精英文化、大众文化共存的三元格局,以及准入域外大众文化产品的意识、策略、制度。正是在中国社会转型的大背景下,受惠于中国的一系列文化体制、文化管理方式的改革,域外大众文化才被有选择地引入中国并产生广泛而深刻的影响。在此意义上可以说,域外大众文化在中国的境遇,乃是理解当代中国社会变迁与文化变革的重要维度。

　　毋庸置疑,改革开放国策重启的中国现代化进程,意味着当代中国不再游离于"国际化"和"语境化"的现代世界体系,而这是中国的自觉与主动的选择,是实现国家繁荣、民族复兴的关键。但这既意味着实现自我更新与重建的机遇,也潜含着自身被侵蚀、破坏甚至解体的风险。此正如王岳川所说:当代中国"对自我社会文化身份的认知,已经不可能是单一的层面,而只能将自己置于全球化浪潮之'镜'中对自我加以重新体认。这种文化形态上对自我镜像的重新体认,一方面带来全新意识的可能性,另一方面也带来面对'他者'并被他者'同化'甚至'异化'的内在紧张"。① 文化上的冲击/挑战与相伴的阵痛势无可免,但这又无疑是中国实现国家转型、融入世界体系必须

---

① 王岳川:《中国镜像:90年代文化研究》,中央编译出版社2001年版,第Ⅲ页。

要付出的代价,而且也只有在应对冲击/挑战的过程中,才能形成与中国的国家转型相适应的文化认同建构方案、策略、制度、方式。

　　基本事实是,随着中国经济市场化、社会世俗化、政治民主化进程的强力推进,特别是经由1990年代中国社会意识的突转,域外大众文化产品迅速而清晰地标定了自己在当代中国文化地图上的合法位置。从好莱坞电影,到各种电视节目、流行歌曲、通俗小说、漫画,乃至餐饮、美体等生活服务,域外大众文化不仅以空前规模强势涌入,而且不再被一概认为是趣味低下的"靡靡之音",或者简单指认作帝国主义制造的"精神鸦片",而是承认其在满足人民群众多方面的文化需要方面的积极价值,以及对发展本土大众文化产业的借鉴意义。公允地说,在从最初的"惊诧"反应逐步转入"认可"乃至"追捧"模式后,域外大众文化为中国大众展现出全新的可能生活图景——他们刚刚经过"新启蒙"的精神洗礼、渴望融入世界,极大地丰富了中国人的精神生活,培育了一个具有相同文化习性并据以实现身份认同建构的文化族群,也为中国文化产业的兴起和开展提供了可资借鉴的模式、范本和经验。然而,正如让·鲍德里亚所说:

　　　　在电视和当代大众传媒的情形中,被接受、吸收、"消费"的,与其说是某个场景,不如说是所有场景的潜在性。①

在为中国民众提供前所未有的感性体验和消费经验的同时,域外大众文化携带的文化基因,寄寓/隐喻的"他者镜像",同时也在挑战中国的文化传统与国家意识形态,潜在地影响甚至改写人们用以定义

①　让·鲍德里亚:《消费社会》,刘成富、全志刚译,南京大学出版社2000年版,第132页。

"自我""民族""国家"的认知图式和意义生成模式,从而对历史形成的民族认同、国家认同及其当代建构施加作用。

在进入中国的众多域外大众文化产品中,以"好莱坞电影""可口可乐""麦当劳"为代表的美国大众消费文化具有无与伦比的影响力。1990年,"麦当劳"在深圳开设了第一家连锁店,这也成为美国大众文化以合法身份大规模登陆中国的标志性事件。继而,通过与中国本土生活场景以及文化资源的结合,席卷全球的美国媒介文化产品与生活服务产品迅速融入中国并急剧扩张,不再被视为异质性的文化力量,反倒成为塑造当代中国生活图景的重要元素。在大中城市,对于由"可口可乐"广告、"麦当劳"招牌点缀的都市景观,人们早已耳熟能详,而以不同方式和途径体验美国大众文化产品提供的"影像""声音""想象""风格",也已成为生活常态。更重要的是,美国大众文化在中国实现了从"奇观性"向"日常性"的接受心理转换,并随着城镇化进程的推进,特别是随着城乡之间人员、资本和信息的快速流动,从城市向广大农村迁移。

吊诡的是,尽管本身或多或少地是体现美国"文化政治"理念的"文本实践"和"生活模式",但美国大众文化事实上为中国的广大人民群众提供了"实实在在看得见摸得着的物质上的'享受'或精神上的欢快体验"[1],而这与他们在走出"文革"时期阴影、告别"假大空"的后的期望丝丝入扣。似乎可以这样说,美国的大众文化产品以其身份的合法性宣告了市场经济的合法性,宣告了日常生活与感性欲求的正当性,其所引起的震动并非仅只在经济领域,而必然会渐次传导至政治与文化领域。与此相关联,我们还必须意识到,美国大众文化

---

[1] 王晓德:《美国大众文化的全球扩张及其实质》,《世界经济与政治》2004年第4期,第28页。

产品之准入中国,其意义并不仅仅意味着改革开放的中国对于文化市场的开放——这是中国国家主导的市场经济改革的有机构成部分,更重要的是中国在意识形态领域的自我调整。这直接体现对于域外文化产品管控的放松,其基本态度就是对于美国大众文化之价值的认可,而前提则是允许多样化的文化形态共存。

这意味着,在改革开放的中国,"好莱坞"的文化生产模式不再被简单视为帝国主义的"传声筒""迷魂剂",而是具有某种现代性品质,是致力于实现全面现代化的中国需要接受与学习的文化元素/机制。如果这一判断可行,则进一步的推论也就可以成立:美国的大众文化产品在提供"享受"与"体验"的同时,也在同时"生产"和"复制"某种价值信念与意义生产机制,从而参与了转型期中国的政治、经济生活和文化秩序的重建。这方面的表现就是,普通中国人对于西方"宏大叙事"的直观了解,是基于美国的大众文化产品,是在"好莱坞"代表的影像世界、"麦当劳"代表的生活服务空间获得的,尽管这种了解很有可能存在偏失舛误。但无论如何,这是与世界隔膜甚久的中国人看待与评价自我的可行方式——尤其是对没有机会走出国门的普通百姓而言。

事实很清楚,美国向作为"资本市场"/"商品市场"和"政治实体"/"文化统一体"的中国输出其大众文化产品,既有经济和贸易上的考虑——作为"资本市场"/"商品市场"的中国,同时也隐含着在文化和政治上实现"美国化"的企图——作为"政治实体"/"文化统一体"的中国。如果依据美国一贯的国际战略的语法,这也就是"世界化",或者说是"全球化",亦即按照美国的价值观和政治理想实现全球文化、政治的一体化。这当然包括中国,一个拥有足以与美国抗衡的疆域(更不要说人口与文化传统)而且在国家体制上截然有异的国家。例如,"好莱坞的全球化在冲击着中国民族电影工业的同时,也通过色彩缤纷的电影形象推销着美国商业文化、政治、生活方式和价值理想,影响民族社群的文化认同和文化延续,制造美国式的'全球趣味'从而在一定程度上影响中国的现实和将来"[①]。这种局面的造成,未必出自于美国政府高层之授意,但肯定为那些秉持"美国中心主义"的美国政府高层所乐见,因为这符合他们所坚称的"美国利益"与"和平演变"的策略。在他们眼中,一个日益强大的中国是影响美国之存在感的"威胁因素",而非促进世界走向和平、和谐、共赢的新格局的力量。

这种隐微的"文化政治"考量,不会直接呈现在美国大众文化产品的表层结构——这几乎是无视国际政治的基本游戏规则;而且,大众文化的盈利本性,也不可能允许这种叙事结构存在——这会直接触及那些跨国资本的利益,更别说中国国家政治体制的稳定强大,以及执政党对于文化管控之重要性的自觉意识,是更其有力的制约因素。因此之故,那些内蕴着霸权主义/文化帝国主义基因的美国大众文化产品,并不是以直接挑战和颠覆中国的国家认同/民族认同的可憎面目出现,而是通过诉诸所谓"现代性""全球化"的"宏大叙事",推广美国式的消费主义理念与生活方式,有声有色地展示美国价值理想的动人之处,最终目标是在日常生活世界中"软性"改写中国人的身份意识与行为模式。例如,"好莱坞影视文化中对没有社会矛盾、没有失业下岗的富有社会的渲染,对家庭伦理、友爱亲情的描绘,让观众听到看到的是歌美、人美、画美,感受到的是情感美、生活方式

---

① 尹鸿、萧志伟:《好莱坞的全球化策略与中国电影的发展》,《当代电影》2010 年第 4 期,第 36 页。

美,最后是对社会美、制度美的认同。在这样的'拟态环境'中,从文化渗透到观念渗透、思想渗透,最终达到行为认同,实现社会控制"。①与此同时,当美国大众文化的语法、模式被形塑为一种有利可图的文化产业典范,最终形成为一种严重挤压主导文化与精英文化的格局,那就会造成国家文化生态的失衡,受影响的不仅是国家意识形态,还有那些可能是最终标志中国人身份的"声音""影像""观念"。

这意味着,尽管在一些大众文化文本中,美国的"霸权主义"意识形态会假借"世界主义"与"英雄主义"的"堂皇叙事"隐约浮现,但这并不是美国大众文化与中国的民族国家认同问题照面的主要方式。这方面最好的例证就是"好莱坞电影"。在那些描述全人类面对的恐怖主义、生态灾难和外星人入侵的叙事/影像中,极具智慧、胆识与才具的美国总统总是理所当然地出面领导世界各国(虽然是有选择的)的"正义力量",而美国则总是被塑造为面对所有威胁的最后与最坚强的堡垒,因而当危机解除时,各种肤色的人们一定会欢呼雀跃地感谢美国及其总统的伟大贡献。这可以称之为叙事/影像建构的政治学,其问题在于:对于美国之"世界盟主"地位的设定,是否具有国际法上的合法性?美国及其总统以领袖自居,拯救世界于水火之中,这是否构成对其他民族国家主体性的忽略或轻视?但"好莱坞电影"不会考虑这些问题,在其视野中,"英雄主义""世界主义"话语的普遍性足以消解这些问题:谁不喜爱并想成为一个侠肝义胆又不乏温情的英雄呢?在普遍性、全球性的威胁面前,基于"地域""民族""阶级"之分别的意识形态又具备何种优先性呢?

对美国人来说,这种虚构无疑是强化美国国家认同的意义生产

---

① 隋岩:《当代中国电视文化格局》,北京大学出版社、群言出版社2004年版,第164—165页。

机制,但在中国,人们或许会在理性层面辨认出这种令人生厌的霸权主义的隐喻,却可能因为审美的诱惑力而在情感和无意识层面对此叙事/影像建构产生想象性认同。当其形成为一种"指意系统",亦即生产意义的模式与机制,就很有可能堕入由西方国家主导的全球化的幻觉,认同"去民族""去国家"的思潮;或者将"美国价值""美国理想"误认为是值得追求的所谓的"普世价值",反而对本民族文化价值与国家意识形态产生怀疑。这种情形确实存在,甚至一度对中国的国家文化安全形成威胁,但并非主导方式。更重要的是,在当代中国重建国家身份的过程中,在中国的生活与精神地基上,美国大众文化建构了一个生动的触手可及的"现代性镜像",为中国大众喻示/诠释着世俗生活与感性需要/欲望的正当性,进而激发基于"身体感性"之合理性的政治和文化诉求,并据以确定个体生活、民族命运和国家存在的意义,而美国大众文化全球扩张的事实则有助于产生"寰球同此凉热"的认同想象。

在中国改革开放的政治文化语境中,这种想象无疑蕴含着通过现代化实现国家和民族振兴的强烈渴望,但危险也同时潜伏其中,这就是以体现着"媚俗现代性"的"均质文化"销蚀国家特性和民族精神个性。原因在于,大众文化不仅为大众提供生理享受和感官刺激,还是强有力地影响人们的世界观和价值观的意义生产机制。事情正如阿兰·伯努瓦描述的那样:"资本主义卖的不再仅仅是商品和货物。它还卖标识、声音、图像、软件和联系。这不仅仅将房间塞满,而且还统治着想像领域,占据着交流空间",而"图像和声音的普遍泛滥有助于生活方式的标准化、差异和个性的弱化、态度和行为的趋同以及集体认知和传统文化的消解。但更重要的是,它还修正了我们的时间和空间概念"①,不可避免地造成"时空压缩"与"地域感"的消失,"当时空压缩形成的短暂性和同时性使得本地生活变化多端和不确定时,认同危机便难以避免"②。这首先是依靠空间(疆域)建构功能的"国家认同"的危机,也包括依靠传统文化中本地空间场所进行建构和维护的"民族认同"的危机,同时也可能造成"民族认同"与"国家认同"统一性的断裂。而在多重认同共时存在的格局中,国家不再是毋庸置疑的认同中心,甚至也不具备最高的合法性。

更为隐秘而致命的危险是,与世界其他地方一样,美国大众文化也成为中国的文化产业效仿的对象。它的叙事语法、文化逻辑和运作模式不断被复制和再造,从而在文化系统的深层地带影响到中国的民族国家认同建构。这种效仿的直接动因是美国大众文化在中国取得的巨大的商业成功,欣羡之余,也会激起有类于"师夷长技以制夷"的文化心态,但其合法性表述则是"与国际接轨"之类现代化的意识形态话语。时至今日,在中国的酒店、餐饮等服务行业领域,以"麦当劳"为榜样的连锁经营模式和"快餐店原则"被广泛应用,而在影视制作、图书出版、广告创意等文化产业领域,以"好莱坞电影"为典范的"娱性逻辑"和商业运行机制则被奉为圭臬。这固然有力推进了中国社会的世俗化进程,推动了中国经济的市场化转型,迅速提升了中国城市的现代化和国际化水平,为人民群众提供了充裕便利的生活服务和丰富多样的文化选择,但也同时在将某种同质性的预定文化结构嵌入本地生活场景,从内部削弱传统认同机制(生活场所、文化

① 阿兰·伯努瓦:《面向全球化》,见王列、杨雪冬编译《全球化与世界》,中央编译出版社 1998 年版,第 10 页,第 11 页。

② 周宪:《全球化与文化认同》,见周宪主编《中国文学与文化的认同》,北京大学出版社 2008 年版,第 24 页。

制度)的建构功能。

　　这首先意味着,尽管诸如"中式快餐""中式大片"之类的本土文化产品和生活服务,试图努力展现"中国元素",展现中国的文化个性与审美风格,但这种展现却是依照美国大众文化的深层语法结构进行的。或者可以这样说,中国人试图讲自己的故事,也确实讲了自己的故事,但讲故事的"模板"却不是自己的,而这"模板"乃是决定故事之意义的内在结构。因此之故,中国人自己用"中国元素"建构的"中国形象",难免不会成为美国文化的"投影";而这样一个"中国"的历史图景、民族性格、国家形象,难免不会成为关于"中国"的"美国想象"。更具悖论意味的是,依照美国大众文化的表意方式和叙事规则展现的"中国"的个性和差异性,已经被从其赖以发生认同建构作用的文化基壤/时空语境中抽离出来,作为一种普遍的、抽象的文化符号,加入文化全球化的"帝国体系",成为其中的环节和部分。与以往不同,"帝国式种族主义,或曰差别性种族主义,将他者融入自己的秩序中,然后再在一个控制系统中对差异进行协调统一。这样,固定的、生理性的民族观就趋于消融,化为一个流动的、无定形的民众","它所依赖的是差异的运行,以及在其连续扩张的领域内对微观冲突的操控"①。在此情势下,中国及其文化元素的个性和差异性的展现越是独特鲜明,反倒越会以"他者"的形式,强化文化全球化的"帝国体系"及其文化逻辑。

　　当代中国民族国家认同建构的另一个重要镜像是韩国大众文化。在 1997 年至 2006 年的十年间,韩国的影视剧、美食、服饰、美容

---

　　① 麦克尔·哈特、安东尼奥·奈格里:《帝国——全球化的政治秩序》,杨建国、范一亭译,江苏人民出版社 2003 年版,第 196 页。

术、化妆品、流行音乐、网络游戏风靡神州大地,"韩流"这一频繁使用的流行语,恰当地表明了韩国大众文化强大的渗透力,余震迄今犹存,这使其成为与中国文化存在历史亲缘性的域外大众文化的代表。与美国大众文化相比,韩国大众文化虽然是"次生性"的,且不属于同一量级,但具有与韩国的现代化方案相应的文化个性,而这正是其之所以能在美国大众文化的强大影响下吸引中国大众的原因。同时,尽管韩国大众文化也以"好莱坞"和"麦当劳"为原型/典范,却并不抱持建立全球文化帝国的奢望,这种文化姿态也会在一定程度上缓释受众的戒心。这倒不是说韩国大众文化在中国获取巨大经济利益的同时,全然没有政治和文化上的利益诉求,无论这种诉求是否清晰地呈现在文化结构的表层。

正如一些学者指出的,被称作"江汉奇迹"的韩国工业和经济的迅猛崛起,使其成为脱离殖民体系、重获历史主体性的亚洲国家实现国家和民族振兴的表率,也被视为"东亚现代性"的一个成功方案。然而,韩国要想真正建构起作为现代民族国家的主体性,乃至于在亚洲的政治和文化舞台上扮演更重要的角色,就必须论证和确立韩国历史与文化传统的独立性及其制度、价值的优越性,并努力使其获得普遍性,亦即在广大范围内的可分享性。这是一个意义重大的"文化政治"课题。就此而言,运用大众文化的生产机制、呈现模式、话语系统,建构、展示、传播韩国的民族文化传统和国家形象,确实是一种富有魅力、具备全球品质的论证和确立方式。因此之故,韩国大众文化的生产与输出,直接与表层的动力是经济利益诉求,但同时也潜含着"文化政治"的意谓。那些优秀的韩国大众文化产品,对韩国民众来说是有力的民族国家认同建构手段,对其他国家的人民而言则是认知、认同韩国的历史与文化之主体性的有效方式。

在19世纪末以来的韩国民族主义文化精英看来,由于14世纪以来的六百多年间,中国的政治和文化深刻影响了韩国国家形象与国民日常生活的建构,因而"摆脱中国的笼罩"乃是重建韩国民族国家认同这一政治与文化运动的重中之重。然而,如同在日本等国家一样,诸如"废除汉字"等激进民族主义运动不但在生活事实层面造成不便,而且也会难以避免地损伤韩国历史/文化传统的丰富性和完整性,因而论证韩国在儒家思想发生上的"原生性",展示儒家文化传统在当代韩国的"活的存在",就成了韩国意图获取"东亚儒家文化圈"领导权的更有力量、更具实质内涵的方式。这既直接体现在韩国的国民教育、学术研究当中,也作为"叙事策略"与"潜台词"表现于韩国的对外文化交流中。以"韩剧"为代表的韩国大众文化也不例外,它在中国的成功经验被描述为"用中国文化的拳脚扫遍中国",就恰如其分地表明了这一点。

不过,对于中国的普通民众来说,由于中韩两国的历史与文化存在紧密的亲缘关系,以及韩国作为"后发国家"的启示性,时尚、华丽而又具备浓郁的东方色彩的韩国大众文化的精神意义在于,它提供了一个关于如何实现中华民族伟大复兴这一中国梦的镜像:既然曾经师从中国的韩国可以实现现代化,中国自然有更充分的理由实现国家富强、民族复兴的目标。透过这面镜子,中国人得以在诗性的"拟态环境"中感受自身文化的真实存在及其现代价值。那些极具现代感但携带着儒家文化基因的叙事主题、生活场景、情感经验,不能不使亟需重建文化主体性、恢复民族文化自信的社会建构功能的中国大众心生向往,进而转化为对于"民族"与"国家"的期许与想象。

问题在于,由于尽管饱受"欧风美雨"侵袭的中国已经意识到弘扬传统文化的重要性,但传统文化还没有如所期望的那样浴火重生,进而植入当代中国的文化语境与生活场景,体现为大众的日常生活方式与普遍化的情感信念,这种期许与想象就可能导致"反认他乡是故乡"的文化认同困境,以及民族身份意识的迷惑。

对此,韩国学者看得十分清楚:"韩流与其说是大多数中国人通过接触我们丰富多彩的文化与我们沟通的现代化进程,不如说是中国人确认他们的文化颓势的机制。"①其中隐含的危险在于,当维系与整合一个民族的文化认同感变得不确定时,国家认同也就难以避免地出现危机。这是因为,"民族认同所内含的文化认同感比政治认同感对国家的合法性来得更重要","文化危机所带来的迷茫和消沉乃至失去认同,不仅是一个民族衰微败落的征兆,而且孕育着国家危机"②。更不用说,出于维护和强化韩国民族国家认同的考虑,一些秉持狭隘的民族主义立场的韩国大众文化精英,有意识地通过将中国文化符号化与重述历史的方式,塑造韩国作为"东亚文化引导者"的国家形象,"降格"甚至"丑化"中国的历史形象,并将这种"文化政治"企图巧妙地隐藏于大众文化的娱乐帷幕之后。这在不少"韩剧"中都有体现,例如"韩国文化引导东亚文化"的人物对白、韩国女医官发明针灸和药膳的故事情节,以及对古代中国"侵略形象"的定位、对古代中国帝王及其使臣形象的丑化……诸如此类的虚构固然能实现"大韩意识"强烈的韩国剧作家培植民族自信心的目的,但也会在不同程

---

① 白元淡:《吹袭东亚的寒流》,转引自沙蕙《韩剧飘渺着一条看不见的战线》,《艺术评论》2005年第10期,第50页。

② 徐迅:《民族主义》,中国社会科学出版社2005年版,第50页。

度上导致迷醉于"韩流"的中国大众特别是青少年对于本民族的历史
与传统的认知混乱。假如这种认知不能得到基于生活模式与文化语
境的强力纠偏,结果就是他们"不再真正了解自己的传统,不再真正
为自己的民族性感到自豪,不再真正信仰自己的国家意识形态和基
本价值观"[①]。

第三节　三种中国形象与当代中国的认同建构

同样影响着当代中国的民族国家认同及其建构却不易清晰指认
的,是本土文化精英的大众文化实践。耐人寻味的是,它最初从来自
港台和欧美的大众文化片段中获得驰骋想象的灵感和动力,并一度
被保守人士视作"洪水猛兽",但在1980年代的中国政治文化语境中,
那些对日常生活"微观叙事"与"身体感性"合理性的肯定和张扬,却
在一定程度上承载了批判"'文革'意识形态"的"启蒙"功能。而在日
益转向全球化与现代性的国家文化疆域,作为文化产业的本土大众
文化的生产和消费,被赋予了维护本土文化资源和国家经济安全的
意义,同时还承担着舒缓国家转型引发的社会冲突和精神压力的意
识形态功能,以及满足人民群众日益增长的物质和精神需要的现代
化建设任务,从而使其在国家文化体制内获得了充分的合法性。

进而,随着1990年代"市场化"逻辑向中国的政治、社会、文化各
个领域的广泛渗透,随着中国社会生活世俗化与都市化进程的迅猛
发展,以及伴随着社会分化必然出现的文化分化,在获得了相对充分
和独立的生存空间(政治的、文化的)与生产能力(经济的)之后,大众

---

① 潘一禾:《文化安全》,浙江大学出版社2007年版,第72页。

文化最终明确了自己的主体意识、生存法则和叙事逻辑。它不仅与主流文化、精英文化错综交织地建构起当代中国的文化网络，还以"隐形书写"的方式实现着关于"自我""民族""国家"的文化想象，而就"在种种非/超意识形态的表述之中，大众文化的政治学有效地完成着新的意识形态实践"[1]。

首当其冲的是为大众文化"尽一切办法让大伙儿高兴"[2]的"娱性文化"逻辑，而这决定于其与生俱来的商业本性。大众文化精英据以定位其文化身份与话语建构策略，构造了一个"全民总动员""快乐向前冲"的"狂欢中国"形象。

在当代中国，花样翻新的"选秀""综艺""征婚""户外竞技""欢乐问答"等娱乐休闲栏目充塞电视荧屏，"戏说历史"的宫廷戏和民间故事剧、"无事生非"的都市言情剧和农村生活剧被批量复制，体育和影视明星的逸闻趣事、详解"时尚攻略"的娱乐指南占据了网络和报纸的重要位置，声色俱全的娱乐广告和手机"段子"铺天盖地，织就了一张将分属不同地域、阶层、种族、性别、年龄的人们都抛入其中的"狂欢之网"。在大众文化精英看来，只要能制造出新异别致的娱乐效果并从中获利，不管是传达国家意志、国家利益的主导文化，还是吁求精神超越、高贵理想的精英文化，抑或植根底层社会、表述人民愿望的民间文化，都可以通过时尚化、娱乐化的"包装""重组"，变成口味调匀的"心灵鸡汤"；无论是多么崇高的信仰和观念，还是多么严肃的情感和话题，抑或多么权威的知识和经典，连同相关历史记忆和生活

---

① 戴锦华：《隐形书写——90 年代中国文化研究》，江苏人民出版社 1999 年版，第 283 页。

② 德怀特·麦克唐纳语，转引自丹尼尔·贝尔《资本主义文化矛盾》，赵一凡等译，生活·读书·新知三联书店 1989 年版，第 91 页。

场景,哪怕是惨绝人寰的灾难、令人发指的暴行,也都可以通过"解构""反讽""戏拟""黑色幽默",转化成娱乐消遣的对象。这意味着大众文化已然成功塑造了自己的文化英雄、生活典范和意义生成模式,而透过"狂欢中国"这一想象中国的方式,大众得以实现文化/精神和生活范型的自我定位,并遵循"娱性逻辑"给定的意义生成模式生成并确认自我存在的意义。就此而言,尽管大众文化绝不"主动攻讦其他文化,并不以斗争的姿态出现,甚至它的面孔相当妩媚和温和"①,甚至表现出对主流文化、精英文化标准相当程度的尊敬,但在事实上造成了"国家观念"和"超越意识"的"疏离化"。

　　娱乐本身并不是坏事,甚至可说是"人情之所必不免"(《荀子·乐论》),大众文化也确实极大地满足了人们长期受到压抑的正当的娱乐需求,有效抚慰了承受着国家与社会转型带来的生存和精神压力的底层人民的心灵,通过虚拟/想象的心理满足,释放/化解了冲突性的情绪,因而大众文化的合法性既有基于人性合理性的依据,也来自于维护社会秩序稳定的时代需要。问题在于,由于缺乏必要的理性反省和体制规约,以及主导文化与精英文化没有根据变化了的社会需要进行自我更新,从而形成必要的文化张力,旨在实现利益最大化的大众文化不断刺激、迎合大众的享乐本能,持续扩张、越界,严重破坏了文化生态的平衡机制。而随着大众文化的扩张,当"娱性逻辑"堂而皇之地占据了国家文化与教育机制的每一个环节,现身于中华民族历史记忆的每一个瞬间,播撒在社会日常生活的每一个角落,"娱乐"就被想象、建构为社会最高价值,以及从事文化发现与表述的深层语法结构,在社会和个体的无意识层面控制了人们的认知模式、

---

① 孟繁华:《众神狂欢——当代中国的文化冲突问题》,今日中国出版社 1997 年版,第 14 页。

语言机制、行为方式。

由此,并不"主动攻讦其他文化"的大众文化不动声色实现了它的意识形态功能,即针对民族国家认同这一"宏大叙事"的戏谑化解构:当一切不过是无需较真的娱乐消遣,则忠诚于民族和国家的情感与行为,就可被视作"迂腐的陈词滥调"拿来调侃,而中华民族的历史及其符号象征,也可以通过随心所欲的"穿越"变作茶余饭后的谈资和笑料。更严重的是,当一切严肃性的事件和价值都被娱乐化和平面化,相对主义的"享乐至上"成为社会生活的基本指南,那就既没有什么事情值得思想,也没有什么信念值得坚守,为"愚乐"泡沫包围着的人们就只会关心个人利益和个人感受,整个民族精神的弱智化和碎屑化就在所难免。然而,诚如尼尔·波兹曼所说:"如果一个民族分心于繁杂琐事,如果文化生活被重新定义为娱乐的周而复始,如果严肃的公众对话变成了幼稚的婴儿语言,总而言之,如果人民蜕化为被动的受众,而一切公共事务形同杂耍,那么这个民族就会发现自己危在旦夕,文化灭亡的命运就在劫难逃。"①

与"娱性文化"逻辑结伴而行的是大众文化的"欲望叙事"策略。两者的逻辑关系在于,"尽一切办法让大伙儿高兴"决定大众文化本质上是一种"幻觉文化""均质文化",非此则不能提供普遍性的娱乐。这就使其刺激和释放的"大众"的隐秘欲望,凭借"娱乐"的名义而获得了合法性,而对隐秘欲望的"展示"与"消费",也凭借"大众"的名义获得了正当性,由此形成了大众文化的自我保护机制。显然,这种保护机制其实是大众文化自身文化逻辑的循环论证。

在深受儒家伦理文化影响的中国人心目中,"欲望"绝不是一个

---

① 尼尔·波兹曼:《娱乐至死》,章艳、吴燕莛译,广西师范大学出版社 2004 年版,第 202 页。

"好词儿"。而在当代中国的文化版图上，曾经"犹抱琵琶半遮面"的"欲望"却高调出场。通过网络和手机流传的"下半身写作"、A片、偷拍或自拍的色情视频、黄色笑话，刻意书写中国人阴暗心理和迷乱心态的历史剧和当代情感生活剧，"调侃政治""恶搞经典""丑化领袖"的"肥皂剧"、网络游戏、"博文"、小品，渲染血腥暴力、歌颂野性英雄、展示污浊世相的畅销小说、通俗读物、影视作品，当中呈现出的种种"物欲""肉欲""窥视欲""破坏欲""施虐欲"，活色生香、纤毫毕陈地撩拨着中国大众的感官和神经，以其"个性解放""文化多元""身体革命""社会进步""关注生存"的自我标举，使大众无需遮掩更无需自责地沉浸于欲望的海洋，而"欲望的释放在全球化与后现代的双重世界想像背景下也自然而然地成为当代中国的国家形象特征"[①]。

具有悖论意味的是，在转型期中国的特殊语境中，商业性的大众文化对于"欲望"之审美化的宣泄和呈示，解放了曾经与"政治意识形态"和"革命话语"紧紧捆绑在一起的感官和身体，使其获得了独立性，重返"感性"与"日常"的生活语境，从而推动了社会生活的世俗化，以及总体性文化的细分化。然而，大众欲望的"潘多拉魔盒"一旦被打开，就很难再将它关上，而大众文化精英们似乎也没有这种愿望。于是，"文化"就成了"欲望"释放自我的独角戏，而"欲望"主宰了历史记忆与文化构想的主题和话语脉络。

大众文化建构起一个与"乡土中国"和"红色中国"截然有异的"欲望中国"形象。有别于"身家国天下"的"伦理叙事"和"反帝反封建"的"革命叙事"，被表述为人性解放与社会进步的"欲望叙事"，是这个"中国想象"的意识形态和话语生产机制。这意味着，大众文化

---

① 杨厚均：《从欲望中国到智慧中国》，《文艺报》2007年4月14日第3版。

针对中华民族的历史记忆、政治经验、革命传统、当代生活进行的欲望化改写（解构与重建），与其说是对"历史真实""人性真实"的重塑，毋宁说是制造了一个用以想象和体认历史传统、社会政治、自我生存状况的表象体系：

> 进步就是占有更多物质财富，平等就是大家都向低的道德水准看齐，自由就是无止境地但又不负责任地追求快乐。①

为了获得欲望的当下满足和自我放纵的快感，诸如个人名节、家族荣誉、民族尊严、国家利益等曾经被珍视的价值和信念，不但可以漠然置之或者等价折算，甚至本身也被解释为某种隐秘欲望的光晕。

就此而言，大众文化的"欲望叙事"事实上具有了意识形态所具有的"认知暴力"性质。它将"大众"规训为欲望化的"主体"，将"历史"演绎为欲望的"假面舞会"，将"生活"定义为欲望生产与消费的"轮回"。尤为关键的是，这种呈现并没有"思想启蒙"和"文化批判"的意义指向与精神内涵，而只不过是为了给"欲望"的演出搭建一个可以闪转腾挪的舞台而已。于是，大众文化的"欲望叙事"不但以"釜底抽薪"的方式，消褪了用来凝聚全体国民心灵的历史与文化传统的荣光——满眼中声色犬马、勾心斗角、夹棒带刺，更致命的是，它"创造了一种条件，使追求声色物欲不断升级成为占主导地位的文化现实"，然而"一个以自我满足为行事准则的社会也会成为一个不再有

---

① Hoggart, The Uses of Literacy, Hormondsworth, Penguin, 1969 年版，第 340 页。

任何道德标准的社会"①。而一旦整体性和集体性的民族道德败坏与文化堕落难以避免,民族国家的危机就来临了。这不能不让人联想到荀子的提醒:"乐姚冶以险,则民流僈鄙贱矣。流僈则乱,鄙贱则争,乱争则兵弱城犯,敌国危之。"(《荀子·乐论》)

大众文化对"狂欢中国"和"欲望中国"形象的构建,表征了当代中国文化中令人担忧的民粹主义倾向。而更具悖论性和隐蔽性的威胁,则是大众文化对民族主义情绪的生产与传播,由此构建出一种存在着观念悖谬与精神迷误的"文化中国"形象。

作为文化工业,通过市场机制实现利益最大化,无疑是大众文化生产的真实目的,但市场逻辑也使大众文化身不由己地陷入追新逐异的循环游戏。它不仅需要将"娱性逻辑""欲望叙事"的原则与策略推到极致,还必须始终保持对于社会思潮和大众心理变动的敏感,以便及时将其转化为市场效应。随着中国在全球政治、经济格局中的位置日益重要,"中国模式""中国道路"成为国内外知识界普遍关注的问题,强调回归民族传统、持守民族本位立场的民族主义在文化领域高调登场,成为强有力的社会动员机制与文化整合机制。这也得到来自 1999 年美国轰炸中国大使馆事件的直接刺激。一时间,在各种集体场合,民族主义情绪高涨。人们迫切渴望复活被"全球现代性""文化激进主义"压抑/悬置的"中华性"及其物质载体,以之确认作为民族国家的中国的特殊身份,重建一个"想象的共同体"②。大众文化精英迅速意识到其中隐藏的巨大商机,适时地将民族主义情绪

　　① 兹比格涅夫·布热津斯基:《大失控与大混乱》,潘嘉玢、刘瑞祥译,中国社会科学出版社 1995 年版,第 85 页,第 77 页。
　　② 本尼迪克特·安德森:《想象的共同体:民族主义的起源与散布》,吴叡人译,上海世纪出版集团 2003 年版,第 5—6 页。

纳入大众文化生产机制,仿佛具有魔力一般地唤醒了沉睡已久的传统文化精灵。从蒙学读物、择吉黄历、流年命书,到儒道经典、历史典籍;从江湖杂耍、竞技游艺、民风民俗,到唐诗宋词、书画乐舞;从日常伦理、节日庆典、穿衣配饰,到军事谋略、政治智慧,乃至阴阳风水、占星打卦、称命相面、房中补益、辟谷养生……都打着"国字"标签,在纸质与电子媒介上纷至沓来。这一持续多年、热力不衰的大众文化奇观,不免让人们产生一种"旧日中国作为其他民族文化榜样的中心职能又在恢复"[①]的想象,并为之欢欣鼓舞。

毋庸置疑,民族主义是保持民族国家同一性的基础,是高扬在民族国家上空的旗帜。事实也是,"民族主义的神话、记忆、象征符号和仪式为社会内聚力和政治行动奠定了唯一的基础"[②]。平心而论,大众文化以自身方式对中华民族文化传统、中华民族历史记忆的展呈,确实为当代中国人提供了一种感受民族历史与荣耀的途径,有助于在充满变数的当代中国社会凝聚民心、统一意志,这在逻辑上说是一种积极地建构民族国家认同的方式。问题在于,假如大众文化只是从经济利益着眼,满足于对作为文化资本的传统文化的包装和复制,而不考虑选择对象及其表现方式,亦即缺乏政治/文化的考量维度,那么,缺乏批判性和反思性的民族主义情绪/话语的高调出场其实潜藏着危险。这危险首先在于,受大众文化富于魅力的鼓动,一种新的以孔子和儒学为中心的"华夏中心论""中国文化复兴论"迅速滋长蔓延,与之形影相随的则是对于"儒教中国"的文化/政治想象。这种论

---

① 费正清:《美国与中国》,张理京译,商务印书馆 1987 年版,第 352 页。

② 安东尼·史密斯:《全球化时代的民族与民族主义》,龚维斌、良警予译,中央编译出版社 2002 年版,第 185 页。

调对内无形中造成了对中原地区与汉族以外的文化系统的忽略甚至抑制——这显然是对"中华民族多元一体""中华文化多元构成"性质的误解和损害,对外则"强调本民族文化的优越而忽略本民族文化可能存在的缺失,从而演变为危险的'文化孤立主义'"[1],在抵抗西方文化霸权的同时也拒斥了普遍性的人类价值与正常的文化交流。后果必然是,不但深受其影响的国人会滋生文化上的妄自尊大甚至怨仇敌对心理,而且会加重对中国崛起感到不安的亚洲与西方社会的错觉与反华情绪,这倒为意在遏制中国崛起的各种"中国威胁论"提供了佐证和口实。

不仅如此,不加理性拣择的大众文化,还使那些"反科学""反民主""反人道"的文化幽灵,打着貌似有理的"文化相对主义"或者"弘扬传统文化"的大旗堂皇登场。而这种归根结底缺乏辩证分析的文化策略,直接冲击了中华民族经过艰难抉择才得以确立起来的新民主主义、社会主义文化系统,使近代以来前仆后继的思想启蒙努力付诸东流。而当理性、健康、有序的社会建构尚未完成,文化幽灵的沉渣泛起,就有将大众拖入各色迷信深渊的危险。事实上,近年来国人对于种种违背医学常识和中医精神的养生术、食疗术的狂热追捧,就令人担忧地表明了这一点——尽管当中也还存在其他社会因素。毫无疑问,如果整个社会陷入非理性的狂热躁动,就意味着民族形象的蒙昧化、民族生命的病态化、民族精神的畸形化,而这与实现中华民族伟大复兴的美好愿望南辕北辙。

似乎可以这样说,大众文化对于民族主义情绪/话语的生产与传播,存在有意无意误读"民族""传统"的情形,而这种误读其实是在抽

---

[1]　汤万文:《多元文化格局中的中国文化安全》,《理论与现代化》2007 年第 2 期,第 119 页。

空"民族""传统"的存在论根基。同样极具危险的是片面倡导/渲染中华民族、中华文化的多元性质,而忽视其一体性,当这种话语生产被置入"娱性文化"逻辑,危险就更难觉察。2004 年以来风行不衰的方言类电视节目,包括新闻播报、娱乐栏目、室内剧、电视剧,以及展示少数民族生活习俗(婚丧嫁娶、节日庆典)与文体传统的音像制品、文化读本、歌舞比赛,在为大众提供充满新异感的精神生活、促进各民族/地域文化相互了解的同时,也潜含着由于中华民族一体性(历史的、文化的)背景的虚化而导致的种族/亚民族的文化认同与分类,从而有可能危及国家文化共同体(共同的历史、情感、语言)的存在。如果它被各类政治分裂势力利用,从"文化权利"吁求进至"政治权力"分割层面,隐蔽的威胁也就可能转变成直接的冲突,而事实是"国家认同是族群差异的精神基础和前提条件,族群差异应该是在国家完整性和同一性基础上的差异,没有国家认同的'差异'缺乏内在的凝聚力"①。

　　大众文化还可能以"保护文化遗产"的名义,造成地域文化景观与少数民族文化传统的"奇观化"。它往往打着"探秘""纪实"的旗号,因而颇能引发社会轰动效应以及大众参与的热情,并不觉察当中存在的危险,此即使那些被展示的"景观"或"传统"与真实的"世界"与"生活"日渐隔绝,最终变成"文化木乃伊"。而通过诸如民俗文化节、风情旅游、"原生态"文艺表演等文化"物化"途径改善了物质生活的民族或社群惊喜之余,也有可能满足于成为"他者文化"的镜像,拒绝任何可能的发展革新,甚至极力放大本文化中的陋俗,以迎合、满

---

① 庞金友:《族群身份与国家认同:多元文化主义与自由主义的当代论争》,《浙江社会科学》2007年第 4 期,第 73 页。

足大众的猎奇心理,也可能因此滋生出危险的种族/地域文化偏执情绪。这些都不但必然损害种族/地域文化的生机,而且最终将引向"中华文化多样性"消失的远景。这未必是大众文化精英的初衷,却是大众文化的"奇观化叙事"必然导致的后果。

第四节　民族国家认同视域中的大众文化发展问题

大众文化在全球范围内的兴起和繁荣,充分表明其作为"生活模式"与"意义机制"的合理性及其价值的普遍性,尤其是针对当代人类社会日趋紧密的政治、经济、文化的一体性结构与技术化生存图景的适应性,这使其必将在较长时期内继续对人类生活、人类自我理解施加影响,并在与其他文化形态构成的张力网络中进一步定位和嬗变。当代中国的大众文化地图涂抹着古今中外多种文化元素的颜色,"新"与"旧"彼此交错,"自我"与"他者"相互渗透,也因此呈现出多重面相,表明"中国问题"已经与"世界问题"紧密交织在一起。因此之故,朝向民族国家认同建构的大众文化发展的中国方案——具体落实在策略、制度、实践诸层面,既要解决来自"中国语境""中国问题"的特殊性,同时也是对具有普遍性的人类文化事实的反思与构思,而以中国这样一个巨大的政治与文化存在,也必定会在全球政治、经济、文化领域产生连锁反应。

毫无疑问,这将生发出一个全新的问题网络,必须介入政治学、经济学、社会学、美学的多种阐释视角和分析手段,进行理论和制度上的创新。而就在这两个互为牵制的方面,我们还存在一些有待清理的误识。这些误识既来自大众文化的隐匿性与变动性,特别是大众文化在当代中国呈现出的特殊意义景观,也产生自不同的利益/理念集团的"文化政治"策略及其话语建构。

有三个根本性的彼此勾连的误识/话语建构,此即将"大众"等同于"人民大众"(话语 I),进而将"欲望"等同于"民心"(话语 II),与之相应的则是将"市场化"中性化(话语 III),从而完成大众文化的合法性论证。话语 I 的意图十分清晰,即通过"名实论证"的方式,在新民主主义"民族的科学的大众的文化"脉络中,确定大众文化的位置和身份,将大众文化塑造成为 20 世纪中国"大众文艺"传统的继承者。话语 II 的意图在于,通过"民心论证"的方式,确定大众文化的欲望生产毋庸置疑的主体性——如《尚书·泰誓》所说"民之所欲,天必从之",并与话语 I 实现逻辑重合,赋予大众文化"满足人民群众的精神生活需要"的文化功能。而话语 III 则意在凭借市场经济改革的官方/主流话语,通过赋予"自由市场"以优先性,将大众文化生产机制嵌入被解释为不受意识形态支配的社会形态,使其获得充分的独立性和发展动力——"大众文化的生存和发展取决于市场经济规律",同时也为话语 I 和话语 II 提供有力支撑——"只有通过文化市场才能提供丰富的精神产品",以满足"最广大的人民群众"的真实需要。而在 1990 年代的政治、文化语境中,被中性化了的"市场化"蕴含着对国家转型与民族身份重建的构想:"'市场化'意味着'他者化'焦虑的弱化和民族文化自我定位的新可能","市场化的结果,必然使旧的'伟大叙事'产生的失衡状态被超越,而这种失衡所造成的社会震撼和文化失落也有了被整合的可能","提供了一种新的可能的选择、一条民族的自我认证和自我发现的新道路"①。

显然,这些话语充分利用了业已转化为社会无意识的古代中国的"政治文化"传统、现代中国的"革命文化"传统,并与当代中国"改革开放"的时代强音相应和,为大众文化的出场与扩张营造了强有力的舆论氛围,进而转化为政策的制定与制度的设计。相较之下,从政治、哲学的角度反省与批判大众文化的声音,看起来是那样的不合时宜与软弱无力。

但这些论证颇有似是而非之处。话语 I 无疑存在"偷换概念"的逻辑谬误,即将"大众文化"的"大众"同义于"人民大众"的"大众",有意无意地忽略了前者的"被建构"性质及其"形式主体性",以及后者的政治语义——"人民大众"是新民主主义、社会主义理论与实践的基石。事实上,尽管"大众"与"人民大众"确实存在人群重叠的情形,但文化立场与精神意向并不相同,因而"发生在中国现当代文化史上的'大众文学''通俗文学''民歌运动'等等,与九十年代大众文化没有必然关系"②。可以说,话语 I 掩盖了大众文化的消费性与商业动机,以及把"特定社会圈层的文化观念,虚构成整个社会的文化需求,从而可以堂而皇之地运用各种社会资源实现自己的文化特权"③的真实企图。

话语 II 的含混在于,将中性化了的"心理性"的"欲望"等同于"思想性"的"民心"。然而,诚如赵汀阳所说:"真正的民心是经过理性分

① 张法、张颐武、王一川:《从"现代性"到"中华性"——新知识型的探寻》,《文艺争鸣》1994 年第 2 期,第 15 页。
② 杨扬:《大众时代的大众文化——从比较文化的视野看当代中国的大众文化》,《文艺理论研究》1994 年第 5 期,第 37 页。
③ 马龙潜、高迎刚:《"大众文化"与人民大众的文化》,《文艺理论与批评》2005 年第 6 期,第 13 页。

析而产生的那些有利于人类普遍利益和幸福的共享观念。从形而上学上说,作为共享观念的民心并不存在于心理过程中,而是存在于非物质性的思想空间中,它承载着人类的思想、经验和历史,简单地说,民心的存在形式是思想性的而不是心理性的。因此,民心并不就是大众的欲望,而是出于公心而为公而思的思想。"①并且,即使欲望本身也还有价值论的区分。因而话语 II 非但不是真正意义上的"民心论证",反倒是"从众谬误"的一种体现,从而为那些迎合幽暗意识与畸形心理的"欲望"的生产与再生产打开了合法通道,当其与话语 I 互为指涉,就更强化了这一论说无可置疑的性质。

至于话语 III,则诚如汪晖所论:"所谓'市场化'不是一般地对市场的赞同,而是要把整个社会的运行法则纳入到市场的轨道,从而市场化不是一个经济学范畴,而是一个政治、社会、文化和经济的范畴。在 1990 年代的历史情境中,中国的消费主义文化的兴起并不仅仅是一个经济事件,而且是一个政治性的事件,因为这种消费主义的文化对公众日常生活的渗透实际上完成了一个统治意识形态的再造过程"②,因而话语 III 不但是以"去政治化"的手法将"商业霸权"和"消费意识形态"体面化,制造了"公民社会"的话语陷阱,以削弱国家的文化主导权,也有意无意地隐藏起大众文化的政治内涵。然而在"文化政治"的分析框架内,"一个社会把什么事情看作是最值得追求的和最受尊敬的,它将决定一个社会的总体价值取向,从而决定人们的生活和命运,所以这是根本的政治问题"③。

---

① 赵汀阳:《天下体系:世界制度哲学导论》,江苏教育出版社 2005 年版,第 29 页。
② 汪晖:《去政治化的政治:短 20 世纪的终结与 90 年代》,生活·读书·新知三联书店 2008 年版,第 84 页。
③ 赵汀阳:《最好的国家或者不可能的国家》,《世界哲学》2008 年第 1 期,第 68 页。

这些误识的存在,充分显示了当代中国思想界的混杂状态与知识界的分化状况,也表明大众文化研究欠缺民族国家认同的问题意识与"文化政治"的分析框架。而从精英文化立场做出的大众文化批判,也并未真正把握当代中国大众文化在受众、内涵和功能方面的特殊性。也正是因为这些误识的存在,尽管当代中国文化市场的形成与文化体制的改革,始终是和国家的强大存在相关的,国家始终掌握着文化立法权和监管权,强调国家利益的"优先性"与"至上性",但在大众文化的具体实践层面,"地方本位""经济至上"的观念依然是真正有力地支配文化市场资本运作的潜规则,"制度匮乏"与"制度剩余"的状况同时并存。

那么,以对这些误识的清理为基础,如何能够通过对大众文化的理念构想、文化规范和体制引导,建构"国家文化长城"与中华民族共同的精神文化家园,弱化大众文化的消解性因素,同时使其中富有活力的关系和因素发挥积极作用,从而使其成为参与构建旨在重塑、加强国家认同的感知共同体的文化力量?这里既存在当代中国文化建设需要解决的普遍性问题,也存在由大众文化的特殊性而生发出的个别化问题,同时还必须在政治、文化、经济互动一体性质日益增强的社会结构中寻求解决方案,涉及大众文化发展的前提、核心与路径等具体问题,至少包括:

第一,既然大众文化已经是当代中国文化网络的重要"构件"与"装置",在创造巨大经济利益的同时,也在生产和传播精神理念与文化价值,其存在不容忽视乃至漠视,则大众文化的发展,就应遵循当代中国文化建设的普遍原则和基本逻辑,在社会主义先进文化建设的总体框架内进行理念与制度的规划,这种规划必得由"先进文化"

引导并体现"文化的先进性"。作为迅猛崛起并在世界政治、经济舞台上日渐具有重要影响力的大国,中国理应为创造"和而不同"的世界文化图景、促进人类共同福祉的实现做出自己的贡献,不能在文化上无所作为。而从"文化政治"策略角度说,只有体现"文化的先进性",才能实现最大程度的"思想"与"语言"的可分享性,也就能最大程度地保障自身文化的安全,因而以"先进文化"引领当代中国文化建设,乃是为地位与形势所迫不得不如此的选择,这也是"中国模式""中国道路"的题中应有之义。

将其落实在大众文化的功能场域,则"是否体现文化的先进性"也应成为首要衡量标准。不能错误地认为"人民"/"大众"只需要低层次的欲望满足与感性享乐,更不能只考虑经济利益、GDP 增长,或者寄希望于大众文化市场的"优胜劣汰"机制,而必须运用制度力量有效规范和积极引导大众文化的生产、传播与消费,使其在满足人民群众娱乐需要的同时实现"文化"的目的,进而为世界大众文化发展增添新的内容和动力。在中国语境中,"文化"被恰当而智慧地表述为"人文化成",按马修·阿诺德的表述则是:"文化认为人的完美是一种内在的状态,是指区别于我们的动物性的、严格意义上的人性得到了发扬光大。人具有思索和感情的天赋,文化认为人的完美就是这些天赋秉性得以更加有效、更加和谐地发展,如此人性才获得特有的尊严、丰富和愉悦。"[①]

大众文化精英应当意识到,"以欲忘道,则惑而不乐"(《荀子·乐论》),"娱乐只有当其与文化中某种更根本而深层的东西融合起来

---

① 马修·阿诺德:《文化与无政府状态:政治与社会批评》,韩敏中译,生活·读书·新知三联书店 2002 年版,第 10 页。

时,才富有价值",因而"应该既注重日常生活的感性体验,又不放弃价值理性维度的意义追求"①。这意味着大众文化只有同与生俱来的享乐性和商业性作斗争,才能确立和保持其人文品质和文化建构性,也才能作为"文化"而存在,这对大众文化而言乃是具有"生死性"的悖论。与此紧密相关的是,中国的大众文化也应以"先进文化"为引导增强文化原创力,激发全体国民的文化创造活力,尊重差异,包容多样,促进新的中华民族认同与国家认同的形成,绝不能随波逐流,唯域外大众文化模式马首是瞻,或者一味迎合某些人群的癖好,更不能无原则地标新立异,因为"创新"也可能是无聊庸俗的。

第二,民族与民族国家是历史地被创造的,这决定了民族国家认同的建构主义视野,民族国家认同处于不断的调整中,因而当代中国的民族/国家认同就应以不断变化的世界和时代主题为基点进行政治/文化建构,而不是依赖某种凝固不变的"中国性"。这不但是因为从哲学上讲,凝固不变的"中国性"乃是"非历史"/"超历史"的形而上学虚构/神话,更是因为在全球化的巨大冲击下,不同民族文化间的对话与相互改写,使得"纯粹文化"从根本上不能存在,因此"一个现代的中华民族不能再指望它仅仅建立在本地形式之上,它必须依据现存的其他地方的模式或者通过对本土和外国因素的综合来构建"②。

与此紧密相关的是,由于中国并非单一民族国家,而"中华民族"是一个多元一体的政治文化概念,这种特殊性决定了当代中国文化

<hr>

① 傅守祥:《大众文化的审美品格与文化伦理》,《文学评论》2009 年第 3 期,第 192 页。
② 李小平:《民族建设的不连贯性:中国"后民族主义"探究》,见卜正民、施恩德主编《民族的构建:亚洲精英及其民族身份认同》,陈城等译,吉林出版集团有限责任公司 2008 年版,第 236 页。

建设必须通过提升全体国民的国家认同,"进一步强化中华民族共同性的想象,不断积淀13亿人民的中华民族共同体意识",进而"通过构造中华民族文化共同的文化基础和文化象征符号的重建,增加民族认同与国家认同的重叠内容"①,唯此才能从根本上保证国家的统一和民族的团结,避免危险的种族/地域文化偏执情绪危及国家文化共同体的存在。将其落实在大众文化的功能场域,则创造一种将各族人民都带入其中、共同走向富裕和强大的中华民族的历史叙事与文化想象,建构融合各族人民的智慧、经验与认同符号的"和谐中国"的国家形象,也理应成为大众文化建设的框架和主题,同时也是衡量大众文化文本实践正当性与否的标准。那些有意无意地强化族群差异(生活方式、文化传统、表意模式)、解构中国现代革命及各族人民共同创造共和国的历史、沉湎于"国粹""民粹""本土"幻觉的大众文化实践及其支撑理念,显然都应在摒弃之列。

这意味着,大众文化必须适应主导文化,一如它也需要适应精英文化,据以提升自己的精神品质。但这又并是说大众文化就此失去其形态特征和文化品格,而是强调大众文化要体现当代中国核心价值体系,在"民族的科学的大众的文化"框架内进行定位和构思。这是中国大众文化的历史性规定与规范性内涵,也是具有历史主体意识的文化精英从事大众文化生产与传播应持的价值立场。

第三,民族国家认同建构必须落实在制度(政治、经济、文化、法律)层面,得到政策和法规的有力支撑。经过30年的文化体制改革,通过将"文化事业"与"文化产业"相区分,我国尝试建立一种既适应

---

① 韩震:《论国家认同、民族认同及文化认同——一种基于历史哲学的分析与思考》,《北京师范大学学报》2010年第1期,第111页。

中国国情又符合 WTO 规则、既符合文化特性又兼顾市场规律的文化管理机制和保障体制,造就了中国特色社会主义文化建设的新局面,为人类文化发展特别是发展中国家的文化建设提供了新的动力和经验,这是具有世界意义的事件。当代中国的大众文化正是在这样一个背景下获得其合法地位与生存空间,在参与公共文化服务体系构建、满足人民群众日益增长和多元化的精神文化需要的同时,也承担着提升中国文化的国际竞争力、打造中华民族文化品牌的重任,因而其未来发展也必须在不断深化体制改革的框架中进行谋划。

从根本上说,朝向民族国家认同建构的文化体制创新,旨在建立一种兼具权威性与包容性的文化生态和意义建构机制,以捍卫民族国家主体性、提升全体国民的国家文化认同为目的,综合运用政治引领、经济调控、法律制裁手段,鼓励和扶植那些有助于促进民族国家认同的大众文化实践,有效应对来自国内外各个利益/理念集团文化的潜在威胁与强力消解。为此必须坚持政府主导,坚持国家利益与民族大义这一文化体制改革与文化立法的生命线,牢牢把握文化发展主动权,通过重构大众文化的意义导向与生成机制,使大众文化充分体现“文化的先进性”,体现当代中国的核心价值体系/国家意识形态(理想、信念、情感),同时还需尊重全体国民的文化权利,创造一种体现个体自主性的集体认同形式。而在全球化和人类社会政治、经济、文化一体化的背景下,中国的大众文化体制创新还应致力于寻求将“世界问题”与“中国问题”合并思考并一起解决的方式,致力于寻求将政治、经济、文化合并思考并一起解决的方式,不能重蹈以闭关锁国的文化政策和本土化的建构策略拒斥现代性进程的覆辙,避免堕入“绝对的集体主义”和“保守的集权主义”的窠臼。

　　这里既存在需要我们在新的历史语境中予以重新审视的老问题,比如党和国家的意识形态与文化管理角色及功能问题,更多的则是需要运用创新性思路解决的新问题,比如如何实现政府主导的社会文化管理模式,如何保持资本市场的活力而又避免市场化逻辑对国家文化主权的侵蚀,文化体制改革的理论创新势在必行。在此方面,我们需要借鉴其他国家的成功经验,引进先进的制度理念,但必须依托中国传统特别是现代中国的制度思想和实践,走自主创新之路。

当代中国艺术教育的无根性问题及其思想重建

在当代中国语境中,"艺术教育"有三种用法:一是"公立"与"私立"的艺术院校或普通高校的"艺术专业"旨在培养"艺术精英"的"艺术专业教育",一是高等院校非专业的"艺术素养教育"与"艺术特长教育",一是作为中小学"素质教育"主要内涵的"艺术启蒙教育",又可归入"专业艺术教育"与"公共艺术教育"("通识教育")两大类别,由此存在着两类三种艺术教育实践类型。尽管它们的存在理由、发展程度各有不同,但其深层语法结构的隐然相合,却使得存在于其中的问题相互胶着勾连,而那些共生性、关键性问题造成了当代中国艺术教育的困境,这困境一言以蔽之,即"无根"。无根的艺术教育为时尚的浮沫残片所左右,乍眼看去一片繁荣热闹,却并没有雄健的内在生命力,因此也就经不起当今时代消费主义文化浪潮的淘洗冲击,更难以在低俗化、平均化的商业社会自立高标,引领时代艺术精神的发展方向。

一、道器分离:教育本体缺席与艺术教育的形式化

"无根"的第一层意思是"技术"对"艺术"的遮蔽,这可称为"艺术教育本体"的缺席。"艺术"既为"人为",必然有"技术"因素,这因素有时还相当重要——在某种意义上可以说"艺术家"之为"艺术家",就是因其对艺术技巧有天生的敏感和超凡的运用,但绝不能反过来说能够熟练运用艺术技巧的就一定是艺术家,真正的艺术家一定要从"有法"进至"无法",最终为后世"立法"。因而,"技术"也只有经历庄子所谓"由技入乎道"的蜕化,才能成为"艺术"所需的"技术",才是有生命、有意味的,否则只是冰冷的机械的操作方法。因此,虽然艺术教育必得进行艺术技法教育,却不能舍本逐末,将其作为至关紧要甚至唯一可做的事情。

然而,当代中国的艺术教育实践恰恰反其道而行之,将艺术技法教育视作艺术教育的本体,于是"艺术教育"实质成了"技术教育"。这一弊害其实由来已久。早在 1934 年,沈从文就在《艺术周刊的诞生》里感慨道:"在中国,学艺术真可怜得很。一个高中毕业的学生,入了艺术专科学校后,除了跟那个教授画两笔以外,简直就不能再学什么,更不知还可学什么。"现在,虽然艺术学院的学生能熟练地掌握艺术技法,却普遍缺乏"人文学"知识,也因此成为"技术"的"奴隶",而即使在艺术技法的运用上,也少有创造性和开放性。例如,霍华德·加德纳就批评说:

> 在中国,各类艺术的教育都是循规蹈矩,极为明确。老师和家长完全明白他们希望孩子们做到什么,而且他们也知道怎样

让孩子们几乎完美地达到这些要求。（在教学中）则很少有自由的探索，很少鼓励原创性，很少提出新的问题，也不太能容忍与规则偏离的做法。①

中国有许多孩子掌握极高的钢琴技法，却并不因此得到国际知名钢琴家的赞赏，与此有密切的关系。

艺术教育本体的缺席，与两方面的因素有关：

1. 学科化、体制化的"画地为牢"。学科化、体制化造就了"应试教育"的模式，这使得中国的艺术教育"一味追求技术复制的态度，这种复制学问从一开始就颠倒了艺术与人的关系，特别是在被冠以'正确方法'的应试教育中，艺术的真理变质为'确实性'的摹本，学习的过程不是教学生如何发现自己、体验生命、理解世界，而是剔除自己、追摹范本、放弃思索。'方法'成为所有人都可以而且必须遵循的'道'。在这种应试之'道'下，知识技能被限制为任何人都可以在后来进行检验的东西，只有风格的粗细判别，甚至只有一种观察世界的角度。其结果不仅局限了关于艺术学问的展开和自主创新的学术性思考，还给社会制造了不少'没有精神的专业人和没有心情的享乐人'"②。

2. 艺术本体研究的"难开生面"。艺术研究主体没有做到"收拾精神""立定脚跟"，而或者唯欧美学术马首是瞻，或者与消费意识形态达成共谋，或者在封闭僵化的知识体系中抱残守缺甚至孤芳自赏，

---

① 杨应时：《中美艺术教育之比较——访国际著名教育学家霍华德·加德纳教授》，《艺术教育》2005年第4期，第14页。

② 杨劲松：《失语——论艺术教育的当代境遇》，《美苑》2006年第4期，第4页。

或者为争夺话语权力刻意标新立异甚至党同伐异,据此展开的艺术研究也如无根的浮萍,有各种各样、层出不穷的"艺术学知识"生产,却少见对时代问题有深刻洞察力的"艺术思想"创造。须知知识生产固然重要,但缺乏严肃的思想,"知识"本身也可能是完全无聊的,也很有可能成为"娱乐"的对象。① 这倒是与"艺术"在当代更多地被看作是一种制造不计目的的"快感""娱乐"和"享受"的方法相映成趣。席勒曾经郑重提醒艺术家:

> 你应该同自己的世纪一起生活,但不要成为它的产物。给予你的同时代人以他们所需要的东西,而不要给予他们所赞赏的东西。②

这一提醒至今依然振聋发聩。事实是,尽管我们置身在"艺术"中,却不知其究竟为何物,我们被很多假象所迷惑,在"人"与"艺术"之间平添了许多坚硬的壁垒,结果"艺术"与"生命"被截作两段,而我们不但不深自觉醒,反倒为此沾沾自喜。

这也使得艺术教育成了"量的教育"而非"质的教育"。这在艺术专业教育首先体现为"扩招"。"在全国,每年一度的艺术专业招生呈现难以抵挡的热潮","林业院校设主持人专业,工科院校招表演学生,各种高校都有了艺术设计专业。大量省级师范院校一个艺术专业一届就招收几百名学生。蜂拥而至的考生使'艺术教育'呈现出前

---

① 赵汀阳:《哲学原旨主义》,《中国人民大学学报》2005 年第 1 期,第 12 页。
② 席勒:《美育书简》,徐恒醇译,中国文联出版公司 1984 年版,第 64 页。

所未有的数量膨胀景象。"①再加上各类民办艺术教育专业,从事艺术专业学习的人数远远超过了社会实际需要、所能容纳的程度。而在艺术特长教育和艺术启蒙教育方面,不但几乎所有的中小学都设置了相应的教学科目,普通高校也纷纷成立各种艺术团体。

表面看来,中国的艺术教育一片欣欣向荣的景象,但究其实质,不但学习者持鲜明的功利态度,缺乏"为艺术而艺术"的精神,反倒是"艺术都为稻粱谋",教育模式、评价方式也追逐基于"数据"的一体化和标准化。结果是学习者与艺术精神日渐隔膜,他们虽然操演技法极其熟练,却不能以之自由地、创造性地传达自己对"生命""生活""世界"的思想感悟和审美感觉。而教育者也往往满足于艺术知识/技能的传授,甚至振振有词地以"日常生活的审美化"为理据,表现出对于病态的、消费意识形态审美化倾向的赞赏与迎合,如此则艺术教育名存实亡。而在为数不少的高校和中小学,艺术教育变相为主管领导获取政治资本和工作业绩的手段,他们关注"器材""课程""活动"等可用"数字"显明的内容,而不关心否真正实现了素质教育的目标,如此则艺术教育流于形式。

归根结底,"量的教育"可以批量生产"艺术工匠",而绝不可能造就"艺术大师"。"艺术工匠"或许于文化产业、经济发展有益,却绝对不可能创造出具有永恒魅力的艺术作品。近年来国内影视剧创作"翻拍"之风盛行,便是从艺者已经丧失了艺术创造能力的典型表征,对此艺术教育显然难辞其咎。

①　周星:《中国艺术教育基本状况与学科发展》,《艺术教育》2007 年第 2 期,第 4 页。

二、西洲在何处:民族性缺失与艺术教育的无根状态

"无根"的第二层意思是民族性的丧失。这与 20 世纪中国教育的整体格局有关。中国的现代教育创始于 19 世纪末、20 世纪初,尽管有被称作"现代新儒家"的学者们试图从中国古代教育传统汲取资源、在现代社会复活其生命力的理论与实践,但其影响力限于"民间社会",虽然当下又有复活的迹象,主流还是以"反思中国"为思想基础移植域外教育理论与办学模式,这在"科学教育"不失为成功之路,但在"人文学科教育"则弊害甚大。对此,近年来虽然不乏批评质疑的声音,但仍未得到足够的重视。

20 世纪中国的艺术教育首先受到日本的影响,其后长期移植西方模式,而学科化的艺术教育体系实质上摒弃了中国艺术教育以人文素养为根基的"综合化"传统,背离了"以道驭技""体用不二"的传统。"各种艺术学科由各自技巧的差异性被分解成一个个小的、相互间毫无联系的专业,艺术的综合性没有了,取而代之的是各种艺术学院:如,舞蹈学院缺乏音乐、乐器、美术、文学的综合性教育,培养出的舞者缺乏对舞蹈服饰、背景、灯光等的理解和表现;美术学院缺少音乐、诗歌、戏剧等的熏陶。虽然也有一些文学、美学等人文课程,那只是点缀。因此,现在培养出的许多艺术家缺少了人文素养这个主要的组成。许多画院有所谓'新学院派(中国画)',他们的绘画技巧极高,但却缺乏与中国画相关的其它艺术门类的修养"①。"现如今的教育评价系统又引进了美国的'以学科为基础的艺术教育'(Discipline—Based Art Education,简称 DBAE)的思想及理论,这个理论的要旨

---

① 覃莉:《传统与现代的对话:对现代艺术教育的分析》,《理论观察》2005 年第 5 期,第 119 页。

是指'所有课程都应取自学科,换言之,只有属于学科的知识才适合进入学校的课程体系'。全国各美院在接受教育部 3 年一度的'教育水平评估'中,各校间整肃教学大纲和学科课程设置规范化的行为不能不说是西方 DBAE 理论的折射。如将专业的感性和经验归纳为学科知识的举措,在理论上具有合理性,但在实践中却无法反作用于施教授业的过程中,这类应景文章式的改革成果例子不胜枚举",而与此相配套的西方大学享有的"学术特权规则"在中国教育界根本实施不了①。

如此看来,我们既没有从自己的文化传统中生发出适合现代社会的艺术教育模式,也没有在现代中国的社会文化语境中完全落实西方艺术教育体制的精神。这就不仅使中国的艺术教育者处于某种身份尴尬的状态,也使得中国的艺术教育实践越来越走向模块化、平面化、疏离化。

"民族性"的缺失还体现在教育内容上传统艺术文化内涵的缺失。由于中国艺术教育的体制建基于西方,特别是由于对全球化与本土化关系的简单化理解,尽管多年来我们始终在呼吁继承传统艺术文化的精华,但并没有找到一种适当的途径,使传统艺术文化真正进入当代人的精神生活,也没有使传统艺术传承得到体制上的保证,从而导致传统艺术的阵地不断失守,传统艺术文化被形式化了——意谓只在形式上得到重视,而没有发生实质性的影响。以戏曲为例,在很长一段时间里,从小学到中学到大学,在艺术课程里看不到多少关于戏曲的介绍,更谈不上推广。

事实上,正如黄力之所言:"自 80 年代开始的文艺新潮,被称为创

---

① 杨劲松:《失语——论艺术教育的当代境遇》,《美苑》2006 年第 4 期,第 6 页。

新的部分,几乎全是对西方现代主义及后现代主义种种形式、手法的袭用,从意识流、'朦胧诗',泛性论表现,叙述主体的介入,无不如此"①,文学、艺术概莫能外。进入"新世纪",虽然理论家们已经深刻认识到必得扭转"言必称西方"的局面,但在文艺实践层面还未见到根本性的转变。

而"文化全球化"造成的负面影响是各种大同小异的"流行文化"大行其道:"西方的电影或音乐在同一时刻在全球发行,一个电影或一个明星,在不同文化背景国度同时受到追捧,这种统一给本土文化造成的侵害是潜移默化的。我们身边的孩子都无一例外地喜欢汉堡包,喜欢 HIPOP,喜欢美国电影,喜欢 NBA,喜欢穿美国牌子"②。他们"已经不再愿意听妈妈给他们讲自己民族的古老的神话和传说故事了。唐老鸭、侏罗纪、变形金刚、电子游戏,直到哈利·波特,都成了他们生活中的一部分。这已经是在'买断'未来了"③。难以想象,徒具中国人的体貌特征,但精神信仰和思想方式乃至言行举止都西方化、美国化了的年轻一代,如何能担起实现中华民族伟大复兴的重任?

中国传统艺术文化被形式化的结果是,不仅传统艺术与普通人疏离隔膜,更难以成为出身自传统艺术教育内涵匮乏的艺术教育专业的艺术家从事新的艺术创造的精神动源,反倒需要借助他国的艺术作品,才能重新发现传统艺术文化的生命智慧与当代意义。且不说近年"中式大片"的情节、结构、节奏、影像,总能使观众轻易地联想

---

① 方宁:《世纪之交:中国文艺理论研究的回顾与展望》,《光明日报》1999 年 7 月 22 日,第 6 版。
② 宋群:《错位与滞后——城市文化现状与艺术教育》,《西北美术》2006 年第 2 期,第 10 页。
③ 曾庆瑞:《国家文化安全必须重视——从进入 WTO 前后的影视动态看文化安全的迫切性》,《朔方》2003 年第 9 期,第 67 页。

到美国电影,其至在《宝莲灯》这样的动画片里也时时能发现《花木
兰》的印记。这种缺失对中国文化发展的严重影响在于,不仅阻碍了
普通民众对本土文化的认知、尊重、热爱,也使中国艺术文化在应对
文化帝国主义的强势冲击时缺乏核心竞争力。这就难怪人们格外青
睐"美国大片",而像《无极》搬演西方的命运悲剧、《夜宴》挪移《哈姆
莱特》也就顺理成章,也就可以解释为什么国产动画影视作品的年均
生产数量已接近日本、美国,可鲜有真正具有民族审美气象和深厚文
化内蕴的典范之作。

三、包容善化:当代中国艺术教育思想重建之路

这些现象要得到根本性扭转,必须借助于艺术教育体制改革,必
须得到体制的有力保障,而不能仅依赖于少数学者的呼吁与"民间社
会"的力量,但首先必须改变的是艺术教育思想,其核心是看待艺术
教育的眼光。在此方面,儒家艺术教育传统提供了许多有价值的
思想。

中国古代的艺术教育渊源甚久,周公"制礼作乐"已是艺术教育
的先声,孔子则将"礼乐传统"由贵族阶层降至平民阶层,扩大了艺术
教育的范围。而且,自"孔子开始,丰富了社会中的礼乐内容,礼不再
是苦涩的行为标准,它富丽堂皇而文才斐然,它是人的文饰,也是引
导人生走向理想境界的桥梁"①。孔子说:"若臧武仲之知,公绰之不
欲,卞庄子之勇,冉求之艺,文之以礼乐,亦可以为成人矣"(《论语·
宪问》),其进阶为"兴于诗,立于礼,成于乐"(《论语·泰伯》),而孔子
特重"诗教""乐教":"不能诗,于礼缪;不能乐,于礼素。"(《礼记·仲

---

① 杨向奎:《宗周社会与礼乐文明》,人民出版社 1997 年版,第 381 页。

尼燕居》)"前期儒家尽量使礼仪美化,使诗礼结合,以德解诗,以礼解诗,去掉礼的对等交换的原始意义,也避免礼的枯槁干燥,而绚丽多彩,有诗、有乐、有舞,它美化了人生,净化了人生"①。

在儒家,艺术教育本是"成人"教育,而"学"的目的则是努力成为"所学的对象",即成为"圣人""贤人"。孔子说:"志于道,据于德,依于仁,遊于艺。"(《论语·述而》)对此,何晏以为:"艺,六艺也,不足据依,故曰'遊'",朱熹则以为:"遊者,玩物适情之谓。艺,则礼乐之文,射御书数之法,皆至理所寓,而日用之不可缺者。朝夕遊焉,以博其义理之趣"②。相较而言,朱熹的解释似更切近原意。孔子所说本是为弟子们提示的安身立命之方,但"六艺"指称的广泛性也必然地涉及到艺术:就"志于""据于""依于"的限定看,"道""德""仁"乃是根本的方面,因而也便是涉历各种"艺事"的根本所在,艺术也当以之为根本和前提,好的艺术也便是以"诗性方式"对于"德性生命"的展开。而且,既然主张在"志道""据德""依仁"之外还要"遊于艺",则孔子并不将其看作是"不足据依"的末技,而是视其为成就君子完满人格必做的"日用之不可缺"的工夫,这当中就既包括反身向内的"义理"的充实,也蕴涵着在对"射""御"等技能的掌握中所获得的自由感受,此诚如顾易生所体会:"'遊',即反映某种'好'而'乐'的状态,不仅并无贬义,恰恰反映孔子对文艺活动的美育意义的认识。"③

在儒家,艺术教育并不仅仅针对知识精英的"内圣"工夫,也有其"外王"方向上的意义。荀子说:

---

① 杨向奎:《宗周社会与礼乐文明》,人民出版社1997年版,第379页。
② 朱熹:《论语集注》,第27页,见《四书五经》,中国书店1984年版。
③ 顾易生、蒋凡:《中国文学批评通史·先秦两汉卷》,上海古籍出版社1996年版,第71页。

　　夫乐者,乐也,人情之所必不免也,故人不能无乐。乐则必发于声音,形于动静,而人之道,声音动静,性术之变尽是矣。故人不能不乐,乐则不能无形,形而不为道,则不能无乱。先王恶其乱也,故制《雅》《颂》之声以道之,使其声足以乐而不流,使其文足以辨而不諰,使其曲直繁省廉肉节奏,足以感动人之善心,使夫邪污之气无由得接焉。(《荀子·乐论》)

肯定艺术源自人们的心理需要,由人的"情感性存在"本身所决定,但人的"情意表现"若不以"德性"为基盘,就会造成混乱。所以古代"圣王"才制定雅正、中和的乐章对其加以引导,音声足以愉快身心而不淫荡,歌辞足以明辨礼义而不流于邪僻,而旋律节奏又有宛转、舒扬、繁密、简约等种种变化,都可以激发人们的向善之心,从而截断那些邪恶肮脏的风气与人接触的途径。这一问题实在重要,因为"声乐之入人也深,其化人也速……乐姚冶以险,则民流僈鄙贱矣。流僈则乱,鄙贱则争,乱争则兵弱城犯,敌国危之"(《荀子·乐论》)。这可以引申作艺术政治学方面的思考,但至少表明儒家的一种基本理解,即艺术是人的情意表现,通过艺术教育,便能陶冶性情,敦厚风俗,"和合天下",安定社会。

　　儒家的这些理解,已经足以让我们据以展开对于当代中国艺术教育理念的思考,而中国文化的一些特质,也为解决当下艺术教育的顽症提供了智慧。比如,中国传统美学、文论不以"实体"眼光审视"审美"和"文艺",不是殚精竭虑、逐层深入地寻求本质并做出定义式的说明,而是将其置于由"阴阳""五行"构成的宇宙整体中来看待,通过描述让其不同存在方式、各个层面、侧面、方面显现出来,而且强调不同的艺术体类因"一气流通"而造成的相通。这对于艺术本体研究如何摆脱本质主义的窠臼,以及对于艺术教育实践如何超越人为划定的学科疆界的束缚而言,都是一个有价值的眼光。再比如,中国的"谈艺者"首先关注和致力于实现的,是存在意义的澄明与人格境界的完满,常讲"学以致其道""有法而无定法""以艺载道",而不以获取概念化与抽象化的知识、掌握作为固定规程的技法为最高境界,这对于重新思考艺术教育的本质、重建艺术教育体系也是极有价值的眼光。在这方面,西方大哲福柯也说过类似的话:"对知识的热情,如果仅仅导致某种程度上的学识增长,而不是以这样那样的方式或在可能的程度上使求知者偏离他的自我,那么它归根到底能有什么价值可言?"①

这就引出中国艺术教育思想重建的问题。需要特别指出的是,这里并不存在一个与西方思想争夺话语权力的问题,也不仅仅是对于中国曾经是一个思想创造大国的缅怀,因而也就不能取狭隘的民族文化保守主义立场,而是在致力于避免"民族根性"丧失的同时,保持开放的文化心态,以此表明中国积极参与全球化进程的姿态,是要为创造一个"和而不同"的世界政治文化秩序做出自己的贡献。中国的艺术教育思想创造不需要反对"西方",更无需坚执于"民族根性"之纯粹,而是需要在"破执"基础上对二者都做一番"化"的功夫——多元文化间的对话与融构才是世界文化发展的走向。"善化"曾经是中国思想的气质,也理应成为重建当代中国艺术教育思想的原则。

我们还需谨慎对待传统艺术文化的肯认问题。中国传统艺术文化从地域上说乃是多民族艺术文化的综合体,从层次上说又是上、

---

① 大卫·格里芬:《后现代科学:科学魅力的再现》,马季方译,中央编译出版社1995年版,第9页。

中、下三层艺术文化互动演生的结果,因而需要摒弃带有明显的权力意味的"正统"与"非正统"的观念,采取包容性的"和而不同"的态度。"和实生物,同则不继"(《国语·郑语》),我们既需要借鉴西洋"美声唱法"形成而需经专业训练的"民族唱法",也需要自然天成、口耳相传的"原生态唱法";我们既需要经过文人锤炼而精致化、典雅化的昆曲、京剧,也需要依然活在民间生活世界中的杂耍百戏……它们都是中国传统艺术文化的组成部分,都是当代中国艺术文化创造的资源宝库。

然而,我们曾经事实上将"中原地区""汉族"与"知识阶层"的艺术文化视为传统艺术文化的主体和代表,现在又特别看重"底层性""草根性",似乎不"土得掉渣"就不是原汁原味的民族艺术,这两种做法不仅表明我们其实对中国传统艺术文化多元构成的性质缺乏必要的识察,而且其中隐含的话语权力实质上造成了多民族艺术文化的不平等。在中国古代文学史研究领域,已经有学者提出需要增加广阔的"空间维度",需要增加"边疆的""边缘"的"文化动力"[①],这一识见应当推广至全部艺术文化领域,同时也需要对诸如民粹主义的狭隘视界保持警惕。与此紧密相关的两个问题是:

1.尊重传统不意味着无条件地接受,而是需要依据国家美学的基本理念做出审慎的规划,必须符合当代中国社会的核心价值体系,必须有益于当代中国艺术文化的创造。

2.使传统艺术文化真正进入当代人的精神生活,并不意味着要将古典时尚化:"在'时尚'范围内是'时尚'的东西要适应我们的趣味,相反,在'古典'范围内,则要求我们去适应'古典'的东西,使自己

---

① 杨义:《重绘中国文学地图:杨义学术讲演集》,中国社会科学出版社 2003 年版,第 87—97 页。

的趣味、教养得到提高。""我们要教育、培养出懂得、维护、欣赏和发扬一切优秀文化传统的下一代,而不使其'断'了'后',才算是尽到了我们这一代人的责任而不至愧对古人。"①

---

① 叶秀山:《当代学者自选文库:叶秀山卷》,安徽教育出版社 1999 年版,第 536—537 页。

国家文化安全视野中的大众审美文化

近年来,随着"动力横决天下"的全球化浪潮席卷世界,随着我国"改革开放"事业的深化扩展,特别是在"入世"以后对外文化交流与合作领域的不断扩大,国家文化安全问题开始凸现出来,日益成为建设有中国特色社会主义、实现中华民族伟大复兴亟需解决的重大战略问题之一。据此而论,肇端于 1980 年代并在 1990 年代以后汪洋恣肆的当代中国大众审美文化,不仅直接相关于国家文化境界、文化生态、文化主权,更重要的是,它在提供前所未有的、普遍性的娱乐快感的同时,也为人们提供了一套用以理解"世界""历史""国家""民族"的"指意系统"以及感知方式,而这些有可能或直接或间接地影响乃至危及中国的文化认同。

一

"严格说来,国家文化安全问题的真正出现和突出表现,只有到了近代资本主义世界市场形成之后,特别是在西方列强对东方国家实行殖民侵略政策、东西文明冲突日趋激烈的情况下才逐渐成为现实。"①不过,在当今世界,国家文化安全并非东方国家独有的问题。不但英、法、德等欧洲强国明确反对美国的文化霸权,强调"在全球泛滥的伪文化的压力面前捍卫自己的文化特征"②,即使作为最大的文化输出国的美国,也面临着直接和危险的挑战:"为数不多但极有影响的知识分子和国际法专家"提倡"种族的、民族的和亚民族的文化认同和分类","否认存在着一个共同的美国文化"③。显然,国家文化安全已经成为全球性问题,是任何一个民族国家都不容回避的严肃问题。

但是,在席卷世界的全球化浪潮中,无论是在经济实力还是在制度管理方面均处于劣势的东方国家所感受的威胁显然更其严重,而且这种威胁首先来自实力支撑和现代性支持的西方现代文明的强力冲击。其中无疑存在着文化帝国主义的"精神殖民"因素,因为全球化的经济、政治、文化关系,至今并未发展出人们所期望的"全球政治"形式,"不但没有减弱民族/国家游戏中的冲突,反而强化了这种游戏的残酷性"④,文化成了约瑟夫·奈所说的"软实力",通过文化扩张实现"不战而胜"目标,成了超级大国维护、强化其全球霸权的新战略。⑤ 但同样重要而不能忽视的是,在缺乏良好社会管理机制、文化选择机制和自主创新能力的情形下,西方文化的密集涌入势必破坏

---

① 刘跃进主编:《国家安全学》,中国政法大学出版社 2004 年版,第 145 页
② 赫尔穆特·施密特:《全球化与道德重建》,柴方国译,社会科学文献出版社 2001 年版,第 61 页
③ 塞缪尔·亨廷顿:《文明的冲突与世界秩序的重建》,周琪等译,新华出版社 2010 年版,第 52 页。
④ 赵汀阳:《天下体系》,江苏教育出版社 2005 年版,第 116 页。
⑤ 约瑟夫·奈:《软力量——世界政坛成功之道》,吴晓辉、钱程译,东方出版社 2005 年版;理查德·尼克松:《1999:不战而胜》,王观生等译,世界知识出版社 1989 年版。

文化输入国原有的文化生态,如同外来物种对当地自然生态的破坏。

在当代中国大众审美文化地图上,以合法引进或非法走私的方式大规模输入的西方大众文化占有重要位置,其中最重要的又是美国的娱乐文化产品,是美国的"好莱坞电影"和流行音乐。它以未经反思的"文化全球化"和"个体感性解放"的名义,在一定程度上推动或加速中国社会世俗化和民主化进程的同时,在为中国本土的文化产业和大众文化精英提供模式、范本和经验的同时,在为中国大众提供前所未有的视听盛宴的同时,也如同肆虐的洪水严重冲击着转型期中国的文化体制、文化生态。其中或明或暗地裹挟着的文化帝国主义对我国文化的健康发展构成了严重威胁,进而危及文化主权独立与民族文化认同:

第一,严重冲击了我国的文化市场和文艺生态,不仅从中国人的口袋里掏走了巨额钞票,也改变了普通中国人的欣赏口味、审美趣味,乃至于价值观和世界观,而这些在相当大程度上滞碍延迟了本土艺术文化的正常发展。例如,据 1997 年北京"新影联"宣传策划部所做的北京地区电影市场与观众消费调查报告,有 66.12% 的男观众和 58.82% 的女观众首选"美国大片"。1994 至 2004 年的 10 年,我国引进"大片"总税收达到近 4 亿元,其中"美国大片"的份额占 1/3 强,整体票房占到 80%。仅 1997—1999 年三年间,美国"分帐影片"就在我国创造了约 14.5 亿元的票房收入,占这三年我国电影票房总收入的 44%。针对这种状况,被视为"第五代导演"精神领袖的陈凯歌在即将进入"新世纪"时,不无悲观地坦承:我们"没有丝毫抗衡的力量,甚至连一道篱笆都没有","内地电影现在面临生死存亡关头。我不知道十年二十年后,内地还有没有自己的电影"①。

第二,强力刺激了依照商业逻辑、消费文化逻辑与好莱坞制作模式运行的艺术文化生产,而这又从内部加剧了文化市场与文艺生态的失衡。像《英雄》《无极》《夜宴》等所谓"中式大片",尽管以其不俗的票房"开始找回我们为建立电影市场所付出的经济代价,也开始回收我们为建立中国电影的整体品牌曾经付出的'时间成本'","在恢复和重构观众对我们本土电影的价值认同"②,但这些影片不仅"有奇观而无感兴体验与反思","有短暂强刺激而缺深长余兴","宁重西方而轻中国","在美学效果上表现为眼热心冷,出现感觉热迎而心灵冷拒的悖逆状况"③,而且在艺术思维、价值取向甚至细节处理方面都不难看到对"美国大片"的模仿。

这或许有助于在国际市场上推广中国电影,但这种所谓"与国际接轨"的做法并未造就真正的民族品牌,博大精深的中华文化在这些影片中的展现主要是衣着服饰、饮食歌舞、亭台楼榭等形式层面。这可能会极大地满足异域的人们对一个"古老中国"的想象性认知欲望,却也可能使其对中国的理解表面化,甚至可以说影片展示的"中国形象"其实早已在西方"千里眼"的注视下凝固定型,只是一个有关"东方"的"西方想象",当中隐现的是中国文化原创意识的缺失、艺术原创能力的丧失,而我们也不能指望从中获得对国家/民族命运的真诚关怀、对人的生存困境和内心世界的深刻揭示。

---

① 陈凯歌 1999 年在成都举行的"世纪之路电影与文学研讨会"上的发言,见《电影世界》1999 年第 9 期,第 47 页。

② 贾磊磊:《守望文化江山:全球化历史语境中的本土电影与国家文化安全》,《艺术百家》2007 年第 5 期,第 11 页。

③ 王一川:《眼热心冷:中式大片的美学困境》,《文艺研究》2007 年第 8 期,第 89—90 页。

　　第三,更其严重的是对民族文化资源和艺术生产力的开发、掠夺与控制。凭借雄厚的经济实力与技术优势、跨国资本的运作模式、遍布全球的制作发行网络,"好莱坞"依据美国人的价值标准和审美趣味,运用娴熟的叙事技巧大规模地改写其他民族的文化题材,这不仅在事实上造成了对其他民族的文化资源的掠夺,而且以冠冕堂皇的理由控制直至剥夺了其他民族的艺术生产力。例如,迪斯尼出品的动画片《花木兰》对花木兰形象的改写与重塑,虽然使花木兰的形象获得了一种国际化的品质,从全球市场上为迪斯尼赚了大把银子,却也使花木兰本身携带的中国文化基因发生了变异——她成了一个诠释"个人成功""自我实现"的女性英雄。其隐含的深层语义则是,包括中华民族在内的世界各个民族都服膺美国的价值观,而这正与美国政府推进"海外民主"的所谓"全球战略"形成一种微妙的映射关系。

　　在1991年"美国国家安全战略报告"中,时任美国总统的老布什自豪地宣称:"我们已经进入了一个新的时代","我们可以按照我们自己的价值观和理想建立一种新的国际体系"。这在当今世界政治版图上未必完全体现,但在"好莱坞"的"影像帝国",则可以说已经建立起了这种单一文化体系的架构。它在提供前所未有的炫目奇观的同时,也破坏了世界文化的多样性生态,剥夺了其他民族表达"自己的价值观和理想"的权利,即使有机会表达,也只能或只会按照美国的语法说话。然而,"一个只会运用别人构造的话语系统来进行思维,而不能创造自己独立的概念系统和艺术感觉系统去进行对文化的发现和创造的民族,是永远不可能实现对他者文化的创造性超越的"①。

第四,宣扬"美国价值""美国理想"的大众审美文化,潜移默化地影响国家意识形态和民族个性。在大、中城市,年轻一代向往美国式的教育和生活方式,他们崇奉"流行文化"的"圣经",操持类似"隐语"的"网络语言",热衷于起"洋名"、过"洋节",青睐"好莱坞电影",首选肯德基快餐,在"时尚""娱乐"的漩涡里尽情打转;能说标准流利的英语、美语,却不能用文从字顺的汉语表情达意;个人欲望极度膨胀,用"肉身化存在"的合理性拒绝一切严肃、神圣的信念,既没有1950年代"祖国利益高于一切"的荣誉感,也缺乏1980年代"用黑色眼睛寻找光明"的执著与焦虑,更用"戏说""调侃"将中国历史持续虚无化、"段子化"……这些现象曾一度被视为中国社会进步与开放的标识,但现在却令人深忧:徒具中国人的体貌特征却灵魂飘零的年轻一代,如何能担负实现中华民族伟大复兴的重任?

二

同样对我国国家文化安全构成威胁却更其复杂的是本土文化精英的大众审美文化实践。随着1990年代改革进程的深入和社会思想的突转,它迅速确立了自己的主体意识、生存法则和叙事逻辑,从一支依附性、边缘性的"文化力量",一跃而成为时代的"文化主流",不但形成了"流行音乐(爱情歌曲和摇滚乐为主)、大众影视(生活言情片和暴力片为主)、通俗文学(武侠言情小说为主)、流行期刊(生活休

---

① 胡惠林:《文化产业发展与国家文化安全》,《上海社会科学院学术季刊》2000年第2期,第122页。

闲言情文章为主）'四大家族'"①,也通过市场机制生产出充满了消费渴望的享乐主体——"大众",并使其产生主动选择的错觉。这种错觉由于大众文化话语逻辑上"人民"和"大众"的暗地置换而更显真实,不仅掩盖了大众文化的商业本性、娱乐本性,反而使它以貌似充足的理由——继承 20 世纪中国"大众文艺"传统、满足人民群众的当下精神生活需要——迅速铺满了当代中国的文化地图。

德怀特·麦克唐纳曾一语道破玄机:"大众文化的花招很简单——就是尽一切办法让大伙儿高兴。"②从知识分子群体分化出来的中国大众文化精英迅速领会了这一奥秘,一旦获得了充分的生存空间（政治的）和生产能力（经济的）,他们就以加速度带领着全民"快乐向前冲":各种形式的"选秀""综艺""欢乐问答"等娱乐栏目充斥电视荧屏,"戏说"历史的"宫廷大戏"和"民间故事剧"、无事生非的"都市言情剧"、轻松搞笑的"农村生活剧"不断重播,尽显民间狡智和语言机巧的"手机段子"触手可及,织就了一种铺天盖地的狂欢之网,将一向以严谨持重、感情含蓄自认的中国人抛入其中。"跟着感觉"去"游戏人生",已经或正在改变着历史形成的中国人的性格,而这个"游戏"既没有审美层面精神超越的意义,更谈不上有什么抵抗现实的政治/文化指向。

继而,大众文化的"娱性逻辑"和话语生产机制渗透到社会文化的各个层面和角落。只要能制造出娱乐效果并从中获利,不管是表达"国家意志""国家利益"的"主导文化",还是坚守"真理""正义""精神超越""高贵理想"的"高雅文化",抑或植根底层社会、倾诉民众心

---

① 王珂:《大众文化亟需"身份确认"》,《文艺理论研究》2001 年第 3 期,第 59 页。
② 丹尼尔·贝尔:《资本主义文化矛盾》,生活·读书·新知三联书店 1989 年版,第 91 页。

声的"民间文化",都可以通过时尚化、娱乐化的重新包装,变成口味调匀的"心灵鸡汤"。无论怎样"神圣""崇高""严肃"的"信念""观念""情感""话题""知识""经典",连同相关"历史记忆"和"生活场景",也都可以通过"解构""反讽""戏拟""黑色幽默"等方式,转化成娱乐消遣的对象,而所谓"娱乐消遣"意味着"无需较真""当下即是"的平面化的世界观和价值观。

然而,这绝不是说大众文化有挑动大众批判、对抗其他文化的动机,因为这就意味着大众文化有自己坚持的固定立场,这未免错估乃至高估了大众文化。事实上,"由于功能和目标的规约,它并不主动攻讦其他文化,并不以斗争的姿态出现,甚至它的面孔相当妩媚和温和"①,甚至表现出对主导文化和高雅文化的标准相当程度的尊敬——这也是大众文化的自我保护策略。因此真正的问题在于,尽管娱乐并不是坏事,一心"制造快乐"的大众文化也确实满足了中国人长期受到压抑的正当的娱乐需求,对于缓解大众的生存与精神压力、缓和国家与社会转型不可避免的冲突来说,也不失为一剂良药,但当它成了一种覆盖性、弥漫性的文化力量,"娱性逻辑"浸透了文化的每一寸肌肤,闪现在日常生活的每一个时刻,"娱乐"也就成了大众话语的深层语法结构,决定了大众的认知方式、思想方式、生活方式。

然而,如果"娱乐"成为"最高价值",同时还反对"宏大叙事"和"深刻思想",就会形成一种"轻浮和软弱无力的精神结构",让人只关心"鸡毛蒜皮"的生活细节,只关心个人利益、个人权利和个人感受,那也就没有什么值得思想的。② 由此导致的危险是,"如果一个民族

---

① 孟繁华:《众神狂欢——当代中国的文化冲突问题》,今日中国出版社1997年版,第14页。
② 赵汀阳:《哲学原旨主义》,《中国人民大学学报》2005年第1期,第12页。

分心于繁杂琐事，如果文化生活被重新定义为娱乐的周而复始，如果严肃的公众对话变成了幼稚的婴儿语言，总而言之，如果人民蜕化为被动的受众，而一切公共事务形同杂耍，那么这个民族就会发现自己危在旦夕，文化灭亡的命运就在劫难逃。"[①]而当"娱乐"蜕化为"愚乐"，"丰富的平庸"弥漫在整个社会，如野草疯长在国民心田，"民族精神堕落"和"国家文化赤贫"也就在所难免。

"尽一切办法让大伙儿高兴"决定大众文化本质上是一种"幻觉文化"和"均质文化"，这就使得它刺激和释放的"大众"的隐秘欲望，凭借"娱乐"的名义而合法化，而对隐秘欲望的"展示"和"消费"，也借"大众"的名义而正当化。在网络和手机上盛传的"下半身写作"、A片、偷拍或自拍的色情视频、黄色笑话，热映、热播的刻意书写中国人阴暗心理和迷乱心态的历史剧和当代情感生活剧，"调侃政治""恶搞经典""丑化领袖"的"肥皂剧"、网络游戏、"博文"、小品，渲染血腥暴力、歌颂野性英雄、展示污浊世相的畅销小说、通俗读物、影视剧，以"个性解放""文化多元""身体革命""社会进步""关注生存"等"好词"自我标榜，竞相登场，"物欲""肉欲""窥视欲""破坏欲""施虐欲"，活色生香、纤毫毕陈地撩拨着大众的感官和神经，无需遮掩更无需自责地沉浸于"欲望的海洋"，"在欲望的诱惑中也只剩下了欲望"[②]。

历史的吊诡之处在于，大众文化对于"欲望"的"审美性"或"生理性"的无度宣泄，解放了曾经与"政治意识形态"和"革命话语"紧紧捆绑在一起的感官和身体，使其获得了独立性，重返"感性"和"日常"的生活语境，也以"恶的动力"加速了中国社会的世俗化进程，促进了高

---

① 尼尔·波兹曼：《娱乐至死》，广西师范大学出版社 2004 年版，第 202 页。
② 杨厚均：《从欲望中国到智慧中国》，《文艺报》2007 年 4 月 14 日，第 3 版。

度统一、政治中心化的整体文化的分化。然而,大众欲望的"潘多拉魔盒"一旦被打开,就很难再将它关上,而大众文化精英们似乎也根本不想将它关上。当深藏内心的隐秘欲望不再"犹抱琵琶半遮面",则"文化"也就成了"欲望幽灵"的"独角戏"。

可以说,大众审美文化制造了一个有别于"乡土中国"和"红色中国"的"欲望中国"的形象,而不断膨胀升级、永不满足的"欲望",既是这样一个"中国"的"发动机",也是它的意识形态和话语生产机制。通过这个贴着"全球化"和"后现代"标签的"中国想象",大众审美文化对中华民族的历史记忆、政治经验、革命传统、当代生活进行了"欲望化"改写,打造了一个新的"感知共同体"——此即"欲望化"了的"大众",重新定义了"进步""平等""自由":"所谓进步,就是占有更多的物质财富;所谓平等,就是大家都向低的道德水准看齐;所谓自由,就是无止境地但又不负责任地追求快乐"[①],而"严肃"被视作"沉重","神圣"被视作"虚假","理想"被视作"煽情"。除了"欲望"的当下满足、自我放纵的幸福,一切都无所谓,不管是个人名节、家族荣誉,还是民族尊严、国家利益,都可以毫不犹豫地出让。

大众审美文化的"欲望叙事"不动声色地侵入中华文明的根柢与中华民族的血脉,当中呈现出的是一个骚动不安、欲壑难填的国家形象,一个性格粗鄙、心地阴暗的民族形象,这种呈现也绝没有"精神启蒙""文化批判"的指向,一如鲁迅等"新文化运动"健将对"礼教吃人"与"民族劣根性"的无情揭露与批判,而只是为了给"欲望"的演出搭建一个可以闪转腾挪的舞台。当"欲望叙事"与"娱乐逻辑"合体,通过这种体认"历史传统""社会政治""自由""正义"的感知方式,大众

---

① Hoggart, The Uses of Literacy, Hormondsworth, Penguin, 1969 年版,第 340 页。

被一种"丰艳的虚空"所包围而可能"不识庐山真面目","不再真正了解自己的传统,不再真正为自己的民族性感到自豪,不再真正信仰自己的国家意识形态和基本价值观"①。

三

当代中国的大众审美文化地图涂抹着古今中外多种文化元素的颜色,"新"与"旧"彼此交错,"自我"与"他者"相互渗透,也因此呈现出多重面相,表明"中国问题"已经与"世界问题"紧密交织在一起。由于大众文化在全球范围内还没有完成其颠覆/解放的历史使命,还将在一个较长的时期内继续存在,并在与其他文化类型构成的张力中进行自我定位,这就使其对于当代中国的民族国家认同、国民文化生活依然具有强有力的建构抑或消解作用。这里有深刻的政治哲学和文化哲学问题,需要进行哲学上的反省、文化上的批判,并据以进行从策略到制度的实践层面的规划,而"中国语境""中国问题"的特殊性决定了这一工作的艰巨性,而必须提出自己的理论与实践的模式。

这当中有许多问题需要细致展开,而这些问题又决定需要一种政治、文化、审美一体互动的解决方式,需要进行理论和制度上的创新。而在这两个互为牵制的方面,我们还存在一些需要清理的误识,这也就使我们面对大众审美文化的直接冲击与暗中侵蚀应对乏力。

在理论研究层面,近年方兴未艾的"中国文学与文化的认同研究""文化产业发展与国家文化安全研究""当代中国主流电影与国家认同研究""十七年文学重估与红色经典研究",表明学者们已经意识

---

① 潘一禾:《文化安全》,浙江大学出版社 2007 年版,第 72 页。

到这一问题的重要性,而通过审美文化构造中华民族共有的精神文化家园,包括共同的文化基础、民族精神、价值体系和多元一体的共同体意识,以促进我国的国家认同与文化认同,正在形成普遍共识,将个体性学术研究与民族国家命运紧密联系起来,也正在形成为研究者的自觉意识。但是我们也看到,一些学者似乎仍未超越现代审美主义视野,对当代人类社会政治、经济、文化的一体互动结构认识不足,未能从中发展出相应的方法论,对当代中国大众审美文化的复杂语法与隐微语义进行一种互文性分析,这在相当程度上阻碍了对于研究对象的深入理解;而由于局限于传统的国家观,对以"国家"为基本"思想单位"展开的"国家美学"仍存误识,甚至将其视为文化专制主义的代名词,不能在业已变化了的时代正确看待"国家"的积极文化功能,并据此进行新的"思想布局",而学理建构的缺欠又势必影响及策略研究的推进。

而在制度管理方面,尽管我们原则上承认:当遇到"中央"与"地方"、"地方"与"地方"、"国家"与"集体"、"政府"与"个人"的矛盾时,应以国家最高利益为着眼点,拆除地方保护主义、行业保护主义、小团体主义设置的重重阻碍;需要遵循市场经济的运行法则,采取多种途径和方式大力发展文化产业,引进国外优秀的艺术文化,以满足人民群众多样化的审美需求,但必须谨记市场经济不能无视乃至践踏国家根本利益,不能将经济指标作为唯一的衡量标准,更不能以经济或产业的发展自由为借口,致使国家根本利益受到损害,但在具体实践层面,地方本位主义、经济至上原则仍然大行其道,为此不惜践踏国家利益与民族大义这一文化体制改革与文艺立法的生命线。然而,我们又应当警惕那种以"闭关锁国"的文化政策和"本土化"的建构策略拒斥现代性进程的做法,避免堕入"绝对的集体主义"和"保守的集权主义"的窠臼。

这些问题的解决远非本文所能承担,而只能提出一些原则性的"看—法",以之为进一步的研究构想一个可能的理论空间:

第一,由于中国不是单一民族国家,中华民族是一个多元一体的政治文化概念,这种特殊性决定了我国必须将国家利益置于首位,提升全体国民的国家认同,强化中华民族的"共同性想象",唯此才能保证国家的统一和民族的团结。这既是执政党和政府正确处理政治、经济、文化教育等领域各种关系的大政方针,也是具有历史主体意识的人文学者在看待和分析当代中国文化现象时应持的价值立场。

第二,"即使在急剧的全球化进程中,国家也不可能消失"①,而是"正在改变其传统功能,全面地介入当代世界的社会关系"②,全球化的内在悖论使国家的重要性日益凸显。为此"形—势"(空间和时间的情境)所迫,当代中国如何自主定位和建构自己的文化,就意味着中华民族将以何种性质和形式的主体性,参与不同文化和价值体系之间的沟通/竞争、普遍主义话语的生产与分配,"这实际上也就是一个争取自主性,并由此参与界定世界文化和世界历史的问题。这反映出一个民族的根本性的抱负和自我期待"③,这决定中华民族如何面对自己的传统、构思自己的未来,既攸关民族/国家命运,也切关个体生存意义,这应当成为我们看待国家和国家文化安全问题的基本视野。

---

① 郑永年:《全球化与中国国家转型》,浙江人民出版社 2009 年版,第 26 页。
② 汪晖:《文化与公共性·导论》,生活·读书·新知三联书店 1998 年版,第 5 页。
③ 张旭东:《全球化时代的文化认同:西方普遍主义话语的历史批判》,北京大学出版社 2006 年版,第 2 页。

第三,在审美文化领域,根据变化了的国家功能重构国家审美意识形态的重要性日益凸显,这体现为"国家美学"的重建。大致说来,"国家美学"就是以"国家"为基本"思想单位"开展的美学思考,它以"审美功利主义"为基调,以文艺审美的制度建构为关注核心,力图运用制度力量建构一个好的审美文化生态、审美文化秩序;"国家美学"无疑是"政治美学",但首先应当是"文化美学",首先应当具备"先进文化"的品格与宽广的"天下胸怀";"国家美学"是超越"政党美学"和"个体美学"的美学意识形态,是与"微观美学"相对而言的"大局观美学";"国家美学"的建构必然坚持"价值优先"的原则,即依据超越性的"道"(文化理想)确立适宜的美学形态和审美文化生态,以"万物一体"和"民胞物与"的态度展开美学思考;

四、应当立足于20世纪中国的审美现代性经验,充分借鉴欧洲国家的做法,以捍卫民族国家主体性、提升全体国民的国家文化认同为目的,探索具有针对性与灵活性、务实而又境界高远的国家审美机制。应当在"天下"这种新的世界政治制度架构里进行思想布局和美学规划,应当在"先进文化"建设与"和谐社会"建设的框架内重构文艺审美的意义导向机制,将国家利益与民族大义确立为文化体制改革与文艺立法的生命线,同时重新确立民族/国家的审美文化经典体系,以引领审美主体人格的重塑。必须超越"西化"和"民族化"的二元对立模式,树立以国家利益为最高利益的观念,从国家文化主权的高度来认识和处理审美问题。

附录三

文学理论的创新困惑与发展可能性

一、文学理论的创新困惑

1995 年左右,曹顺庆等人提出"中国文论失语症""古代文论创造性转换"的命题,其后陆续开展的讨论使"中国文学理论创新"的意识和吁求涌现文坛,激发起新一轮有关中国文学研究的美好想象。然而,"现实"总是喜欢让"想象"栽跟头,时至今日,十几年前令学人苦恼的中国文学理论的困局,似乎并没有根本性改观。一如既往,如果撇开从欧美输入或移植的文学理论话语(模式、方法、概念),我们似乎还是不太会"说自己的话",我们试图建构的文学理论的"中国性""中国特色"似乎依然如雾里看花,我们热衷讨论的似乎也还是从欧美传输进来的问题或话题。因为"话语不当"引起的"阐释焦虑"在当代文学批评领域体现得十分明显,对于一些重大的文学现象,批评家要么集体沉默,要么难免捉襟见肘的尴尬。

不能违心地说这一时段的中国文学理论研究一无长处,但如做纵向、横向的比较,那就不难发现,中国文坛上还是缺少能对当代中国文化创造施加积极作用、可以打上"中国创造"标签的问题意识、研究范式、文学理念,一些创新性的研究也只是延续之前的思路,至于季羡林先生所说的"输出国外,发生影响"依然只是美好的期望。不少出身文艺学专业的年轻博士和资深教授投身于文化产业、文化研究,虽是应时代之需,或可美其名曰"跨学科研究",但似乎也可印证中国文学理论创新的美好想象已失去其最初的感召力,文学理论研究已不再是有魅力的志业。

为什么竟会出现这样出乎所有人意料之外的情形? 难道是"中国文学理论创新"的命题本身有误? 这也就意味着中国学人在其中错置了"理想"和"自我"? 如果"中国文学理论创新"中的"中国"不是从"空间"定义,而是强调其"思想风格""精神实质"的意义,则如下质疑/困惑看上去似乎也有存在的理由:

1. 只要我们能把"文学"的有机体解剖清楚,能把历史上存在过的和正在发生的"文学事实"都整理清楚,又何必在意手中所操持的是不是"国产"的"手术刀"和"储物箱"? 尤其是在全球化时代,不同民族文化间的对话和相互改写,正在使所谓纯粹、本真的"国性"和"族性"日益变得不可能,又如何谈得上"理论""话语"的"中国性"?

2. 既然与西方古代的"诗学"、中国古代的"文论"都不相同,文学理论本是西方自文艺复兴以来的"现代现象",本是在西方社会架构和文化传统中兴发出来的"人文话语",并随着现代性的全球开展获得了普遍性品质,则这种"中国性"又该如何安置? 焉知不是又一种"非历史"/"超历史"的形而上学的虚构/神话?

3. 既然创新是"文学理论"作为"人文学术"的本性，又何必一定要强调"中国"二字？这里面是不是有种"非学术"的狭隘的民族主义情绪在作怪？尤其是在我们还没有充分的学术积累，甚至连基本的学术规范都还需重建的时候，侈谈创新岂非自欺欺人？并且，当我们移植欧美话语进入中国文化语境，按照"中国"的"语法""说话"，与原型相比较，已经多有调教、增删，这不也是一种"创新"，哪怕是削足适履式的？

意识总是关于存在的意识。平心而论，由于"改革开放"的中国正以日新月异的姿态在世界政治、经济和文化格局中重塑自我形象，重建民族文化徽标，还未呈现其定型化的面目，对于变动中的当代中国文化图景，也就难以做结构清晰的把握，作为权宜之计，有此实用主义的文学研究观念也不为无理，至少可以令人警醒那些"绣花枕头"式和"快餐"式的所谓"创新"，例如"新××文学""后××文学"之类概念的造作乃至炒作。而若从学人的个体学术信念说，在现代法制社会，操持何种理论、话语乃是"文责自负"的个人自由选择，那不但无可厚非，反倒有助于维持批评文化的多元格局，真正的文论创新只有在此格局中才可能建立。甚至可以说，与那些并不鲜见的不顾基本学术逻辑和文化事实的创新妄言相比，这种"冷静理性的不自信"倒是更利于我们看清自己的真实面目和位置。

二、文学理论创新的命题为什么不能被证伪？

但是，这些还是不足以证伪"中国文学理论创新"的命题。因为"中国文学理论创新"不仅仅是一个符合学理逻辑的命题，其语义是中国学人对具有普遍性品质的文学理论研究的推进。文学理论的普遍性本就意味着中国学人有充分的正当性、合法性身份参与其话语建构,因为最大程度的普遍性就意味着最大程度的"可分享性"。而更具"事实逻辑"优先性的则在于,"中国文学理论创新"乃是一个"文化政治"命题,意味着"中国文学理论创新"有关于"中国"的身份认同、文化秩序、知识与信仰体系的建构,有关于对"中国"的经验、想象、诠释的"感觉政治学"和"感知共同体"的建构。

这也就意味着,文学研究乃是一项基于生活本身之严肃性的严肃的"文化事业",文学的"表现""再现""象征"都可能被赋予"微观政治"的语义,文学审美也可能承担"微观政治"的功能,因而"文学生活"本身就是"微观政治"的开展领域。如果中国人不能用自己的眼睛去发现和描述文学建构的"中国"的历史和现在,不能按自己的立场去规划和实现中国文学的未来,那中国人真实的"经验""情感""信念""思想",就有被他人随意"改写""代言"的可能。即使假定其中不存在文化帝国主义的陷阱,在西方文化语境中有效的理论、话语,在中国也难免水土不服,因为中国无法"克隆"甚或"山寨"整个西方的社会/文化存在,而如果中国不能参与文学理论的普遍性建构,那也就不能确立自己的特殊性存在。

同样重要的原因是中国文学本身提出的挑战。这首先是因为当代中国文学体现出的混杂性,超逸于西方的现代性和后现代性话语之外,即使那些商业化的文学也与西方的大众文化,在生产机制、存在方式和社会功能方面也貌合神离,因而必须遵循其内在视野才能得到恰如其分的呈现,这种视野无疑需要"中国文学理论创新"发明出来。宏观把握上的无力、混乱,只会导致错位和缺位的批评,非但必然影响对于"文学中国"的认知、体验、认同,亦影响及对"中国文学"之"中国性"的描述、解读、重建。与此相映成趣的是,中国传统文学也早已遭遇"阐释危机",由于古人不能像当代作家可以开口辩白,就更易于被"绑架""代言",如此则中国文学的历史就是被西方的"理论之光"照亮的历史,虽然辉煌灿烂,却并非发自其内在的光源,这又进而造成文学历史叙述中传统与现代之间的巨大断裂,而若要实现中国文学古今演变的补苴罅漏,也得以"中国文学理论创新"提供的文学观念和研究范式为前提。

而从反面说,面对种种"调侃民族国家历史""消解人生积极价值""热衷展示变态畸趣"的文坛之"怪现象",如果我们不能提出真实而有效的文学价值,实现新的文化自觉、道德重建、审美更新,而只会人云亦云、老调重弹些连自己都未必相信的意识形态主张,那就不可想象这些波涛汹涌的文化浪潮会将中国人带到怎样可怕的境地? 如果一个社会、一个国家任由淫邪低俗弱智的"文学生活"存在,那几乎就是在自掘坟墓,有良知的文学批评家焉能不闻不问?

假如上述分析可以成立,则"中国文学理论创新"实在是一个为政治、文化的"形—势"(空间与时间的情境)所迫不得不如此的生死抉择,而其之所以可能则是基于:

1.社会、文化发展模式的多元现代性提供的"法理依据"。

2.自成体系的中国文学传统提供的"事实依据"。

3.文学理论的普遍性与特殊性之关系提供的"逻辑依据"。

正如哲学家赵汀阳所说,真正的根本性的价值和思想只能从创造者的角度来讨论。当"全球化"与"中国模式"将"世界问题"与"中国问题"紧密交织在一起,"中国文学理论创新"既要解决来自"中国语境"和"中国问题"的特殊性,同时也是对具有普遍性的人类文化事实的反思和构思,那它就不单是体现了民族主义的正当诉求——毫无疑问,只要民族国家还有其存在的理由,民族主义就是保持民族/国家同一性的基础,而迄至今日,人类还很难想象一个不以民族国家为区分单位的地球,同时也具有"文化的世界主义"的性质,因而"中国文学理论创新"必定是一个开放的"文化工程"。倘若对这些状况不清不楚,那就不但缺乏创新所需的自信和动力,也势必为"局"所"困",即使竭尽努力也找不到正确的方向,更有可能南辕北辙。例如,试图撇开西方的文学理论范式,运用传统的"诗文评"材料整合、再造出一套理论、话语,这种或许才华横溢但自我封闭的作品,除了作者之外恐怕没人会感兴趣,因为这几乎就是在拒绝分享和交流,这对于文学理论之为"话语"而言是不可思议的。

三、文学理论创新为何乏力?

既然"中国文学理论创新"命题不能被证伪,而是有其必要性与可能性,那还是得追问究竟是什么使得创新如此乏力?

不能不首先提及的是创新意识的实质性匮乏,所谓实质性是说中国文坛并不缺少鼓吹创新的豪言壮语。前文提到的对于"中国文学理论创新"的困惑,无疑属于阻碍创新的"主体意识",但其中尚有可取之处,真正危险的意识乃是对文学理论研究作为"事业"与"志业"的自我放逐。仔细想来,这当中可能有看透"学术腐败"后的自我拯救意识,可能有善于经营"学术圈子"的精明世故,也可能有对"文学研究"的职业倦怠感,其动机未可一概而论。就其后果看,"自我拯救意识"和"职业倦怠感"尽管无助于"中国文学理论创新",却也不至于让事情变得更糟,而"精明世故"则很有可能将创新也变为"经营学术"的手段,翻手为云,覆手为雨,令后生小子眼花缭乱、羡慕不已。

进一步考虑,创新意识的匮乏根源于"精英意识""道义担当意识"的弱化乃至消解,这也就意味着知识分子的自我放逐,当然也可能被自我表述为"解放"或"转型",并为之欢呼雀跃。在一些"后知识分子"的眼界中,文学研究不再事关"正义""真理""良知"之类"大词",也与"社会进步""民族认同""国家兴亡"之类"宏大叙事"了不相干,只不过是一种可供自娱自乐、操练智力的"话语游戏",有没有他人参与亦无影响,或者就是一种纯为衣食生计谋划的"职业行为",如此走马灯式地变换概念、方法、立场,也就是合乎规则的、有效的,因为重要的是"话语"的"讲述"事情本身,而不是"讲述"的"对象"和"境界"。也正是因为一些批评家主动放弃了知识分子的"精英立场""理想主义""批判精神",纵身跃入大众文化的"物欲狂欢",关注"作品"的"卖点"甚于"文学"的"审美",当代文学批评的商业化、媚俗化才难以避免,这种"著书都为稻粱谋"的行径就更与"中国文学理论创新"了无相干。

接着要谈的就是环境/机制了。倘若缺乏利于创新的环境/机制,再强烈的创新意识也不可能转为创新实践。必须承认,持续深入、全面实施的"改革开放",在实现中国社会(政治、经济、文化)转型的同时,也使学人拥有了相较宽松自由的学术空间,文学研究早已不再是政治的附庸和工具,而文化创新更被提高到国家发展战略的高度,但在一些具体的层面和细节上,挫伤创新激情的因素并不少见。从大的方面说,由于文学研究主体主要集中于高校、研究机构,是所谓"单位"和"体制"中人,"体制"之外的民间批评家和理论家还未形成堪与争锋的实力/势力,现行的大学考核机制、学术评定机制、学位评审机制等等,就成了"中国文学理论创新"的掣肘因素,这套机制催生了若干被一些学者戏称为"项目体""学位体"的论著,以及若干"短平快""集团军作战"式的研究,可以在"体制"内藉以获得若干切关个体生活品质的利益,包括职称、地位、荣誉、奖金等等物质利益和精神利益,而精神利益可以换算为物质利益,但未必与文论创新形成正相关的关系。

这种糟糕的情形肯定与知识分子的自我放逐有关系,但显然"体制"也并没有发挥其应有的约束、激励功能,根本原因在于没有遵循人文学术的内在规律——这也就意味着人文学术还没有得到应有和实质性的尊重,行政化气味浓郁,极易滋生"学术腐败",可为既得利益者的党同伐异提供冠冕堂皇的借口。与此相关,"跑项目""跑奖励""跑文章"已成学术圈内的潜规则,当"人情"远比"学术"重要,当"善跑"远比"勤思"重要,真正意义上的创新又从何谈起?这并不是说所有的专家、评委、编辑一概"黑了良心",而是说置身于这样的大格局中,个人的良知、德性几乎是软弱无力的,这样也就可以理解为什么有些德高望重的学者会婉拒出任某些"项目""奖励"的评委,可以理解为什么一些曾经意气风发的批评家、理论家特别是青年才俊会做出抽身而出的选择。

再就是创新的路径。创新路径的重要性在于确保创新意识与创新机制提供的强大动力不至于偏离目标。这也就是中国文学理论话语的生产/建构方式问题。一种值得从理论上分析的常见方式是"推论式",具体做法是或者将"高位理论"(如哲学)的命题"下推"至"文学现象",或者将"平位理论"(如人类学、社会学)的命题"平推"至"文学领域"。假定其中不存在前文所述阻碍"中国文学理论创新"的因素,则其存在论根据就是一些理论家对文学理论的理解,他们往往特别强调其作为"理论"的"严谨性"和"逻辑性"、作为"知识体系"的"系统性"和"完美性",及其与"文学批评"的分野。这种理解无疑有切合文学理论本性之处,但也存在可能是致命性的过失,至少有三:

1. 如果"文学"和"文学理论"的存在要由其他"文化活动"来说明,而非决定于自身价值,则其存在前提就是可疑的。

2. 如果"文学理论"与"文学批评"不通声气,则"文学理论"也就失去了与"文学事实"的"可通达性",则其存在本身就是可疑的。

3. 如果"推论"前提中已经包含了"理论"的所有可能性,则其结论也就与真正的创新无关,即使对于那些可将"文学经验"与"理论命题"融为一体、互为诠释的理论家来说也是如此。

再就是"转换式",具体做法是或者将中国古代文论的命题"转换"到当代,或者将西方文论的命题"置换"到中国。而无论是"时间"上的"转换"还是空间上的"置换",都由于"此时此地"的我们不可能复制"彼时彼地"的文化存在,而不可避免地遭遇"走调""跑题""不伦不类"的尴尬。若就事实论,则"中国古代文论的现代转换"迄今未见堪称成功的实践,而"西方文论的中国置换"之创新性恐怕连置换者自己也不好意思承认,假如他还有底线的道德良心与知识产权概念的话。

四、文学理论的发展可能性

毫无疑问,任何创新都绝不可能向壁虚构,而必须建立在人类已有的创新成果的坚实基础上,向"古人"和"他人"学习因此是必需的训练和规范,问题是"推论式"和"转换式"没有意识到中国古代文论和西方文论其实都只是些"思想材料",需要将其送入中国文化的熔炉中冶炼,并在"中国文学"与"中国人"的相互锻造中形塑"中国文学理论"的价值、概念、方法、体系,而不是简单地寻求如何"接榫"或"会通"。而在文学批评领域,由于批评家习惯于从理论到实践的操作方式,其视野类似于西方绘画的"焦点透视",而非中国画的"散点透视",那些鲜活而有价值的"中国文学经验"不但有可能摸捉不得,或者难以发现其"中国性"所在,更没机会为知识和思想的原创提供些许灵感和动力。

有"危机"才有"转机",但假如对"危机"麻木不仁,那也就不可能出现任何"转机"。要使"中国文学理论创新"解"困"祛"乏",也就得从创新意识、创新机制、创新路径三方面上手,而文学研究主体驱除"心魔"、重建"自我"甚为关键。现代社会制度和现代学术体制,内在地决定了"中国文学理论创新"之路是充分体现研究者个体性的"多元化",但其基本方向一定是遵循"中国文化""中国文学"的内在视野,以建构主义的"中国观"为基点,思考那些体现了"中国"的特殊性的普遍性问题,尤其是将当下中国的文学"事实"转化为"问题",在具体的批评实践中构思中国文学理论的问题、观念和方法。这不但因为真正的"轴心"永远是"当代",还因为真正的"创新"只能源自"归纳",而"文学生活"的可能性永远大于"文学理论"所能想象。

然而,这里所说的会不会也是一种注定遭遇现实抵抗的美妙想象?且让我们带着这疑惑上路,现实不容回避,而想象总还可以给我们必要的勇气。

参考文献

一、著作

1. 马克思、恩格斯著,中共中央马克思、恩格斯、列宁、斯大林著作编译局编:《马克思恩格斯选集》,人民出版社 1972 年版。

2. 孙文著,中国社会科学院近代史研究所中华民国史研究室等编:《孙中山文集》,中华书局 1982 年版。

3. 张岱年:《中国哲学大纲》,中国社会科学出版社 1982 年版。

4. 路易·阿尔都塞:《保卫马克思》,顾良译,商务印书馆 1984 年版。

5. 石介著,陈植锷点校:《徂徕石先生文集》,中华书局 1984 年版。

6. 席勒:《美育书简》,徐恒醇译,中国文联出版公司 1984 年版。

7. 威尔伯·施拉姆、威廉·波特:《传播学概论》,陈亮等译,新华出版社 1984 年版。

8. 叶朗:《中国美学史大纲》,上海人民出版社 1985 年版。

9. 周扬:《周扬文集》第二卷,人民文学出版社 1985 年版。

10. 费正清:《美国与中国》,张理京译,商务印书馆 1987 年版。

11. 蒋光慈:《蒋光慈文集》第四卷,上海文艺出版社 1988 年版。

12. 叶朗主编:《现代美学体系》,北京大学出版社 1988 年版。

13. 丹尼尔·贝尔:《资本主义文化矛盾》,赵一凡等译,生活·读书·新知三联书店 1989 年版。

14. 理查德·尼克松:《1999 年:不战而胜》,王观生等译,世界知识出版社 1989 年版。

15. 董仲舒著,苏舆义证:《春秋繁露义证》,中华书局 1992 年版。

16. 崔瑞德、鲁惟一编:《剑桥中国秦汉史》,杨品泉等译,中国社会科学出版社 1992 年版。

17. 邓小平著,中共中央文献编辑委员会编:《邓小平文选》第三卷,人民出版社 1993 年版。

18. 钱穆:《中国文化史导论》,商务印书馆 1994 年版。

19. 兹比格涅夫·布热津斯基:《大失控与大混乱》,潘嘉玢、刘瑞祥译,中国社会科学出版社 1995 年版。

20. 黑格尔:《小逻辑》,贺麟译,商务印书馆 1996 年版。

21. 李希光等:《妖魔化中国的背后》,中国社会科学出版社 1996 年版。

22. 刘小枫:《这一代人的怕与爱》,生活·读书·新知三联书店 1996 年版。

23. 朱光潜:《悲剧心理学》,安徽教育出版社 1996 年版。

24. 孟繁华:《众神狂欢——当代中国的文化冲突问题》,今日中国出版社 1997 年版。

25.聂振斌、滕守尧、章建刚:《艺术化生存——中西审美文化比较》,四川人民出版社1997年版。

26.盛宁:《人文困惑与反思:西方后现代主义思潮批判》,生活·读书·新知三联书店1997年版。

27.张清华:《中国当代先锋文学思潮论》,江苏文艺出版社1997年版。

28.周宪:《中国当代审美文化研究》,北京大学出版社1997年版。

29.埃里克·H·埃里克森:《同一性:青少年与危机》,孙名之译,浙江教育出版社1998年版。

30.安东尼·吉登斯:《现代性与自我认同:现代晚期的自我与社会》,赵旭东、方文译,生活·读书·新知三联书店1998年版。

31.安东尼·吉登斯:《民族—国家与暴力》,胡宗泽、赵力涛译,生活·读书·新知三联书店1998年版。

32.弗雷德里克·詹姆逊:《快感:文化与政治》,王逢振等译,中国社会科学出版社1998年版。

33.葛兆光:《七世纪前中国的知识、思想与信仰世界》,复旦大学出版社1998年版。

34.江宜桦:《自由主义、民族主义与国家认同》,扬智文化事业股份有限公司1998年版。

35.王一川:《中国形象诗学——1985至1995年文学新潮阐释》,上海三联书店1998年版。

36.魏源著,陈华等点校注释:《海国图志》,岳麓书社1998年版。

37.戴锦华:《隐形书写——90年代中国文化研究》,江苏人民出版社1999年版。

38. 洪子诚:《中国当代文学史》,北京大学出版社 1999 年版。

39. 克利福德·格尔兹:《文化的解释》,纳日碧力戈等译,上海人民出版社 1999 年版。

40. 叶秀山:《当代学者自选文库:叶秀山卷》,安徽教育出版社 1999 年版。

41. 罗兰·罗伯森:《全球化:社会理论和全球文化》,梁光严译,上海人民出版社 2000 年版。

42. 罗岗、刘象愚主编:《文化研究读本》,中国社会科学出版社 2000 年版。

43. 让·鲍德里亚:《消费社会》,刘成富、全志刚译,南京大学出版社 2000 年版。

44. 查尔斯·泰勒:《自我的根源:现代认同的形成》,韩震等译,译林出版社 2001 年版。

45. 戴维·赫尔德等:《全球大变革:全球化时代的政治、经济与文化》,杨雪冬等译,社会科学文献出版社 2001 年版。

46. 多米尼克·斯特里纳蒂:《通俗文化理论导论》,阎嘉译,商务印书馆 2001 年版。

47. 赫尔穆特·施密特:《全球化与道德重建》,柴方国译,社会科学文献出版社 2001 年版。

48. 黄力之:《中国话语:当代审美文化史论》,中央编译出版社 2001 年版。

49. 黄子平:《"灰阑"中的叙述》,上海文艺出版社 2001 年版。

50. 约翰·费斯克:《理解大众文化》,王晓珏、宋伟杰译,中央编译出版社 2001 年版。

51. 王岳川:《中国镜像:90 年代文化研究》,中央编译出版社 2001 年版。

52. 余虹:《革命·审美·解构——20 世纪中国文学理论的现代性与后现代性》,广西师范大学出版社 2001 年版。

53. 安东尼·史密斯:《全球化时代的民族与民族主义》,龚维斌、良警予译,中央编译出版社 2002 年版。

54. 厄内斯特·盖尔纳:《民族与民族主义》,韩红译,中央编译出版社 2002 年版。

55. 理查德·舒斯特曼:《实用主义美学——生活之美,艺术之思》,彭锋译,商务印书馆 2002 年版。

56. 陆学艺主编:《当代中国社会阶层研究报告》,社会科学文献出版社 2002 年版。

57. 陶东风:《社会转型期审美文化研究》,北京出版社 2002 年版。

58. 沃尔夫冈·韦尔施:《重构美学》,陆扬、张岩冰译,上海译文出版社 2002 年版。

59. 许志英、丁帆:《中国新时期小说主潮》,人民文学出版社 2002 年版。

60. 肖鹰:《真实与无限》,中国工人出版社 2002 年版。

61. 爱德华·W. 萨义德:《文化与帝国主义》,李琨译,生活·读书·新知三联书店 2003 年版。

62. 本尼迪克特·安德森:《想象的共同体:民族主义的起源与散布》,吴叡人译,上海世纪出版集团 2003 年版。

63. 海登·怀特:《后现代历史叙事学》,陈永国、张万娟译,中国社会科学出版社 2003 年版。

64.麦克尔·哈特、安东尼奥·奈格里:《帝国——全球化的政治秩序》,杨建国、范一亭译,江苏人民出版社 2003 年版。

65.李扬:《50—70 年代中国文学经典再解读》,山东教育出版社 2003 年版。

66.孟繁华:《传媒与文化领导权》,山东教育出版社 2003 年版。

67.杨义:《重绘中国文学地图:杨义学术讲演集》,中国社会科学出版社 2003 年版。

68.李泽厚、刘再复:《告别革命》,天地图书有限公司 2004 年版。

69.隋岩:《当代中国电视文化格局》,北京大学出版社、群言出版社 2004 年版。

70.孙立平:《失衡——断裂社会的运作逻辑》,社会科学文献出版社 2004 年版。

71.西格蒙德·弗洛伊德:《群体心理学与自我的分析》,熊哲宏、匡春英译,见车文博主编《弗洛伊德文集》第 6 卷,长春出版社 2004 年版。

72.于尔根·哈贝马斯:《现代性的哲学话语》,曹卫东等译,译林出版社 2004 年版。

73.梁漱溟:《中国文化要义》,上海人民出版社 2005 年版。

74.塞缪尔·亨廷顿:《我们是谁?——美国国家特性面临的挑战》,程克雄译,新华出版社 2005 年版。

75.夏之放、李衍柱等:《当代中西审美文化研究》,山东教育出版社 2005 年版。

76.徐迅:《民族主义》,中国社会科学出版社 2005 年版。

77.约瑟夫·奈:《软力量:世界政坛成功之道》,吴晓辉、钱程译,东方出版社 2005 年版。

78. 赵汀阳：《天下体系：世界制度哲学导论》，江苏教育出版社2005 年版。

79. 周宪主编：《文化现代性与美学问题》，中国人民大学出版社2005 年版。

80. 顾炎武著、黄汝成集释：《日知录集释》，上海古籍出版社 2006年版。

81. 刘旭：《底层叙述：现代性话语的裂隙》，上海世纪出版股份有限公司、上海古籍出版社 2006 年版。

82. 曼纽尔·卡斯特：《认同的力量》，曹荣湘译，中国社会科学文献出版社 2006 年版。

83. 杨国荣：《思与所思：哲学的历史与历史中的哲学》，北京师范大学出版社 2006 年版。

84. 张旭东：《全球化时代的文化认同：西方普遍主义话语的历史批判》，北京大学出版社 2006 年版。

85. 爱德华·W·萨义德：《东方学》，王宇根译，生活·读书·新知三联书店 2007 年版。

86. 费孝通：《乡土中国》，上海人民出版社 2007 年版。

87. 李强：《自由主义》，吉林出版集团有限责任公司 2007 年版。

88. 刘小枫：《诗化哲学》，华东师范大学出版社 2007 年版。

89. 潘一禾：《文化安全》，浙江大学出版社 2007 年版。

90. 徐晓明：《全球化压力下的国家主权——时间与空间向度的考察》，华东师范大学出版社 2007 年版。

91. 于炳贵、郝良华：《中国国家文化安全研究》，山东人民出版社

2007 年版。

92. 卜正民、施恩德:《民族的构建:亚洲精英及其民族身份认同》,陈城等译,吉林出版集团有限责任公司 2008 年版。

93. 刘小枫:《沉重的肉身》,华夏出版社 2008 年版。

94. 汪晖:《去政治化的政治:短 20 世纪的终结与 90 年代》,生活·读书·新知三联书店 2008 年版。

95. 迈克·费瑟斯通:《消解文化:全球化、后现代主义与认同》,杨渝东译,北京大学出版社 2009 年版。

96. 尼尔·波兹曼:《娱乐至死·童年的消逝》,章艳、吴燕莛译,广西师范大学出版社 2009 年版。

97. 赵汀阳:《坏世界研究:作为第一哲学的政治哲学》,中国人民大学出版社 2009 年版。

98. 郑永年:《全球化与中国国家转型》,郁建兴、何子英译,浙江人民出版社 2009 年版。

99. 河清:《全球化与国家意识的衰微》,中国人民大学出版社 2010 年版。

100. 约翰·斯道雷:《文化理论与大众文化导论》,常江译,北京大学出版社 2010 年版。

101. 塞缪尔·亨廷顿:《文明的冲突与世界秩序的重建》,周琪等译,新华出版社 2010 年版。

102. 斯科特·拉什、西莉亚·卢瑞:《全球文化工业:物的媒介化》,要新乐译,社会科学文献出版社 2010 年版。

103. 赵汀阳:《没有世界观的世界》,中国人民大学出版社 2010 年版。

104.本尼迪克特·安德森:《想象的共同体:民族主义的起源与散布》,吴叡人译,上海人民出版社 2011 年版。

105.庞朴:《三生万物》,首都师范大学出版社 2011 年版。

106.杨向奎:《大一统与儒家思想》,北京出版社 2011 年版。

107.姜义华:《中华文明的根柢:民族复兴的核心价值》,上海人民出版社 2012 年版。

108.齐涛:《中国传统政治检讨》,南海出版公司 2012 年版。

109.郑永年:《通往大国之路:中国的知识重建和文明复兴》,东方出版社 2012 年版。

110.赫伯特·席勒:《大众传播与美帝国》,刘晓红译,上海译文出版社 2013 年版。

111.韩震:《全球化时代的文化认同与国家认同》,北京师范大学出版社 2013 年版。

112.王柯:《中国,从天下到民族国家》,政大出版社 2014 年版。

113.扬·阿斯曼:《文化记忆:早期高级文化中的文字、回忆和政治身份》,金寿福、黄晓晨译,北京大学出版社 2015 年版。

二、论文

1.刘家和:《论汉代春秋公羊学的大一统思想》,《史学理论研究》1985 年第 2 期。

2.罗守让:《新时期婚姻爱情题材小说述评》,《文艺理论与批评》1998 年第 5 期。

3.杨扬:《大众时代的大众文化——从比较文化的视野看当代中国的大众文化》,《文艺理论研究》1994 年第 5 期。

4. 张法、张颐武、王一川：《从"现代性"到"中华性"——新知识型的探寻》，《文艺争鸣》1994 年第 2 期。

5. 陈跃红：《后现代思维与中国诗学精神》，《北京大学学报》1996 年第 1 期。

6. 肖鹰：《当代审美文化的反美学本质》，《中国青年研究》1996 年第 1 期。

7. 张曙光：《个人权利和国家权力》，见刘军宁编《市场社会与公共秩序》，生活·读书·新知三联书店 1996 年版。

8. 张旭东：《民族主义与当代中国》，《读书》1997 年第 6 期。

9. 阿兰·伯努瓦：《面向全球化》，见王列、杨雪冬编译《全球化与世界》，中央编译出版社 1998 年版。

10. 查尔斯·泰勒：《承认的政治》，董之林、陈燕谷译，见汪晖、陈燕谷主编《文化与公共性》，生活·读书·新知三联书店 1998 年版。

11. 孙先科：《英雄主义主题与"新写实小说"》，《文学评论》1998 年第 4 期。

12. 余虹：《能否写"中国古代文学理论史"》，《文学评论》1998 年第 3 期。

13. 艾瑞克·霍布斯鲍姆：《认同政治与左翼》，周红云译，《马克思主义与现实》1999 年第 2 期。

14. 胡惠林：《文化产业发展与国家文化安全》，《上海社会科学院学术季刊》2000 年第 2 期。

15. 以赛亚·柏林：《论民族主义》，秋风译，《战略与管理》2001 年第 4 期。

16. 马里奥·瓦尔戈斯·略萨：《全球化、民族主义与文化认同》，于海青编译,《当代世界与社会主义》2002年第4期。

17.于炳贵、郝良华:《全球化进程中的国家文化安全问题》,《哲学研究》2002年第7期。

18.邹广文:《当代中国的主流文化、精英文化与大众文化》,《杭州师范学院学报》2002年第6期。

19.任剑涛:《地方性知识及其全球性扩展——文化对话中的强势弱势关系与平等问题》,《厦门大学学报》2003年第2期。

20.曾庆瑞:《国家文化安全必须重视——从进入WTO前后的影视动态看文化安全的迫切性》,《朔方》2003年第9期。

21.郑家栋:《"中国哲学"的"合法性"问题》,见赵汀阳主编《论证3》,广西师范大学出版社2003年版。

22.石中英:《论国家文化安全》,《北京师范大学学报》2004年第3期。

23.郭艳:《全球化时代的后发展国家:国家认同遭遇"去中心化"》,《世界经济与政治》2004年第9期。

24.王晓德:《美国大众文化的全球扩张及其实质》,《世界经济与政治》2004年第4期。

25.郭艳:《全球化语境下的国家认同》,中共中央党校2005年博士学位论文。

26.马龙潜、高迎刚:《"大众文化"与人民大众的文化》,《文艺理论与批评》2005年第6期。

27.沙蕙:《韩剧飘渺着一条看不见的战线》,《艺术评论》2005年第10期。

28.覃莉:《传统与现代的对话:对现代艺术教育的分析》,《理论观察》2005 年第 5 期。

29.王铭铭：《作为世界图式的"天下"》，见赵汀阳主编《年度学术2004：社会格式》，中国人民大学出版社 2004 年版。

30.邹韶军：《在平凡和琐碎中捕捉浪漫——论都市平民题材电视剧的文化、艺术品格》，《中国电视》2004 年第 8 期。

31.杨应时：《中美艺术教育之比较——访国际著名教育学家霍华德·加德纳教授》，《艺术教育》2005 年第 4 期。

32.赵汀阳：《哲学原旨主义》，《中国人民大学学报》2005 年第1 期。

33.李长春：《大力推进和谐文化建设 繁荣发展社会主义文艺》，《求是》2006 年第 23 期。

34.宋群：《错位与滞后——城市文化现状与艺术教育》，《西北美术》2006 年第 2 期。

35.杨劲松：《失语——论艺术教育的当代境遇》，《美苑》2006 年第 4 期。

36.房宁：《影响当代中国的三大社会思潮》，见陈明明主编《权利、责任与国家》，上海人民出版社 2006 年版。

37.贾磊磊：《守望文化江山：全球化历史语境中的本土电影与国家文化安全》，《艺术百家》2007 年第 5 期。

38.庞金友：《族群身份与国家认同：多元文化主义与自由主义的当代论争》，《浙江社会科学》2007 年第 4 期。

39.汤万文：《多元文化格局中的中国文化安全》，《理论与现代化》2007 年第 2 期。

40.王一川：《眼热心冷：中式大片的美学困境》，《文艺研究》2007

年第 8 期。

41. 杨小清、何风雨:《审美权力假设与"国家美学"问题》,《文学评论》2007 年第 3 期。

42. 杨厚均:《从欲望中国到智慧中国》,《文艺报》2007 年 4 月 14 日第 3 版。

43. 张海生、刘希凤:《当前我国文化安全面临的九大挑战及其战略思考》,见巴忠倓主编《文化建设与国家安全:第五届中国国家安全论坛论文集》,时事出版社 2007 年版。

44. 周星:《中国艺术教育基本状况与学科发展》,《艺术教育》2007 年第 2 期。

45. 祝东力:《〈色·戒〉与国家认同》,《艺术评论》2007 年第 12 期。

46. 彼特·哈杰杜:《文学与民族认同》,见周宪主编《中国文学与文化的认同》,北京大学出版社 2008 年版。

47. 李俊清:《藏独的本质是复辟政教合一政体》,《国际问题研究》2008 年第 4 期。

48. 王宁:《"全球本土化"语境下的后现代、后殖民与新儒学重建》,《南京大学学报》2008 年第 1 期。

49. 赵汀阳:《最好的国家或者不可能的国家》,《世界哲学》2008 年第 1 期。

50. 傅守祥:《大众文化的审美品格与文化伦理》,《文学评论》2009 年第 3 期。

51. 姚文放:《"审美文化"概念的分析》,《中国文化研究》2009 年春之卷。

52.陈辉:《全球化时代华语电影之现代性与文化认同——以张艺谋、徐克及李安为例》,苏州大学2009年博士学位论文。

53.李新:《新世纪文学中的底层叙事》,东北师范大学2009年博士学位论文。

54.程勇:《内圣外王与儒家美学的精神逻辑及话语建构》,《学术月刊》2010年第12期。

55.夏光辉:《当代中国民族主义研究》,中共中央党校2010年博士学位论文。

56.尹鸿、萧志伟:《好莱坞的全球化策略与中国电影的发展》,《当代电影》2010年第4期。

57.戴孝军:《当代中国审美文化研究的三个学术维度》,《中国海洋大学学报》2013年第6期。

58.王一川:《回到"革命文化传统"的地面——谈谈中国现代文化传统的特征》,见杨生平主编《全球化视野下中国文化发展研究》,首都师范大学出版社2013年版。

59.程勇:《审美乌托邦:儒家制度美学思想及其内在困结》,《浙江大学学报》2014年第3期。

60.吴秀明:《文学对和谐社会文化建设的担当》,《文艺报》2014年3月17日第3版。

61.林进桃:《多元视域中的底层影像——1990年代以来中国"底层电影"研究》,上海大学2015年博士学位论文。

62.赵汀阳:《中国作为一个政治神学概念》,《江海学刊》2015年第5期。

后　记

　　这本书对我来说，大概会是最难以忘怀的记忆之一。这不仅是因为我由此开始了一段崭新的学术探索路程，更是因为在研究与写作过程中，我经历了母亲去世、工作调动这样重大的人生变故，其间曾几度有过放弃的想法，但终于还是坚持下来，有了这样一个成品。我特别想将这本小书献给我的母亲，愿她在天之灵安息！

　　我要感谢我的妻子孙波。她在繁重的教学工作之余，承担了几乎全部的家庭事务，照顾老父，抚育幼子，使我能有充裕的时间与精力读书治学。如果没有她的支持与鼓励，这本书的写作是不可能完成的。

　　我的朋友，当代中国文学研究专家，河北大学的刘起林教授，在有关"红色记忆生产"的资料与观点方面，给了我很大帮助。多年来，我们志同道合，亲如兄弟，既在学术上互相砥砺，分享心得，也为彼此的成功而击节叹赏。惟愿起林兄生活美满，学术精进！

　　我的研究生陈茜，不仅作为第一个读者，阅读了大部分章节，并就行文风格等提出中肯的建议，还不辞辛劳，仔细校对了全部书稿。

感谢她的付出！相信她会在学术之路上走得更远。

本书的部分章节曾在《江苏社会科学》《上海交通大学学报》《天府新论》《创作与评论》等刊物发表，产生了一些影响。对于辛勤工作的编辑们，谨致衷心感谢！

杜甫《偶题》："文章千古事，得失寸心知。"诚然如此，然而，一旦付梓，文章也就脱出了作者的掌控，要由读者来评判得失了。如果能提供一点阅读的乐趣，甚至还能增益知识、拓展视野、启发心智，那对作者将是无比的奖赏。我希望这本小书也能有此幸运。

至于本书最终能够面世，则要感谢浙江大学出版社的诸位编辑，特别是宋旭华先生。他们严谨、高效的工作作风令人敬佩，倘若没有他们的热情帮助，本书的出版绝不可能这样顺利。

程　勇

2019 年春于西子湖畔

图书在版编目(CIP)数据

当代中国审美文化与民族国家认同建构 / 程勇著
. —杭州:浙江大学出版社,2019.12(2021.10 重印)
ISBN 978-7-308-17795-5

Ⅰ. ①当… Ⅱ. ①程… Ⅲ. ①审美文化-研究-中国
Ⅳ. ①B83-092

中国版本图书馆 CIP 数据核字(2018)第 005858 号

当代中国审美文化与民族国家认同建构

程 勇 著

责任编辑	宋旭华　王荣鑫
责任校对	蔡　帆
封面设计	项梦怡
出版发行	浙江大学出版社
	(杭州市天目山路 148 号　邮政编码 310007)
	(网址:http://www.zjupress.com)
排　版	浙江时代出版服务有限公司
印　刷	广东虎彩云印刷有限公司绍兴分公司
开　本	710mm×1000mm　1/16
印　张	18.75
字　数	217 千
版 印 次	2019 年 12 月第 1 版　2021 年 10 月第 2 次印刷
书　号	ISBN 978-7-308-17795-5
定　价	68.00 元